TAIPEI

시크릿
TAIPEI

로컬들이 사랑하는 타이베이의 비밀 명소 산책

박진주 지음

시공사

contents

BEFORE TRAVELING TO TAIPEI

TAIPEI BY AREA

BEYOND TAIPEI

BASIC INFO

TRAVEL MAP

Secret Taipei Manual

시크릿 타이베이 사용설명서

스폿 정보는 이렇게 봅니다.

- 청핀 서점 : 한글 발음
- 誠品書店 : 원어 표기
- 청핀수뎬 : 현지인의 발음에 가까운 한글 표기로, 한글 발음과 동일한 경우는 생략합니다.

청핀 서점 誠品書店 ◀ 청핀수뎬

Map P.369-G

❶ Google Map 25.039626, 121.565760
❷ Add. 台北市信義區松高路11號
❸ Tel. 02-8789-3388
❹ Open 일~목요일 11:00~22:00, 금~토요일 11:00~23:00
❺ Access MRT 스정푸市政府 역 2번 출구에서 도보로 3분. W 호텔 맞은편에 있다.
❻ URL www.eslitecorp.com

★★

MAP P.369-G : 이 책의 369쪽에 있는 지도의 G구역에서 숍을 찾을 수 있습니다.

쇼핑 아이콘 : 소개된 장소의 성격을 나타냅니다.

- 😊 관광지
- 🍴 레스토랑
- ☕ 카페
- 🍸 야간 명소
- 🛍 쇼핑 스폿
- **secret** 저자가 특별히 추천하는 스폿
- **2017 New** 새롭게 추가된 스폿

❶ 25.039626, 121.565760 : 구글 지도에서 검색할 수 있는 GPS 좌표

❷ 台北市信義區松高路11號 : 주소

❸ 02-8789-3388 : 지역번호를 포함한 전화번호. 로밍휴대폰을 이용할 경우 이 번호를 그대로 누르면 됩니다. 한국에서는 국제전화 접속번호+886+0을 제외한 전화번호를 누르세요.

❹ 일~목요일 11:00~22:00, 금~토요일 11:00~23:00 : 영업시간과 휴무일. 부정기적 휴무인 곳은 휴무일을 따로 표기하지 않았습니다.

❺ MRT 스정푸市政府 역 2번 출구에서 도보로 3분. W 호텔 맞은편에 있다 : MRT 역에서 찾아가는 법과 소요시간

❻ www.eslitecorp.com : 자체 홈페이지나 해당 숍이 소개된 웹페이지

지도는 이렇게 보세요.

Ⓗ	호텔	🏫	학교
Ⓡ	카페와 레스토랑	➕	병원
Ⓢ	쇼핑	🚌	버스 터미널, 정류장
Ⓝ	나이트라이프	⑫	MRT 출구 번호
Ⓤ	유 바이크 대여소		

Why TAIPEI? – 저자의 말

● 　　　워낙 여행을 좋아하고 특히 아시아에 애정이 많은 나였지만 타이완과는 좀처럼 인연이 없었다. 그러다 우연한 기회에 타이베이를 처음 만난 순간, 한방 맞은 것 같은 기분에 당황스러웠다. 3시간이 채 걸리지 않는 가까운 거리에 물가도 비싸지 않고 날씨도 온화한 데다 사람들은 친절하고, 주변에는 매력적인 근교 여행지들로 가득했다. 거기에 1일 5식을 부르는 식도락의 천국이라는 치명적인 매력까지 지녔다. 이토록 장점이 많은 타이베이의 매력을 이제야 발견하다니! 나를 포함한 많은 한국인 여행자들이 왜 그동안 타이완을 이토록 과소평가했을까 하는 의문과 함께 지금이라도 타이완을 만나게 된 것이 다행이라고 생각했다. 그리고 내가 타이완과 각별한 사이가 되리라는 것도 직감적으로 알 수 있었다. 첫 타이완 여행에서 한눈에 반해 사랑에 빠진 후 타이완을 찾을 때마다 애정은 더욱 돈독해졌다.

나를 포함해 꽤 많은 사람들이 좋아한 영화 〈그 시절, 우리가 좋아했던 소녀〉. 어쩌면 나를 타이완으로 향하게 만든 이유일지도 모르는 이 영화에는 내가 생각하는 타이완의 모습이 가장 잘 녹아 있다. 화려함보다는 소소한 행복이 묻어나는 곳. 서두르지 않고 천천히 나아가며 옛것의 소중함을 잃지 않는 곳. 겉치레보다 속이 꽉 찬 진국 같은 곳. 그리고 순수하고 밝은 사람들이 있는 곳. 내가 느낀 타이완의 진짜 매력은 사람들이었다. 먼저 마음을 열고 다가와 주는 사람들 덕분에 나의 타이완 여행은 행복했다. 길을 잃었을 때 내 손을 잡고 목적지까지 함께 가 주었고, 온통 중국어로 가득해 한 번씩 당황할 때면 항상 누군가 먼저 다가와 도움을 주었다. 우연한 만남들이 모여 소중한 인연을 만들어 준 타이완은 나에게 좋은 친구 같은 곳이다.

몇 년 전 TV에서 방영된 〈꽃보다 할배〉의 강력한 한 방으로 타이완, 특히 타이베이는 그동안의 설움 아닌 설움을 딛고 인기 여행지로 거듭났다. 하지만 여전히 많은 여행자가 보는 타이베이의 모습은 극히 일부분일 뿐이다. 타이베이의 숨겨진 매력은 아직도 무궁무진하다. 나 또한 타이베이를 찾을 때마다 발견되는 새로운 매력에 매번 놀라곤 한다. 타이베이를 어느 정도 알았다고 생각할 때쯤이면 타이베이는 나에게 마치 '아직도 멀었다'는 듯 전혀 몰랐던 새로운 모습을 보여 준다. 그렇게 내가 여행하면서 찾아낸 타이베이의 진짜 매력들이 하나둘 차곡차곡 쌓여 갈수록 누군가에게 전해 주고 싶은 마음도 커졌다. 유명 관광지를 순례하듯 융캉제의 딘타이펑, 스무시의 망고 빙수만 먹고 후다닥 다음 코스로 이동하는 여행자들에게 저 너머 골목골목에 진짜 융캉제의 매력이 있다고 이야기해 주고 싶었다. 쫓기듯 기념사진만 찍으며 다니지 말고 향긋한 차 한 잔을 마시면서 타이베이의 여유를 맛보라고 말해 주고 싶었다. 여행자들이 주로 찾아가는 곳보다 현지인들이 인정하는 진짜 멋진 곳들을 알려 주고 싶었고, 타이베이의 겉모습보다는 그 안에 숨겨진 속살을 보여 주고 싶었다. 〈시크릿 타이베이〉는 그런 마음을 담은 책이다.

이 책을 통해 더 많은 사람들이 보물찾기하듯 설레는 마음으로 타이베이의 숨겨진 매력들을 찾아보길 소망한다. 덧붙여 멋진 책이 나올 수 있도록 많은 수고해 주신 편집부와 교정자, 디자이너에게 감사의 마음을 전한다.

TAIPEI
BEST
COURSE

COURSE 1

첫 여행을 위한 타이베이 하이라이트 코스

타이베이에 처음 방문하는 초보자를 위한 정석 코스.
타이베이에서 꼭 봐야 하는 주요 관광 명소와 베스트로 꼽히는 맛집에 중점을 둔 일정이다.

첫째 날
1DAY

→

09:00 룽산쓰
타이완에서 가장 오래되고
아름다운 사원으로 손꼽히는
룽산쓰 둘러보기.

MRT 3분 →

12:00 시먼딩
활기 넘치는 젊음의 거리에서
중저가 쇼핑과 맛있는
먹거리 경험하기.

도보 3분 ↓

13:00 아쭝멘셴
시먼딩의 명물로 통하는
곱창국수 호로록 먹어 보기.

← MRT 6분

14:30 국립중정기념당
타이완의 총통이었던 장제스를
기리기 위해 지어진
웅장한 기념관.

← MRT 3분

16:30 융캉제
소문난 맛집과 멋스러운
숍들이 숨어 있는 매력적인
융캉제를 골목골목 누비기.

↓ 도보 2분

18:00 딘타이펑
딘타이펑 본점에서 궁극의
샤오룽바오 맛보기.

→ 도보 2분

19:00 스무시
눈꽃빙수의 양대 산맥으로
손꼽히는 스무시에서
달콤한 망고 빙수 먹기.

→ MRT 8분

**20:00 타이베이 101
관징타이**
높이 508m의 아찔한 전망대에
올라 타이베이 시내를
파노라마로 감상하기.

둘째 날
2DAY →

버스 + MRT 30분

09:00 고궁박물원
중국 역사의 보물 창고로
불리는 고궁박물원에서 진귀한
유물들 관람하기.

11:00 신베이터우
유황 온천으로 유명한
신베이터우에서 펄펄 끓는
디러구 구경하기.

MRT 25분

22:00 스린 야시장
먹거리 천국인 타이베이의
No. 1 야시장에서 야식 먹기.

셔틀버스 20분

19:30 미라마 엔터테인먼트 파크
요즘 가장 뜨고 있는 복합
쇼핑몰에서 대관람차 타고
야경 감상하기.

MRT + 셔틀버스 50분

15:00 단수이
영화 〈말할 수 없는 비밀〉의
촬영지로 유명한 항구도시
둘러보기.

셋째 날
3DAY →

10:00 예류 지질공원
이색적인 기암괴석과 푸른
바다가 빚어내는 절경
감상하기.

버스 90분

14:00 진과스 & 황금박물관
황금 광산이 있었던 진과스를
구석구석 구경하고
광부 도시락 맛보기.

버스 10분

20:00 가오지
버스 정류장에서 가까운
가오지高記 푸싱점에서
맛있는 저녁 식사하기.

버스 90분

17:30 아메이차주관
따뜻한 차 한잔과 함께 주펀의
전망과 여유를 누려 보기.

도보 10분

16:00 주펀
붉은 홍등이 빛나는 주펀 골목
구석구석 탐방하기.

COURSE
2

직장인을 위한 타이베이 짬짬이 코스

긴 휴가를 내기 어려운 직장인을 위한 3박 4일 코스.
주요 관광지는 물론 식도락을 즐길 수 있는 알짜배기 맛집과 어른들을 위한 나이트라이프,
특급 쇼핑까지 알차게 체험할 수 있는 일정이다.

첫째 날
1DAY →

09:00 룽산쓰
타이완에서 가장 오래되고
아름다운 사원으로 손꼽히는
룽산쓰 둘러보기.

MRT 3분

12:00 시먼딩
맛있는 먹거리를 즐기며 활기찬
젊음의 거리 누비기.

MRT +
버스 30분

21:00 스린 야시장
타이베이에서 가장 큰 규모의
야시장. 맛있는 길거리 음식을
먹으며 야시장의 재미에
빠져 보기.

MRT 35분

17:00 단수이
영화 〈말할 수 없는
비밀〉의 촬영지 둘러보고,
단수이라오제에서 맛있는
샤오츠 맛보기.

버스 +
MRT 45분

14:00 고궁박물원
중국 5,000년 역사를 대변하는
휘황찬란한 보물들을
감상해 보기.

둘째 날
2DAY

→

10:00 예류 지질공원
이색적인 기암괴석과 푸른
바다가 빚어내는 절경
감상하기.

버스 90분

14:00 진과스 & 황금박물관
황금 광산이 있었던
탄광 마을 둘러보고
기념사진 찍기.

버스 10분

셋째 날
3DAY

20:00 화산1914
원화황이찬에위안취
낡은 양조장을 재탄생시킨
곳에서 와인과 함께 디너
즐기기.

버스 90분 +
택시 5분

16:00 주펀
붉은 홍등이 빛나는 주펀의
골목을 걸으며
땅콩 아이스크림 맛보기.

09:00 국립중정기념당
타이완의 총통이었던 장제스를
기리기 위해 지어진 웅장한
기념관 방문하기.

MRT 3분

13:30 딘타이펑
여행자의 필수 코스로 꼽히는
딘타이펑 본점에서 오리지널의
맛 느껴 보기.

도보 2분

15:00 스무시
입에서 사르르 녹는 달콤한
망고 빙수 먹어보기.

MRT 8분

21:00 엔 바
W 호텔의 엔 바에서
멋진 야경을 감상하면서
칵테일 즐겨 보기.

도보 12분

19:00 신예
타이베이 101 85층에 위치한
레스토랑에서 최고의 전망과
음식 즐기기.

도보 1분

17:00 타이베이 101
관징타이
시원스런 전망을 즐기고
쇼핑몰에서 폭풍 쇼핑 즐기기.

COURSE
3

미식가를 위한 타이베이 식도락 코스

딤섬의 성지로 통하는 딘타이펑의 샤오룽바오, 푸짐하게 즐기는 훠궈, 입에서 살살 녹는 망고 빙수,
한국의 반값도 안 되는 저렴한 버블티, 매일 밤 샤오츠들의 잔치가 벌어지는 야시장까지,
타이베이는 1일 5식으로도 모자랄 만큼 맛있는 것들이 가득한 미식 천국이다.
여행의 가장 큰 즐거움이 식도락이라고 굳게 믿는 미식가를 위한 일정이다.

첫째 날
1DAY →

09:00 국립중정기념당
초대 총통인 장제스를
기념하기 위해 만든 25톤의
동상과 유품 감상하기.

도보 1분 →

11:00 춘수이탕
타이완을 넘어 전 세계
사람들이 즐겨 마시는
전주나이차珍珠奶茶 마셔보기.

MRT 6분 ↓

15:00 단수이
이국적인 훙마오청, 왁자지껄한
단수이라오제, 바리 섬
둘러보기.

← MRT 55분

13:00 아쭝몐셴
시먼딩에서 반드시 맛봐야
하는 곱창국숫집 가보기.

← 도보 3분

12:20 시먼딩
타이베이의 명동이라 불리는
번화가에서 숍과 맛집
탐방하기.

↓ 도보 5분

18:00 바이예원저우다훈툰
주걸륜의 단골 가게에서
훈툰탕과 닭다리구이
먹어보기.

MRT +
셔틀버스 50분 →

**20:10 미라마
엔터테인먼트 파크**
유명 레스토랑, 영화관,
대관람차가 한곳에 모여 있는
멀티 플레이스에서 야경 즐기기.

셔틀버스
20분 →

22:00 스린 야시장
100년 전통을 자랑하는
타이베이 최대 규모의
야시장에서 식욕을 자극하는
먹거리 마음껏 즐기기.

둘째 날 2DAY

10:30 진과스 & 황금박물관
진과스의 명물 버스인 진수이랑만하오 89번에 올라 진과스 구석구석 누비기.

버스 10분

13:30 주펀
좁은 골목들을 따라 이어지는 기념품 가게 둘러보기.

도보 10분

19:30 딩왕마라궈
특급 서비스를 받으면서 맛있는 훠궈 즐기기.

도보 6분

18:10 치아더
펑리수의 왕으로 통하는 인기 절정의 베이커리에서 기념품 쇼핑하기.

버스 90분 + 택시 10분

15:20 아메이차주관
영화 〈비정성시〉의 촬영지로 유명한 다예관에서 따뜻한 차와 함께 여유 즐기기.

셋째 날 3DAY

10:00 쑹산원창위안취
1937년에 설립된 담배 공장을 문화예술 복합공간에서 산책하기.

도보 3분

11:00 청핀 서점 & 우바오춘 베이커리
타이완 최대 서점 둘러보고 맛있는 빵 맛보기.

택시 5분

19:20 스무시 & 스다 야시장
눈꽃빙수의 성지에서 디저트를 먹고 젊음의 활기가 넘치는 야시장으로 출동하기.

도보 2분

16:20 융캉제 & 딘타이펑
보물찾기하는 기분으로 융캉제 골목들을 둘러보고 육즙 가득한 샤오룽바오 즐겨 보기.

MRT 12분

12:40 샹.스텐탕 & 타이베이 101 관징타이
부티크 콘셉트의 뷔페에서 점심 식사 후 타이베이의 시내 전망 보러 가기.

COURSE
4

여행 마니아를 위한 타이베이 시크릿 코스

타이베이가 처음이 아니라 웬만한 관광지는 이미 훑은 여행 마니아를 위한 4박 5일 코스.
타이베이의 깊숙한 곳까지 돌아보고 싶은 여행자들을 위해 새롭게 뜨고 있는
핫 플레이스와 숨은 명소 위주로 뻔하지 않은 코스를 제안한다.

첫째 날
1DAY

10:00 디화제
한약재, 차, 건어물 등을 파는
오래된 시장에서 18~19세기
건축양식 둘러보기.

택시 6분

11:20 러블리 타이완 & 모구
호기심을 자극하는
예쁜 숍 탐방하기.

도보 4분

**16:00 타이베이 101
관징타이**
아찔한 전망을 감상할 수 있는
전망대나 58층의 스타벅스에
앉아 시티 뷰 즐기기.

도보 6분

14:30 쓰쓰난춘
과거 군인촌이었던 문화
공간을 산책하며 유니크한
감성의 숍과 카페 살펴보기.

MRT 16분

12:50 멜란지 카페
달콤한 와플과 진한 향기의
더치커피를 마시며 쉬어 가기.

*MRT 3분 +
도보 5분*

18:00 상산
멋진 야경을 감상할 수 있는
하이킹 코스에 도전해 보기.

택시 10분

20:30 라오허제 야시장
타이베이에서 두 번째로 큰
야시장에서 길거리 음식
맛보기.

둘째 날
2DAY →

09:00 상인수이찬
트렌디한 감성을 입혀서 복합
다이닝 공간으로 탄생시킨
수산 시장 가보기.

택시 10분

10:30 서니 힐스
인기만점의 파인애플 펑리쑤
쇼핑하기.

택시 8분

17:00 융캉제
타박타박 걷는 맛이 있는
융캉제의 한적한 주택가
돌아보기.

MRT 25분

13:30 마오쿵
도심에서 잠시 벗어나 싱그러운
차밭을 만나러 가기.

MRT +
곤돌라 45분

11:40 궈바산솬궈
무제한으로 즐길 수 있는
훠궈 레스토랑에서 점심 식사
즐기기

도보 5분

19:00 융캉뉴러우멘
진한 국물, 쫄깃한 면발,
두툼한 고기까지 삼박자를
이루는 국수 한 그릇 먹기.

도보 15분

20:00 스다 야시장
대학가의 활기가 넘치는
스다 야시장 탐방하기.

셋째 날
3DAY

→

10:20 허우둥
핑시셴을 타고 고양이 마을
허우둥侯硐으로 가서 귀여운
고양이들과 기념사진 찍기.

기차 40분

12:00 징퉁
향수를 부르는 대나무 마을
징퉁에서 대나무에 소원 빌기.

기차 28분

18:00 시드차
따뜻한 차 한잔과 함께 주펀의
아름다운 노을 감상하기.

도보 10분

17:00 주펀
붉은 홍등이 빛나는 주펀에서
소소한 먹거리 즐기고
아기자기한 기념품 사기.

기차 35분
+ 버스 15분

13:45 스펀
기찻길 마을 스펀에서 하늘
높이 천등을 날리며 행운을
기원하기.

버스 90분

20:00 키키
매콤한 쓰촨요리와 시원한
맥주로 만찬 즐기기.

넷째 날
4DAY

→

도보
6분

09:00 푸항더우장
타이완식 아침 식사를 제대로
경험해 보기.

10:20 화산1914
원화황이찬에위안취
낡은 양조장을 변신시킨
멀티 플레이스 방문하기.

도보 5분 +
MRT 6분

12:10 둥취
예쁜 카페, 트렌디한 숍, 브런치
레스토랑 등이 모여 있는
핫 플레이스 둘러보기.

도보 6분

13:30 웨이루
신선로처럼 생긴 긴 냄비에
끓이는 훠궈 맛보기.

도보 12분

14:50 국부기념관
절도 있는 근위병 교대식 보고
공원 산책하기.

도보 5분

19:00 쑹산원촹위안취
문화 복합 공간으로 화려하게
변신한 쑹산원촹위안취에서
저녁 즐기기.

도보 13분

21:00 아이스 몬스터
'꽃할배'도 반한 바로 그곳에서
최고의 망고 빙수 맛보기.

Tip 타이베이 3박 4일 여행 예산 짜기

타이베이의 물가는 우리나라와 비슷하거나 약간 더 저렴하다고 생각하면 된다. 그중에서도 식비와 교통비가 저렴한 편이다. 항공권은 성수기를 제외하면 20~30만 원 정도로 비교적 저렴하며 숙박은 1인당 2만~3만 원이면 깔끔한 호스텔에서 하룻밤을 보낼 수 있다.

(1인 기준)

항공권	직항 항공권(TAX 포함)	25만 원~
숙소	중저가 숙소	NT$1,000~×3박
교통	택시 이용	NT$500~
	이지 카드	NT$500~
관광	타이베이 101 관징타이	NT$600
	고궁박물원	NT$250
	신베이터우 온천 즐기기	NT$500~
	예류 지질공원	NT$80
식사	맛집 탐방	NT$500~×3일
	다예관에서 차 마시기	NT$150~
	야시장 간식 즐기기	NT$300~
마사지	시원한 발 마사지 받기	NT$500~
총계	25만 원 + NT$7,880 = 54만 원~	

BEFORE
TRAVELING
TO
TAIPEI

Intro

01

Bucket List

타이베이 버킷리스트

볼거리, 먹거리, 즐길 거리가 넘쳐나는 타이베이에서 짧은 일정 동안 무엇을 하고 즐겨야 할지 고민인 여행자들을 위한 타이베이 버킷리스트 12.

샤오룽바오 천국에서 질리도록 맛보기

전 세계적으로 수많은 체인을 거느리고 있는 샤오 룽바오 전문 레스토랑인 딘타이펑 본점이 융캉제 에 있다. 또한 가오지, 징딩러우 등 걸출한 딤섬집 이 타이베이 곳곳에 있다. 육즙이 가득한 샤오룽 바오는 물론 새우, 버섯, 돼지고기 등 다채로운 재 료로 빚은 딤섬의 세계에 푹 빠져 보자.

Bucket List 2

Bucket List 1

밤이면 밤마다 야시장 탐방

타이베이는 야시장의 천국으로 해 질 무렵 노점 들이 하나둘씩 문을 열기 시작해 밤이 되면 발 디딜 틈 없이 많은 노점과 인파들로 불야성을 이룬다. 야시장의 하이라이트는 역시 먹거리로, 저렴한 가격에 다채로운 샤오츠小吃를 맛보 며 만찬을 즐길 수 있다. 호기심을 자극하는 독 특한 현지 음식과 달콤한 열대 과일, 디저트 등 종류가 무궁무진하다.

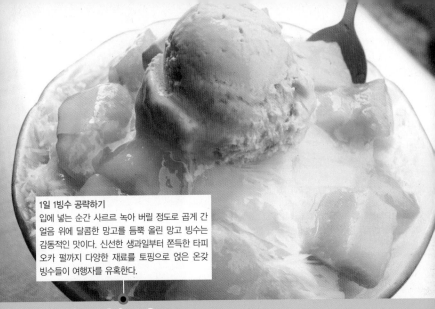

1일 1빙수 공략하기
입에 넣는 순간 사르르 녹아 버릴 정도로 곱게 간 얼음 위에 달콤한 망고를 듬뿍 올린 망고 빙수는 감동적인 맛이다. 신선한 생과일부터 쫀득한 타피오카 펄까지 다양한 재료를 토핑으로 얹은 온갖 빙수들이 여행자를 유혹한다.

Bucket List 3

Bucket List 4

타이베이 101에서 전망 감상하기
지상 101층, 지하 5층 규모의 타이베이 101은 높이가 508m로 타이완을 대표하는 아이콘이다. 기네스북에도 오른 초고속 엘리베이터를 타고 89층 전망대에 올라가면 타이베이 도심 전망이 파노라마로 펼쳐진다.

고궁박물원에서 진귀한 보물 감상하기

프랑스에 루브르박물관, 영국에 대영박물관이 있다면 타이완에는 고궁박물원이 있다. 세계 5대 박물관 중 하나로 꼽히는 고궁박물원은 중국 5,000년 역사의 보고寶庫이자 타이완의 자존심이다. 1,000년 전 초기 송나라의 황실에 속했던 보물들이 대다수다. 약 60만 점을 보유하고 있으며 3~6개월마다 교체 전시하는데 고궁박물원의 모든 보물을 보려면 30년이 걸린다는 이야기가 있을 정도로 그 양이 어마어마하다.

Bucket List 5

Bucket List 6

타이완의 명차 경험하기

타이완 차의 역사는 청나라 때 중국 푸젠 성에서 차나무를 가져와 심은 것을 시작으로, 오랜 기간 국책 사업으로 차 산업을 발전시켰다. 우롱차의 명성이 대단한데 특히 고산지대에서 재배된 아리산우롱차阿里山烏龍茶, 영국의 엘리자베스 여왕이 '동방의 미인東方美人'이라고 찬사를 보낸 바이하오우롱차白毫烏龍茶 등이 세계적으로 손꼽힌다. 타이베이 곳곳에 오랜 전통의 다예관이 있고 차를 우려내는 방법도 친절하게 알려 주니 도전해 보자.

타이베이 근교로 하루 여행 떠나기
타이베이 도심을 벗어나면 색다른 볼거리가 가득하다. 예류는 타이베이 북부 지역을 대표하는 관광 명소로 기묘한 형태의 암석들과 파란 바다가 어우러진 풍경이 마치 다른 혹성에 온 듯하다. 탄광 마을 진과스에서는 세계 최대 크기의 거대한 금괴를 볼 수 있고 좁은 골목 사이로 홍등이 빛나는 주펀은 놓칠 수 없는 인기 여행지다.

Bucket List 7

Bucket List 8

온천 명소에서 힐링하기
타이완은 온천이 발달한 나라로 일본에 이어 세계에서 두 번째로 많은 온천을 보유하고 있다. MRT를 타고 갈 수 있는 신베이터우 온천과 유황온천이 분출되는 양밍 산 일대. 원주민의 문화와 푸른 숲에 둘러싸인 우라이 등 타이베이 근교에 온천 명소가 자리 잡고 있다. 뜨끈한 온천에 몸을 담그고 나를 위한 힐링 타임을 즐겨 보자.

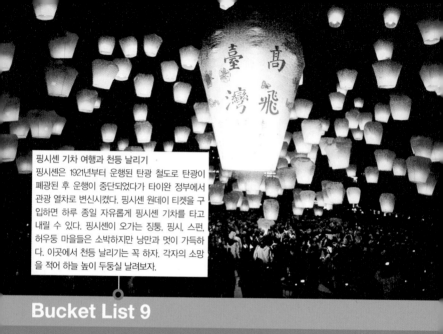

핑시셴 기차 여행과 천등 날리기
핑시셴은 1921년부터 운행된 탄광 철도로 탄광이 폐광된 후 운행이 중단되었다가 타이완 정부에서 관광 열차로 변신시켰다. 핑시셴 원데이 티켓을 구입하면 하루 종일 자유롭게 핑시셴 기차를 타고 내릴 수 있다. 핑시셴이 오가는 징퉁, 핑시, 스펀, 허우둥 마을들은 소박하지만 낭만과 멋이 가득하다. 이곳에서 천등 날리기는 꼭 하자. 각자의 소망을 적어 하늘 높이 두둥실 날려보자.

Bucket List 9

Bucket List 10

낭만적인 항구도시 단수이 산책하기
단수이는 19세기 후반까지 번영을 누렸던 항구도시이며 과거 스페인과 네덜란드 식민 시대의 건축물들이 남아 있어 이국적인 면모도 엿볼 수 있다. 영화 〈말할 수 없는 비밀〉의 촬영지로 알려진 단장 고등학교와 전리 대학은 영화 팬들의 필수 관광 코스로 통한다. 무엇보다 로맨틱한 노을로 유명하니 해가 지기 전 일찌감치 좋은 자리를 잡아두고 감동적인 황혼을 맞이하자.

차향 가득한 마오쿵에서 티타임 즐기기
마오쿵 일대는 해발 500m 고도에 자리 잡은 타이완 차 주산지로 싱그러운 차밭과 함께 스릴 넘치는 곤돌라까지 즐길 수 있어 반나절 나들이 코스로 제격이다. 타이베이 시립동물원臺北市立動物園 서쪽에서 출발해 마오쿵까지 이어지는 4km 구간을 곤돌라가 이어 주고 있다. 녹음이 가득한 마오쿵을 산책하고 건강에 좋은 차도 마시면서 여유를 느껴 보자.

Bucket List 11

Bucket List 12

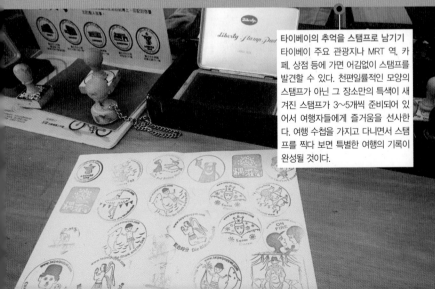

타이베이의 추억을 스탬프로 남기기
타이베이 주요 관광지나 MRT 역, 카페, 상점 등에 가면 어김없이 스탬프를 발견할 수 있다. 천편일률적인 모양의 스탬프가 아닌 그 장소만의 특색이 새겨진 스탬프가 3~5개씩 준비되어 있어서 여행자들에게 즐거움을 선사한다. 여행 수첩을 가지고 다니면서 스탬프를 찍다 보면 특별한 여행의 기록이 완성될 것이다.

Intro

02

Bicycling

자전거 페달을 밟으며
즐기는 타이베이

타이완은 자전거가 생활된 나라이므로 한 번쯤 자전거 페달을 밟으며 타이베이를 돌아보는 것도 특별한 추억이 될 것이다. 특히 타이베이에는 공공 자전거인 '유 바이크You Bike'가 타이베이 시내 어디서나 쉽게 발견할 수 있다. 시민들의 건강과 교통, 환경을 위해 만든 유 바이크는 여행자도 어렵지 않게 이용할 수 있다. 걸어가기에 다소 먼 거리를 이동할 때 이용하면 경비도 절약 되고 자전거 타는 즐거움도 누릴 수 있어 일석이조다.

10:00 11:00 14:00

신이 信義

신이 지역은 타이베이를 상징하는 타이베이 101과 명품 쇼핑몰이 모여 있어 럭셔리한 동네로 통한다. 곳곳에 녹지가 조성되어 있고 거리가 쾌적해서 자전거를 타기 좋다. 508m에 달하는 타이베이 101 정상에 올라 타이베이 시내를 내려다보거나 35층에 있는 스타벅스에서 모닝커피를 마시면서 시티 뷰를 감상해 보자. 현대적인 마천루 빌딩 사이를 달리면서 색다른 즐거움을 느껴 보자.

쓰쓰난춘 四四南村

타이베이 101 가까이에 위치한 쓰쓰난춘은 과거 1950~60년대에 중화민국 군인들이 지내던 촌락이었다. 현재는 감각적인 카페와 상점이 들어서면서 과거와 현재가 어우러진 독특한 명소로 거듭났다. 쓰쓰난춘 안에 있는 굿 초Good Cho's는 빈티지한 감성으로 꾸며진 카페로 20여 가지에 달하는 베이글이 유명하다. 자전거를 잠시 세워 두고 베이글과 커피 한잔으로 느긋한 브런치를 즐겨 보자.

다안썬린 공원 大安森林公園

도심 한복판에서 이토록 녹음이 울창한 공원을 만날 수 있다는 것은 행운이다. 다안썬린 공원은 타이베이에서 가장 큰 규모의 공원으로 크기가 26ha에 달한다. 싱그러운 녹음 속에서 삼림욕을 하는 기분을 느끼며 자전거를 탈 수 있다. 노천 음악당에서는 무료 공연이 열리기도 하고 단체로 춤을 추는 타이베이 시민들의 일상도 엿볼 수 있다. 편의점에서 간식을 사서 돗자리를 펴고 앉아 피크닉 기분을 내는 것도 좋다.

유 바이크 You Bike 이용법
유 바이크 무인 대여소는 MRT 역 부근에 마련되어 있다. 유 바이크 홈페이지와 자전거 대여소에 있는 무인 단말기Kiosk에서 회원가입 후 이용해야 하며, 가입할 때 휴대폰 번호와 이지 카드가 필요하다. 회원 가입을 마치고 자전거 거치대에 이지 카드를 찍으면 자전거를 대여할 수 있다. 스마트폰에서 'Bikerker' 어플을 받으면 자전거 대여소의 위치와 자전거 대여 가능 여부를 확인할 수 있다. 또 자전거 반납은 최초로 대여한 곳이 아니어도 대여소 어디에서든 반납 가능하다.

URL www.youbike.com.tw

유 바이크 요금
4시간 이내일 경우 30분당 NT$10, 4~8시간은 30분당 NT$20가 부과된다. 요금은 이지 카드에서 자동으로 결제된다.

주요 유 바이크 대여소
MRT 궈푸지녠관國父紀念館 역 2번 출구, MRT 둥먼東門 역 4번 출구, MRT 시먼西門 역 3번 출구, MRT 스정푸市政府 역 3번 출구, MRT 타이베이101/스마오台北101/世貿 역 4번 출구, MRT 중산中山 역 2번 출구, MRT 중샤오신성忠孝新生 역 3번 출구

15:40   **17:50**   **19:40**

융캉제 永康街
융캉제는 우리의 삼청동과 비슷한 정취가 느껴지는 동네로 아기자기한 가게와 고즈넉한 다예관, 오래된 맛집이 모여 있다. 특히 페달을 멈추게 하는 독특한 가게가 많아 구경하는 즐거움을 느낄 수 있다. 융캉공원永康公園을 넘어가면 한적한 주택가 사이사이에 작은 카페와 오래된 골동품 가게들이 숨어 있다. 남쪽으로 내려가면 타이완 사범대학과 스다 야시장師大夜市이 나오는데 대학가답게 활기가 넘친다.

화산1914원화창이찬예위안취
華山1914文化創意産業園區
타이베이의 대표적인 복합 문화 공간. 1914년에 지어진 낡은 청주 양조장에 새로운 에너지를 불어넣어 과거와 현재가 공존하는 근사한 핫 플레이스로 탈바꿈시켰다. 내부에는 개성 넘치는 아이템을 파는 상점, 감각적인 카페와 레스토랑, 나이트라이프를 즐길 수 있는 클럽이 모여 있다. 재미있는 기념품을 구경하고 맛있는 커피도 마시면서 쉬어 가자.

둥취 東區
둥취 뒷골목에는 셀렉트숍, 핫한 카페가 숨어 있어 자전거를 타고 둘러보면 그 재미가 배가 된다. MRT 중샤오둔화 역 2번 출구 뒤쪽이 둥취 거리의 시작이며 반대편인 3번 출구 뒤편으로도 숨은 맛집과 카페 등이 즐비하다. 동쪽으로 넘어가면 국부기념관國父紀念館까지 이어진다. 국부기념관 뒤쪽의 공원에 가면 호수 너머로 타이베이 101 빌딩이 위풍당당하게 서 있는 멋진 풍경도 덤으로 감상할 수 있다.

Intro

03

Gourmet

타이베이에서
꼭 먹어 봐야 할
대표 음식

타이베이의 요리들은
타이완의 전통적인 향토
음식에 커자客家 요리와
광둥廣東요리의 영향을
받았다. 사면이 바다로
둘러싸여 있어 해산물
요리가 풍부하고, 따뜻한
기후 덕에 달콤한 디저트
종류도 무척 다양하다.
샤오츠小吃라고 불리는
가벼운 간식도 발달해 거리
곳곳에 먹거리가 넘쳐난다.

01
02
03
04
05
06

01 훠궈 火鍋 타이베이는 훠궈의 천국이라고 해도 좋을 만큼 뷔페식 훠궈 레스토랑이 많다. 보통 한 냄비에 두 개의 육수를 넣고 끓이는데 대표적인 육수로는 매콤한 쓰촨식 훙탕紅湯과 닭 뼈를 넣고 푹 곤 맑은 바이탕白湯이 있다. 보글보글 끓는 육수에 원하는 재료를 넣어 먹으면 된다.

02 샤오룽바오 小籠包 다양한 딤섬 가운데 단연 인기가 높은 샤오룽바오는 얇은 만두피 안에 육즙이 가득해 입안에서 퍼지는 맛이 일품이다. 육즙이 뜨거우므로 우선 수저 위에 샤오룽바오를 올린 후 젓가락으로 살짝 찢어 구멍을 내 흘러나오는 육즙을 마신 뒤에 생강채를 올려 먹으면 된다. 타이베이는 딘타이펑 본점을 비롯해 딤섬 맛집들이 모여 있는 샤오룽바오의 격전지라 할 수 있다.

03 뉴러우몐 牛肉麵 타이완을 대표하는 국수라고 할 수 있는 뉴러우몐은 우리의 소고기 국수라고 생각하면 된다. 붉은색의 얼큰한 국물인 홍사오紅燒와 하얀색의 담백한 국물인 칭둔清燉으로 나뉜다. 두툼한 소고기가 올려 나와 든든한 한 끼 식사로도 그만이다.

04 단짜이몐 擔仔麵 타이난台南 지방에서 시작된 국수 요리. 삶은 면발 위에 숙주, 새우, 러우싸오肉臊(잘게 다진 돼지고기를 넣어 조린 소스)를 올린다. 구수한 국물과 쫀득한 면발이 잘 어우러져 맛이 좋다.

05 충유빙 蔥油餅 밀가루 반죽에 다진 파를 섞어 노릇하게 구워 만드는 요리로 우리의 야채 호떡과 비슷하다. 겉은 바삭하고 속은 쫄깃하며 간식으로 먹기 좋다.

06 커짜이젠 蚵仔煎 야시장이나 식당에서 쉽게 볼 수 있는 커짜이젠은 우리의 굴전과 비슷하다. 타이바이펀太白粉(전분)에 달걀, 채소, 굴을 넣고 기름에 굽는데 신선한 굴이 들어가서 맛이 좋다. 커짜이젠 위에 달콤한 소스를 곁들여 먹기도 한다.

07 루러우판 滷肉飯 잘게 다진 돼지고기를 넣어 조린 소스를 밥 위에 얹어 내는 요리다. 우리의 돼지갈비찜과 소스 맛이 비슷하며 따뜻한 밥과 어우러져 맛있고 간편하게 먹을 수 있다.

08 처우더우푸 臭豆腐 발효시킨 두부를 튀겨 소스를 얹은 처우더우푸는 야시장에서 쉽게 발견할 수 있다. 멀리서도 코를 찌르는 강렬한 냄새에 외국인들은 당황하지만 현지인들에게는 최고의 별미다. 먹어본 사람들이 '지옥의 향기, 천국의 맛'이라 표현하니 호기심 많은 여행자라면 도전해 보자.

09 더우화 豆花 타이완 사람들이 즐겨 먹는 디저트로 순두부처럼 부드러운 더우화에 홍더우紅豆(붉은 팥), 펀위안粉圓(곡물 경단), 위위안芋圓(토란으로 만든 재료), 땅콩 등을 곁들여 먹는다. 겨울에는 따뜻하게, 여름에는 차갑게 해서 먹는다.

10 위위안 芋圓 토란과 고구마, 녹차 등을 갈아 곱게 반죽해 빚어 끓인 뒤 달콤한 국물에 넣어 먹는 타이완 디저트로 떡처럼 쫄깃해서 씹는 재미가 있다. 겨울에는 따뜻하게, 여름에는 춰빙剉冰(빙수)와 함께 차갑게 해서 먹는다.

11 차오미펀 炒米粉 차오미펀은 예전에는 경사스러운 날이나 명절에만 만들어 먹는 요리였는데 오늘날에는 가정식으로 즐겨 먹는 음식이다. 얇은 국수인 미펀米粉과 고기, 채소 등을 볶아 만드는 요리로 볶음국수라고 생각하면 된다.

12 전주나이차 珍珠奶茶 흔히 버블티로 많이 알려진 전주나이차는 타이완을 대표하는 국민 음료로 세계 각국으로 진출했다. 전주나이차의 '전주珍珠'는 타피오카로 만든 알맹이를 뜻하고, 나이차奶茶의 '나이'는 우유, 차는 '차tea'를 뜻한다. 부드러운 음료와 쫄깃하게 씹히는 타피오카의 맛이 조화를 이룬다.

Intro

04

Local Food
현지인처럼 즐기는
로컬 푸드

관광객들에게 소문난
맛집도 좋지만 한 번쯤은
마치 현지인이 된 듯
그들이 매일 먹고 마시는,
소박하지만 특별한
타이베이의 먹거리를
즐겨 보자.

밥보다 맛있는 저우粥

우리나라에서 죽은 몸이 아플 때나 환자들이 주로 먹는 음식이지만 타이완 사람들은 밥만큼이나 저우粥(죽)를 즐겨 먹는다. 건강식으로도 좋고 출출할 때 먹기에도 부담 없는데 보통 달콤한 고구마를 넣은 죽을 많이 먹는다. 또 간단하게 죽만 먹는 우리와 달리 다양한 반찬들을 입맛대로 골라 먹을 수 있는 죽 전문점도 상당히 많다. MRT 다안大安 역 근처에는 소문난 죽집들이 밀집된 거리가 있는데 그중에서도 이류칭저우샤오차이一流清粥小菜가 대표적인 맛집으로 꼽힌다. 50가지에 달하는 반찬이 가득 쌓여 있고 원하는 음식을 골라서 죽과 곁들여 먹으면 된다.

죽집 거리에서 단연 으뜸

이류칭저우샤오차이 一流清粥小菜
Google Map 25.029688, 121.543336
Map P.363-K
Add. 台北市大安區復興南路二段106號
Tel. 02-2706-4528 Open 11:00~03:00 Close 월요일
Access MRT 다안大安 역을 등지고 푸싱난루復興南路를 따라 도보로 8분. Price 1인당 NT$200

입맛대로 골라 먹는 쯔주찬自助餐

타이완 사람들이 참새 방앗간 들르듯 매일 찾는 백반집 형태의 음식점이다. 조금 특별한 점은 뷔페처럼 밥, 국, 각종 반찬들이 가득 차려져 있어 입맛대로 직접 고를 수 있고, 고른 만큼 가격을 지불하는 방식이다. 푸짐하게 차려진 반찬들 중에서 골라 먹는 재미가 있고, 밥과 반찬을 먹다 보니 집 밥을 먹는 듯 편안하다. 반찬은 고르기 나름이지만 NT$100 정도면 한 끼 식사를 해결할 수 있어 주머니가 가벼운 여행자들에게 제격이다.

건강한 채식 쯔주찬

밍더쑤스위안 明德素食園
Google Map 25.049454, 121.517193
Map P.365-C
Add. 台北市承德路一段1號B3F台北京站
Tel. 02-2559-5008 Open 11:00~21:30
Access MRT 타이베이처잔台北車站 역 Y5 출구와 연결되는 큐 스퀘어Q Square 지하 3층에 있다.
Price 1인당 NT$100~ URL www.minder.com.tw

타이완식 아침 식사

타이베이에 왔다면 한 번쯤 현지인이 먹는 타이완식 아침 식사를 즐겨 보자. 일상적으로 먹는 아침 메뉴로는 중국식 두유인 더우장豆漿, 구운 빵에 참깨를 뿌린 사오빙燒餅, 밀가루 반죽을 발효시킨 후 길쭉한 모양으로 만들어 기름에 바짝 튀긴 유타오油條, 달걀을 넣은 단빙蛋餅 등이 있다. 가장 경험하기 좋은 식당은 푸항더우장阜杭豆漿으로 매일 아침마다 식사를 하려는 이들로 북새통을 이룬다.

줄 서서 먹는 아침 식사

푸항더우장 阜杭豆漿 (⇒P.141)
Google Map 25.044139, 121.524814
Add. 台北市中正區忠孝東路一段108號2樓之28
Tel. 02-2392-2175
Open 05:30~12:30
Close 월요일
Access MRT 산다오쓰善導寺 역 5번 출구로 나오면 바로 왼쪽에 보이는 화산 시장華山市場 2층에 있다. 건물을 따라 왼쪽으로 가면 입구가 보인다.
Price 1인당 NT$50

건강에 좋은 타이완의 디저트

더운 날씨 때문에 달콤한 디저트 문화가 발달한 타이완. 건강까지 생각해 몸에 좋은 재료로 만든 디저트가 많은 것이 특징이다. 부드러운 연두부가 주재료인 더우화豆花, 토란과 고구마, 녹차 등을 곱게 반죽해 빚어 끓인 뒤 달콤한 국물에 넣어 먹는 위위안芋圓, 쫀득하게 씹히는 맛이 좋은 펀위안粉圓 등이 타이완의 대표적인 건강 디저트. 여름에는 시원하게, 겨울에는 따뜻하게 먹고, 여러 가지 토핑 중에서 입맛에 맞게 골라 먹을 수 있다. 자극적인 맛에 익숙한 사람은 첫 맛이 다소 밍밍하게 느껴지지만 먹다 보면 재료 본연의 맛에 빠지게 된다.

20년 전통의 펀위안 맛집

둥취펀위안 東區粉圓
Google Map 25.039523, 121.552842 Map P.368-E
Add. 台北市大安區忠孝東路四段216巷38號
Tel. 02-2777-2056
Open 11:00~23:30
Access MRT 중샤오둔화忠孝敦化 역 3번 출구로 나와 걷다가 두 번째 골목에서 오른쪽으로 꺾어 도보로 3분.
Price 1인당 NT$60
URL www.efy.com.tw

주펀의 디저트 맛집

아간이위위안 阿柑姨芋圓 (⇒P.323)
Google Map 25.107650, 121.843675 Add. 新北市瑞芳區竪崎路5號 Tel. 02-2497-6505
Open 월~금요일 09:00~21:00, 토~일요일 09:00~22:00
Access 주펀 지산루基山街와 수치루竪崎路가 만나는 지점에서 왼쪽 언덕 방향의 계단으로 올라가면 오른쪽에 있다.
Price 위위안 NT$40

Intro

05

Pineapple Cake

타이완 최고의 펑리쑤

펑리쑤鳳梨酥는 타이완 사람들이 가장 좋아하는 디저트이자 여행자들이 많이 구입하는 특산품이다. 웬만한 빵집은 모두 자체 브랜드를 단 펑리쑤를 판매하고 있으며 몇몇 상점은 펑리쑤를 사기 위해 줄을 서야 할 만큼 인기가 높은 곳도 있다. 타이베이의 대표적인 펑리쑤 가게들을 소개한다.

> **Tip** 펑리鳳梨는 파인애플을 뜻하고 쑤酥는 바삭하다는 뜻으로 파인애플 파이 정도로 생각하면 된다. 밀가루, 달걀, 설탕, 동아, 파인애플 잼 등을 넣고 만드는데 상큼한 파인애플 향과 부드러운 식감이 특징이다. 차와 함께 즐기면 좋다.

펑리쑤의 4대 천왕

펑리쑤계의 왕
서니 힐스 Sunny Hills 微熱山丘 (⇒P.257)

펑리쑤 중에는 파인애플을 넣지 않고 가공된 잼이나 향만 첨가한 것이 의외로 많은데 서니 힐스에서는 파인애플을 넣고 만든 펑리쑤를 맛볼 수 있다. 중심가에서 조금 떨어진 곳에 자리 잡고 있지만 이곳의 펑리쑤를 맛보려는 이들로 문전성시를 이룬다. 일단 가게 안에 들어서면 시식용 펑리쑤 하나를 건네준다. 겉의 파이는 입안에서 부드럽게 녹고, 안에는 과육이 꽉 차 있어 파인애플의 새콤한 맛이 강하게 느껴진다. 오직 파인애플 맛 펑리쑤만 판매하며 예쁜 에코백에 담아줘 선물하기 좋다.

Google Map 25.057819, 121.557187
Add. 台北市民生東路五段36巷4弄1號
Tel. 02-2760-0508 **Open** 10:00~20:00
Access MRT 쑹산지창松山機場 역에서 택시로 약 5분. 또는 12, 63, 225, 248, 254, 262, 505, 518, 521, 612, 652, 905번 버스를 타고 제서우궈중介壽國中 정류장에서 하차 후 도보로 3분. 민성 공원民生公園 앞에 있다.
Price 10개 세트 NT$420, 15개 세트 NT$630
URL www.sunnyhills.com.tw

불티나게 팔리는
치아더 ChiaTe 佳德糕餅 (⇒P.256)

서니 힐스와 함께 펑리쑤계의 투톱을 이루고 있는 치아더. 파인애플 맛 펑리쑤는 물론 딸기, 크랜베리, 호두 맛 등 종류가 다양하다. 은은한 버터 향과 새콤한 파인애플 맛이 과하지 않게 하모니를 이루고 있다. 서니 힐스는 파인애플 맛이 강한 편이라 호불호가 갈리지만 치아더는 누구나 좋아하는 맛이다. 낱개로도 구입 가능하며 원하는 맛을 골라 6개, 12개씩 담아서 살 수 있다.

Google Map 25.051283, 121.561514
Add. 台北市松山區南京東路五段88號
Tel. 02-8787-8186
Open 07:30~21:30
Access MRT 난징싼민南京三民 역 2번 출구에서 도보로 2분.
Price 펑리쑤 6개 NT$180~
URL www.chiate88.com

챔피언이 만드는 펑리쑤
우바오춘 베이커리 吳寶春麵店 (⇒P.189)

월드 챔피언 제빵사이자 타이완의 제빵왕으로 통하는 우바오춘吳寶春의 베이커리에서도 펑리쑤를 판매한다. 설탕을 첨가하지 않고 파인애플만으로 단맛을 낸 천우셴펑리쑤陳無嫌鳳梨酥는 입안 가득 파인애플 향이 퍼진다. 워낙 유명한 베이커리여서 펑리쑤 외에도 맛있는 빵들이 가득하다.

Google Map 25.044598, 121.561015
Add. 台北市信義區菸廠路88號
Tel. 02-6636-5888
Open 11:00~22:00
Access MRT 궈푸지녠관國父紀念館 역 5번 출구에서 도보로 10분. 쑹산원창위안취松山文創園區 내 청핀 서점 지하 2층에 있다.
Price 펑리쑤 1개 NT$35, 12개 NT$420
URL www.wupaochun.com

저자가 강력 추천하는
포조 Pozzo

숨은 내공이 느껴지는 펑리쑤 맛집. 펑리쑤의 파이 부분이 쉽게 부스러질 정도로 부드럽고 진한 버터 향과 은은한 파인애플 맛의 조합이 좋아 한입 먹으면 절로 미소가 지어진다. 각 잡힌 상자에 담겨 있어 선물용으로도 안성맞춤이다.

Google Map 25.041299, 121.550982 Map P.368-E
Add. 台北市大安區忠孝東路四段172號
Tel. 02-2772-2121 Open 07:00~22:00
Access MRT 중샤오둔화忠孝敦化 역 4번 출구에서 도보로 1분. 산 완트 호텔San Want Hotel 1층에 있다.
Price 펑리쑤 1개 NT$35, 9개 NT$380

부담 없는 보급형 펑리쑤

리즈빙자 李製餅家

포조와 함께 저자가 강력 추천하는 펑리쑤 가게. 그냥 지나치기 쉬울 정도로 가게가 작고 허름한 데다 펑리쑤의 포장이나 모양도 소박하지만 맛에 반전이 있다. 한국인 여행자들에게는 잘 알려지지 않은 곳이지만 일본인 여행자들은 한번에 몇 박스씩 사 갈 정도로 인기가 많은 가게. 부드러운 파이와 달콤한 파인애플이 조화를 이룬 맛에 한 번 감동, 유명 펑리쑤 가게의 반값 가격에 두 번 감동하게 된다.

Google Map 25.051864, 121.525196
Map P.371-D
Add. 台北市中山區林森北路156號
Tel. 02-2537-2074 Open 10:30~21:30
Access MRT 중산中山 역 3번 출구에서 도보로 6분.
Price 펑리쑤 1개 NT$16, 펑리쑤 24개 NT$360~

선메리 Sun Merry 聖瑪莉

타이베이에만 20여 개의 지점이 있는데 그중 가장 찾아가기 쉬운 곳은 융캉제의 딘타이펑 본점 가는 길목에 있는 매장이다. 한 입 크기의 미니 펑리쑤로 인기를 끌고 있다. 호두가 들어간 펑리쑤, 망고 맛 펑리쑤, 에그 롤, 우유 푸딩, 누가 크래커 등도 인기가 있다.

Google Map 25.033520, 121.5298439
Map P.367-A
Add. 台北市大安區信義路二段186號
Tel. 02-2392-0224
Open 07:30~22:00
Access MRT 둥먼東門 역 5번 출구에서 도보로 1분. Price 펑리쑤 12개 NT$150~
URL www.sunmerry.com.tw

쇼우신팡 手信坊

맛도 가격도 무난한 선물용 펑리쑤를 찾는다면 쇼우신팡도 좋은 선택이다. 시먼딩 매장을 비롯해 쑹산 공항 1층, 타이베이 101 빌딩 지하의 딘타이펑 옆, 주펀의 지산제基山街 초입에 있는 매장이 가장 많이 찾는 곳이다. 시먼딩 매장은 최근에 문을 열어 할인 및 프로모션 등을 자주 진행하는 편이고 찾아가기도 쉽다.

Google Map 25.044386, 121.507930
Map P.366-D
Add. 台北市萬華區武昌街二段22號
Tel. 02-2361-3956 Open 09:00~22:00
Access MRT 시먼西門 역 6번 출구에서 도보로 4분. Price 펑리쑤 10개 NT$360
URL www.3ssf.com.tw

여행자의 입맛을 사로잡은 누가 크래커

최근 타이완에서 펑리쑤만큼이나 인기가 높은 과자가 바로 누가 크래커다. 바삭한 크래커 사이에 쫀득한 누가가 들어 있는데 달콤함과 짭조름한 맛의 조화가 자꾸만 손이 가게 하는 중독성 강한 과자다. 한국에서는 비싸게 파는 과자이므로 지인들을 위한 여행선물로 제격이다. 누가 크래커는 전자레인지에 넣어 10초 정도 조리해 먹으면 더 맛있게 즐길 수 있다. 누가 크래커로 유명한 타이베이의 대표 상점 3곳을 추천한다.

미미 蜜密 (⇒P.127)

미미는 누가 크래커의 붐을 일으킨 장본인이라고 해도 과언이 아니다. 둥먼 시장東門市場의 노점에서 간판도 없이 팔기 시작한 누가 크래커가 폭발적인 인기를 끌면서 최근 융캉제에 매장을 열었다. 그날그날 판매하는 양이 정해져 있어서 예약을 하지 않으면 1인당 3~4상자 정도만 구입 가능하다.

이즈쉬안 一之軒 (⇒P.127)

타이베이의 체인 베이커리로 여행자들 사이에서는 빵보다 누가 크래커로 더 유명하다. 맛은 채소 맛과 크랜베리 맛 두 종류가 있다. 이곳의 장점은 낱개로도 구입이 가능하다는 점이다. 일단 한 두개 사서 맛을 본 후 구입해 보자.

No. 55 누가 크래커

九份游記手工牛軋糖 Joufunyouki (⇒P.324)
주펀에서 눈여겨봐야 할 누가 크래커 가게. 이름 대신 '55번 누가 크래커'라는 이름으로 더 유명하다. 시식 후 구입 가능하며 크래커의 바삭함과 누가의 달콤하고 쫀득한 맛이 잘 어우러져 맛있다.

Intro

06

Snowflake

달콤한 천국의 맛,
망고 빙수 4대 천왕

한국에서도 최근 눈꽃빙수의
바람이 불고 있는데
그 근원지는 바로
타이완이다. 특히 달콤한
맛의 망고 빙수는 여행자들
사이에서 폭발적인 인기를
끌며 타이베이 여행의
필수 코스로 통하고 있다.
한국보다 가격이 저렴하고
맛도 훌륭하니 1일 1빙수를
실천해 보자.

꽃할배들도 반한 바로 그 집

아이스 몬스터 Ice Monster (⇒P.184)

융캉제의 스무시와 함께 망고 빙수계의 쌍벽을 이루는 곳. 다른 빙수 가게보다 고급스러운 분위기에서 빙수를 즐길 수 있다. 눈처럼 고운 빙수와 달콤한 망고의 앙상블이 가히 최고다. 가장 잘 팔리는 망고 빙수는 물론 밀크티, 딸기, 팥 등 다양한 눈꽃빙수를 맛볼 수 있다. 워낙에 인기가 높아 대기 시간이 길다는 것과 1인당 미니멈 차지(NT$100)가 있다는 것이 단점이다.

Google Map 25.041576, 121.555163

Open 10:30~23:30

Access MRT 중샤오둔화忠孝敦化 역 2번 출구에서 도보로 6분. 또는 MRT 궈푸지녠관國父紀念館 역 1번 출구에서 도보로 4분. 신둥양新東陽 옆에 있다.

Price 망고 센세이션 빙수 NT$250, 밀크티 센세이션 빙수 NT$200, 1인당 미니멈 차지 NT$100

URL www.ice-monster.com

망고 빙수 열풍의 주인공
스무시 思慕昔 Smoothie House (⇒P.116)

타이베이에 빙수 열풍을 불러일으킨 곳으로 '빙관 15'라는 이름으로 시작해 여전히 뜨거운 인기를 끌고 있다. 딸기, 녹차, 키위 등 다양한 빙수를 팔지만 역시 망고 빙수가 가장 맛있다. 입에 넣는 순간 녹아 버릴 정도로 고운 빙질에 달콤하고 풍부한 맛의 망고가 듬뿍 올려 나온다. 아이스크림과 판나 코타Panna cotta 등 토핑이 다양해 골라 먹는 즐거움이 있다.

Google Map 25.032528, 121.529816
Open 10:00~23:00
Access MRT 둥먼東門 역 5번 출구에서 도보로 3분.
Price 망고 빙수 NT$210~, 빙수 NT$180~
URL www.smoothiehouse.com

가격 대비 최고의 망고 빙수
빙짠 冰讚 (⇒P.148)

한국인 여행자들에게는 생소한 빙수 가게지만 일본인 여행자들 사이에서는 가격 대비 최고의 망고 빙수를 먹을 수 있는 곳으로 명성이 자자하다. 무엇보다 최고의 메리트는 가격이다. 단돈 NT$130부터 망고 빙수를 즐길 수 있어 주머니가 가벼운 여행자들에게도 부담 없다. 입에서 사르르 녹는 것은 기본이고, 눈꽃빙수 자체도 달콤한데 여기에 탱글탱글한 망고까지 곁들이면 달콤한 맛이 두 배로 느껴진다.

Google Map 25.057700, 121.519049
Open 11:30~23:00
Access MRT 솽롄雙連 역 2번 출구에서 도보로 2분.
Price 망고 빙수 NT$130~

시먼딩의 대표 빙수 맛집
싼슝메이 三兄妹 (⇒P.91)

젊음의 거리 시먼딩에 있으며 부담 없는 가격에 망고 빙수를 먹을 수 있어 젊은 층들이 많이 찾아온다. 대표 메뉴는 3번 망고 빙수로 우유를 얼려 곱게 간 빙수 위에 달콤한 망고와 아이스크림이 올려 나온다.

Google Map 25.045181, 121.507772
Open 11:00~23:00
Access MRT 시먼西門 역 6번 출구에서 도보로 6분.
Price 망고 빙수 NT$120~, 빙수 NT$60~

Intro

07

Night Market

밤이면 밤마다
야시장 열전

타이완은 더운 날씨 때문에
저녁에 문을 여는 야시장이
발달했다. 타이베이 역시
곳곳에 야시장이 포진해
있고 매일 밤 삼삼오오
모여드는 인파들로
불야성을 이룬다.
호기심을 자극하는
각종 기념품부터
다양한 먹거리도 가득해
눈과 입이 즐겁다.

스린 야시장 士林夜市 (⇒P.273)

타이베이에서 단 한곳의 야시장만 가야 한다면 고민할 것 없이 스린 야시장으로 가자. 100년이 넘는 역사를 자랑하는 타이베이 대표 야시장으로, 상점 수가 5000여 개에 달할 만큼 규모가 크다. 특히 스린 야시장은 먹거리 시장으로도 유명한데 야외 노점은 물론 지하에 푸드코트가 따로 있다. 먹거리 외에도 오락 시설과 살 거리가 넘쳐난다. 타이완식 닭튀김 하오다다지파이豪大大鷄排, 치즈 소스를 듬뿍 올린 감자 왕쯔치스마링수王子起士馬鈴薯, 신파팅辛發亭의 부드러운 빙수는 스린 야시장에서 꼭 먹어 봐야 할 메뉴로 손꼽힌다.

Google Map 25.088119, 121.525200
Add. 台北市士林區士林夜市
Open 16:30~24:00
Access MRT 젠탄劍潭 역 1번 출구에서 도보로 3분.

라오허제 야시장 饒河街夜市 (⇒P.243)

타이베이에서 두 번째로 큰 야시장. 과거 화물을 운반하던 배들이 드나들던 항구였으나 현재는 여행자들과 현지인들로 매일 밤 불야성을 이루는 인기 야시장으로 거듭났다. 노점들이 길 양옆으로 500m 정도 늘어서 있으며 몰려든 인파들을 따라 자연스럽게 앞으로 걸어가게 된다. 쑹산츠유궁松山慈祐宮 쪽 입구에 위치한 후자오빙胡椒餠(후추빵) 가게는 가장 손님이 많은 곳이다. 화려하게 꾸민 청나라 시대의 사당 쑹산츠유궁도 함께 둘러보면 좋다.

Google Map 25.050913, 121.577547
Map P.369-D **Add.** 台北市松山區饒河街
Open 17:00~24:00 **Access** MRT 스정푸市政府 역에서 택시로 약 10분. 또는 MRT 쑹산松山 역 5번 출구에서 도보로 1분.

스다 야시장 師大夜市 (⇒P.105)
국립 타이완 사범대학과 이웃하고 있는 덕분에 다른 야시장보다 젊고 밝은 분위기가 느껴진다. 소소한 먹거리는 물론 보세 의류 가게, 액세서리 가게 등이 모여 있어 특히 여학생들이 많이 찾는다. 루웨이滷味는 스다 야시장에서 가장 유명한 먹거리이며 저렴하게 철판 스테이크를 먹을 수 있는 뉴모왕뉴파이관牛魔王牛排館도 놓쳐서는 안 된다.

Google Map
25.024626, 121.529336
Add. 台北市大安區師大路
Open 16:00~24:00
Access MRT 타이뎬다러우臺電大樓 역 3번 출구에서 도보로 5분.

닝샤 야시장 寧夏夜市
타이베이 도심 한가운데 위치하고 있어 시간 여유가 없는 여행자도 부담 없이 찾아가기 좋은 야시장이다. 다른 야시장에 비해 규모는 작은 편이지만 의류나 잡화를 파는 상점이 없고 샤오츠 노점들만 집중적으로 모여 있어 식도락을 위한 선택으로는 부족함이 없다. 꼬치구이, 딤섬, 타이스샹창臺式香腸, 지파이雞排, 처우더우푸臭豆腐 등 호기심을 자극하는 먹거리가 가득하다.

Google Map 25.056981, 121.515588
Map P.362-E Add. 台北市大同區寧夏路
Open 17:00~01:00
Access MRT 솽롄雙連 역 1번 출구에서 도보로 10분.

화시제 야시장 華西街夜市 (⇒P.86)
룽산쓰와 함께 둘러보기에 좋은 야시장이다. 다른 야시장보다 독특한 음식들을 파는 것으로 유명한데 야시장 곳곳을 구경하다 보면 커다란 뱀, 자라, 제비집 등의 보양식 메뉴를 파는 가게들을 많이 볼 수 있다. 마사지 숍도 곳곳에 있어 야시장을 둘러보고 시원한 발 마사지를 받기 좋다.

Google Map 25.038597, 121.498441
Add. 台北市萬華區華西街
Open 16:00~24:00(가게마다 조금씩 다름)
Access MRT 룽산쓰龍山寺 역 1번 출구에서 도보로 8분.

궁관 야시장 公館夜市
국립 타이완 대학교와 이웃하고 있는 야시장으로 대학가 특유의 활기가 넘친다. 저렴하게 한 끼를 해결할 수 있는 식당이 밀집해 있으며 골목골목 의류, 잡화, 스포츠 용품을 파는 상점이 줄줄이 이어진다. 전주나이차珍珠奶茶의 성지로 통하는 천싼딩陳三鼎은 꼭 가봐야 할 필수 코스로, 오로지 이 가게 때문에 궁관 야시장을 찾는 여행자도 많다. 특제 비법으로 만든 전주珍珠의 달콤함과 쫀득함은 놀라움 그 자체다.

Google Map
25.015693, 121.532455
Add. 台北市中正區羅斯福路四段
Open 17:00~01:00
Access MRT 궁관公館 역 4번 출구에서 도보로 2분.

Intro

08

Snack

야시장에서 꼭 먹어
봐야 할 샤오츠
야시장의 즐거움은 뭐니
뭐니 해도 여러 가지
주전부리를 즐기는 것.
타이베이의 야시장은
호기심을 자극하는
샤오츠小吃들로 넘쳐나니
이것저것 조금씩 맛보면서
미식 여행을 떠나보자.

雞排

01

02

03

01 **처우더우푸** 臭豆腐 야시장에 가면 어디선가 코를 찌르는 처우더우푸의 냄새가 느껴질 것이다. 두부를 발효시킨 후 튀긴 음식인데 고약한 냄새 때문에 맛을 보기가 두렵다. 하지만 한번 그 맛에 빠지면 헤어나올 수가 없다고 하니 호기심이 강한 여행자라면 용감하게 도전해 보자. 02 **지파이** 雞排 타이완식 닭튀김으로 치킨커틀릿과 비슷하다. 둘이 먹어도 충분할 만큼 넉넉한 사이즈에 특유의 양념 맛이 더해져 한국인 입맛에 잘 맞는다. 지파이 중에는 스린 야시장의 하오다다지파이豪大大雞排가 최고로 꼽힌다. 03 **루웨이** 滷味 간장, 향신료, 한약재를 넣은 육수인 루즈滷汁에 여러 가지 재료를 데쳐 먹는 음식으로 스다 야시장이 특히 유명하다. 수북하게 쌓여 있는 버섯, 소시지, 어묵, 채소 중에서 원하는 것을 골라 바구니에 담은 후 건네주면 즉석에서 육수에 재료들을 넣고 끓여준다. 04 **타이스샹창** 臺式香腸 타이완식 소시지로 야시장에서 가장 쉽게 볼 수 있는 샤오츠 중 하나. 주로 돼지 앞다리살로 만들며 독특한 바비큐 향이 느껴져서 맛있다. 마늘이나 다른 토핑을 추가해서 먹기도 한다.

胡椒餅

05 다창바오샤오창 大腸包小腸 타이완식 핫도그인데 빵이 아닌 찹쌀을 넣어 만든 큰 소시지가 작은 소시지를 감싸고 있는 독특한 모습이다. 오이, 절인 채소 등을 넣어서 핫도그처럼 먹는데 두 개의 소시지를 먹는 셈이라 하나만 먹어도 든든하다. 06 후자오빙 胡椒餅 밀가루 반죽에 돼지고기와 파를 넣고 구운 후추빵이다. 겉은 바삭하고 속은 돼지고기 소와 진한 육즙이 듬뿍 들어 있다. 07 관차이반 棺材板 타이난臺南에서 시작된 독특한 샤오츠 중 하나로 바삭하게 튀긴 토스트 속을 파낸 뒤 감자, 새우, 고기 등을 넣어 끓인 스튜로 채운다. 고소한 토스트와 걸쭉한 수프를 함께 먹는 것으로 젊은 층이 즐겨 먹는다. 08 대왕오징어튀김 炸魷魚 오징어튀김은 한국에서도 흔하지만 타이베이 야시장의 오징어튀김은 크기부터 다르다. 대왕오징어라 불리는 오동통한 오징어를 즉석에서 튀긴 후 특제 가루를 뿌려 주는데 짭짤하면서도 맛이 좋아 맥주 안주로 제격이다. 09 꼬치구이 燒烤 야시장 어디에서나 쉽게 볼 수 있는 메뉴로 치킨, 돼지고기, 오징어부터 피망, 브로콜리, 버섯까지 그 종류가 무척 다양해 골라 먹는 재미가 있다.

Intro

09

Convenience Store

24시간 편의점 놀이

타이베이 곳곳에서 쉽게
발견할 수 있는 편의점.
편의점은 현지인들에게는
삶의 일부분이지만
여행자들에게는 호기심을
자극하는 재미난 놀이터다.
시원한 음료부터 각종
주전부리와 도시락,
화장품과 생필품은 물론
타이완 사람들이 즐겨 먹는
현지 간식까지 가득하다.

01

02

03

04

05

06

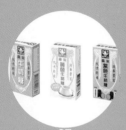
07

08

09

01 관동주 關東煮 우리의 어묵과 비슷하며 종류가 다양하다. 쌀쌀한 날씨에 간식거리로 좋다. NT$15~ 02 차예단 茶葉蛋 우리나라에서 맥반석 달걀을 먹듯이 타이완 사람들은 찻잎을 우려낸 물에 삶은 달걀을 즐겨 먹는다. NT$8~ 03 과일 맛 타이완 맥주 파인애플, 포도, 망고 등 다양한 과일 맛의 맥주는 달콤한 맛이 강해 특히 여성들이 좋아한다. NT$37

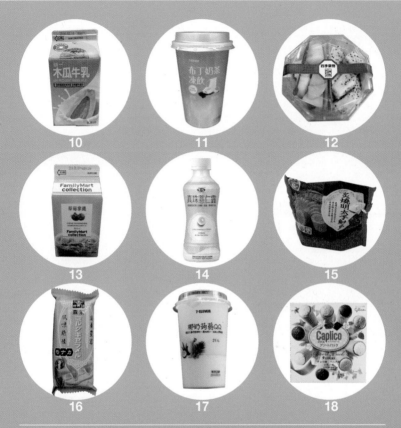

10

11

12

13

14

15

16

17

18

04 추야 秋雅 진짜 매실이 들어 있는 매실 주스. 새콤한 맛이 강해 더위에 지쳤을 때 마시면 좋다. NT$25
05 춘추이,허 純萃.喝 화장품처럼 보이는 용기에 담긴 음료로 여행자들에게 인기 있다. 밀크티, 코코아, 라테, 화이트 커피 등 종류가 다양하다. NT$30 06 아스파라거스 주스 건강에 좋은 아스파라거스 주스 NT$20
07 모리나가 캐러멜 흑설탕, 팥, 푸딩 맛 등 국내에서 보기 힘든 다양한 맛의 캐러멜이 있다. NT$12~ 08 통이부딩 統一布丁 무더위에 지쳤을 때 먹으면 좋은 달콤하고 부드러운 푸딩. NT$20 09 후지야 밀키 캔디 귀여운 페코짱이 그려진 사탕으로 부드러운 밀크캐러멜이다. NT$29 10 파파야 우유 파파야 향이 은은하게 나는 우유로 맛이 부드럽다. NT$35 11 푸딩 밀크티 달콤한 푸딩과 부드러운 밀크티가 만나 디저트로 먹기 제격이다. NT$30 12 열대 과일 잘 손질된 망고와 용과가 용기에 담겨 있어 먹기 편하다. NT$40 13 딸기 밀크티 상큼한 딸기 맛이 더해진 부드러운 밀크티. NT$30 14 전주이런루 真珠薏仁露 여성들에게 좋은 콜라겐이 들어 있는 음료. NT$39 15 연어 삼각 김밥 짭조름한 명란젓과 연어가 고슬고슬한 밥과 잘 어울린다. NT$35 16 모리나가 밀크캐러멜 아이스크림 캐러멜로 유명한 모리나가에서 나오는 아이스크림. NT$55
17 예나이쮜뤄 椰奶蒟蒻 QQ 음료 진한 코코넛 향이 가득한 음료로 코코넛이 쫄깃하게 씹히는 맛이 좋다. NT$25 18 카프리코 Caplico 아이스크림 콘 모양의 귀여운 초콜릿 과자. NT$49

Intro

10

Supermarket

슈퍼마켓에서
꼭 사야 할 아이템

타이베이 쇼핑에서 빼놓을
수 없는 곳이 슈퍼마켓이다.
지인들을 위한 알뜰 선물을
구입하기 좋고 타이완에서만
살 수 있는 맛있는
간식거리도 다양하다.
타이완 밀크티, 펑리쑤, 망고
젤리 등 한국에서는 웃돈을
주고 거래가 될 만큼 인기 있는
아이템을 공략해 보자.

01

02

Mr. Brown
Milk Tea

03

04

05

---

01 3시 15분 三點一刻 밀크티 타이베이 여행자들이 반드시 사 가는 인기 아이템. 가루와 찻잎이 함께 들어 있는 티백을 물에 우려먹을 수 있어 간편하다. 오리지널, 로스티드, 얼그레이 등 종류가 다양하고 6개들이 상자는 부담 없는 선물로도 좋다. NT$135~(1봉/18개) **02 미스터 브라운 밀크티 Mr. Brown Milk Tea 伯朗奶茶** 3시 15분 밀크티와 함께 인기를 끌고 있는 브랜드로 우리의 커피믹스처럼 가루로 된 밀크티 분말이 들어 있다. 물보다는 따뜻한 우유에 타서 먹으면 부드럽고 달콤한 밀크티 맛을 제대로 느낄 수 있다. 밀크티 외에 커피믹스 종류가 무척 다양하다. NT$149~(1봉/45개) **03 진먼고량주 金門高粱酒** 타이완의 대표적인 전통 술로 알코올 도수가 50도가 넘는다. 슈퍼마켓에서 쉽게 살 수 있다. NT$430~(600㎖) **04 슝바오베이 熊寶貝** 여행자들 사이에서는 '곰돌이 방향제'로 통하는 아이템으로 향이 매우 다양하다. 부직포로 된 방향제는 앙 증맞은 작은 사이즈이지만 방향 효과가 탁월하다. NT$59~ **05 펑리쑤 鳳梨酥** 유명 베이커리의 펑리쑤 가격 이 부담스럽다면 슈퍼마켓에 파는 펑리쑤를 공략해 보자. NT$50 정도면 상자에 든 펑리쑤를 살 수 있어 부 담 없이 먹거나 선물용으로 제격이다. 종류도 다양하고 1+1 프로모션도 자주 진행한다. NT$55~

Drip Coffee

06

07

08

09

10

06 망고 젤리 芒果凍 달콤한 망고를 한국까지 가져갈 수 없어 아쉽다면 망고 젤리를 사 가자. 달콤하고 탱글탱글한 맛이 좋아 디저트로 먹기 좋다. NT$100~ 07 만한다찬뉴러우몐 滿漢大餐牛肉麵 타이완의 국민 국수라고 할 수 있는 뉴러우몐이 한국에서도 그리울 것 같다면 컵라면을 구입하자. 많고 많은 뉴러우몐 컵라면 중 단연 인기가 높은 만한다찬뉴러우몐 컵라면은 4가지 맛이 있는데 그중에서도 매콤한 만한다찬마라궈뉴러우몐이 한국인 입맛에 잘 맞는다. 두툼한 고기도 들어 있다. NT$53 08 에그 롤 蛋卷 펑리쑤만큼이나 타이완 사람들이 즐겨 먹는 에그 롤은 여행자들 사이에서도 인기가 많다. 달걀과자와 비슷한 맛으로 식감이 바삭해 커피랑 함께 먹으면 잘 어울린다. 종류가 다양한데 〈IMEI〉에서 나온 에그 롤이 가장 맛있다는 평. NT$60~ 09 드립 커피 濾掛咖啡 커피 마니아라면 반드시 공략해야 할 아이템. 컵에다 걸어 놓고 내려 마시는 간편한 드립 커피가 유행이다. 브랜드별로 종류와 가격이 다양하다. NT$119~ 10 샤오파오푸 小泡芙 타이완의 유명 제과 브랜드 이메이義美의 제품으로, 우리의 홈런볼과 비슷하다. 퍼프 안에 들어 있는 크림과 바삭바삭한 식감이 잘 어우러진다. 초코, 커스터드푸딩, 밀크 맛이 있다. NT$25~

쇼핑하기 좋은 대표 슈퍼마켓

까르푸 Carrefour 家樂福
Google Map 25.037792, 121.506062
Map P.364-F
Add. 台北市萬華區桂林路1號
Tel. 02-2388-9887 Open 24시간
Access MRT 시먼西門 역 1번 출구에서 도보로 10분.
URL www.carrefour.com.tw

알티 마트 RT Mart 大潤發
Google Map 25.046785, 121.542614
Map P.370-A
Add. 台北市中山區八德路二段306號
Tel. 02-2779-0006 Open 09:00~23:00
Access MRT 중샤오푸싱忠孝復興 역 1번 출구에서 푸싱난루復興南路를 따라 도보로 10분.

Intro

11

Drugstore

드러그스토어에서 찾은
뷰티 아이템

여성 여행자라면 타이베이의
드러그스토어에 주목하자.
타이베이 곳곳에
편의점만큼이나 많은
드러그스토어가 있는데
국내에서는 찾아보기 힘든
아이템이나 국내보다 저렴한
아이템들을 발견할 수 있다.
드러그스토어에서 불티나게
팔리는 베스트 아이템과
현지인들이 강력 추천하는
아이템을 소개한다.

퍼펙트 휩 Perfect Whip

시세이도의 폼 클렌징 퍼펙트
휩은 일본 유명 패션지에서 클
렌징 부문 5년 연속 1위를 기록
했을 정도로 지속적인 인기를
끌고 있는 스테디셀러. 국내에
서보다 저렴하게 살 수 있어 여
성 여행자들이 많이 사오는 아
이템이다. 생크림처럼 풍부한
거품 속에는 누에고치 추출 성
분인 '실크 세리신'이 배합되어
피부 속 수분을 유지시켜줘 세
안 후에도 촉촉함을 느낄 수 있
다. NT$95~

마이 뷰티 다이어리 흑진주 팩
My Beauty Diary Black Pearl
Mask

여성 여행자들에게 폭발적인
인기를 얻고 있는 마스크 팩.
홍콩에서는 3개월 만에 판매량
1위를 달성할 정도로 뜨거운 인
기를 끈 제품으로 국내에도 수
입되었지만 타이완에서 더욱 저
렴하게 살 수 있다. 팩 종류가
여러 가지인데 그중에서도 화이
트닝에 효과가 높은 흑진주 팩
이 가장 인기다. NT$219~

달리 치약 Darlie

'흑인 치약'이라는 애칭으로 더
유명한 달리 치약은 세계적으
로 유명한 치약 브랜드로 타
이완에 본사를 두고 있다. 애
플민트, 라임민트, 민트, 화이
트닝 등 종류
가 다양하고 가
격도 차이가 좀
있는 편. 1개에
NT$45~145 정
도로 다른 나라
보다 저렴한 편
이라 마니아들
은 대량으로 구
입하기도 한다.
NT$45~

휴족시간 休足時間

여행을 하다 보면 평소보다 몇 배나 많이 걷기 때문에 다리가 아프다. 휴족시간은 이미 여행 자들 사이에서 유명한 파스다. 발바닥의 경혈을 자극해 피로를 풀어 주기 때문에 붙이고 나 면 한결 개운해진 기분을 느낄 수 있다. NT$149~

마이 뷰티 다이어리 바닐라 수플레 페이스 스크럽

My Beauty Diary Vanilla Souffle Face Scrub

부드러운 무스 타입의 스크럽 제품으로 피부에 문지르면 거 품이 없어지면서 스크럽이 되 는 제품이다. 생크림처럼 부드 러워 자극적이지 않으면서도 각질 제거에 효과적이다. NT$350

슝바오베이 스프레이 熊寶貝清新噴霧

곰돌이 방향제로 유명한 슝바 오베이熊寶貝의 방향 스프레 이. 땀 냄새나 담배 냄새 등이 밴 옷에 뿌리면 탈취 효과 만점 이다. NT$59~

앰마 가든 샴푸

Amma Garden Shampoo

황산염이 첨가되지 않은 오가 닉 샴푸로 기분 좋은 허브 향이 라 샴푸 후에도 상쾌한 기분을 느낄 수 있다. 모발 손상 방지, 비듬 제거 등 종류가 다양하니 자신의 모발 상태에 맞는 샴푸 를 고르면 된다. NT$200~

녹유정 綠油精

그린 오일Green Oil이라고도 부르며 타이완 각 가정에 하나 씩은 구비하고 있는 아이템이 다. 벌레에 물렸을 때, 특히 모 기 물린 부위에 바르면 진정 효 과가 있다. 또한 머리가 아플 때 관자놀이 쪽에 바른 후 문지 르면 두통에 효과가 있다고 한 다. NT$120

오팔 헤어트리트먼트

Opal One Minute Treatment

제품에 쓰여 있는 'One Minute Treatment'라는 문구처럼 손상 된 모발에 곧바로 영양을 줄 수 있는 헤어트리트먼트. 여행 중 에 강한 자외선으로 쉽게 모발 이 상할 수 있으니 틈틈이 머릿 결도 관리해 주자. NT$69~

광위엔량 차이과쉐이
廣源良菜瓜水
타이완에서 재배한 차이과菜瓜(수세미)를 이용해서 만든 미스트로 건조할 때 뿌려주면 촉촉한 수분감을 유지할 수 있다. NT$99~

하다라보 고쿠쥰 로션
Hada Labo Gokujyun Lotion
기적의 보습 화장수로 통하는 하다라보 고쿠쥰 로션은 히알루론산 수분 3중 배합의 강력한 수분력을 바탕으로 피부에 한층 더 깊은 촉촉함을 주는 고보습 화장수. 일본 내에서 4초에 1병이 판매될 정도로 인기가 뜨겁다. 국내에서도 판매하지만 타이완에서 사는 것이 더 저렴하다. NT$440~

Tip 코스메틱 아이템은 어디에서 살까?

코스메드 Cosmed
타이완 No. 1 드러그스토어로 번화가에 매장 하나씩은 꼭 있어 편의점만큼이나 쉽게 찾을 수 있다. 철마다 다양한 프로모션과 세일을 진행하므로 잘 살펴보면 저렴하게 구입할 수 있다.

왓슨스 Watsons
국내에서도 친숙한 왓슨스는 코스메드와 더불어 가장 쉽게 발견할 수 있는 드러그스토어. 각종 화장품을 비롯해 헤어 제품, 건강식품, 간식까지 다양한 종류를 갖추고 있다. 여행 중에 필요한 간단한 세면도구나 보조 식품 등을 사기에 제격이다.

사사 Sasa
홍콩을 대표하는 드러그스토어로 싱가포르, 말레이시아, 중국 등 아시아에서 인기를 끌고 있는 체인이다. 왓슨스나 코스메드에 비해 매장 수는 적지만 랑콤, 클리니크, 엘리자베스 아던, 시세이도 등 고가의 화장품 브랜드부터 중저가 브랜드까지 상품이 다양하고 샘플처럼 작은 크기의 아이템이 많은 것이 장점이다.

토모즈 Tomod's
화장품과 건강용품을 다양하게 판매하는 일본의 인기 드러그스토어가 타이완에도 진출했다. 일본 체인인 만큼 일본 화장품, 건강식품, 약, 간식 등이 다양한 것이 특징이다. 프로모션과 세일도 잦은 편이다. 타이베이에 6개 매장이 있는데 MRT 중산 역 지하와 용캉제에 있는 매장이 가장 찾아가기 쉽다.

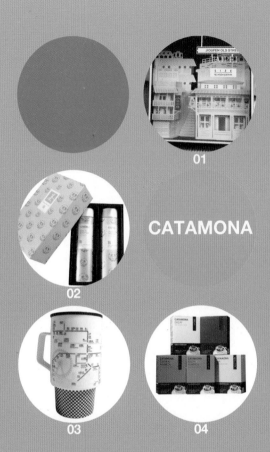

Intro

12

Souvenir

타이베이
기념품 퍼레이드

타이베이는 각 지역의
특성을 살린 특산품이
발달해 있고, 톡톡 튀는
아이디어 상품이 가득해서
소소한 쇼핑의 재미를 느낄
수 있다. 어디서 사야 할지
고민이라면 타이완 각지의
특산품을 모아 둔
러블리 타이완과
유쾌한 캐릭터가 많은
0416 × 1024을 방문해 보자.

CATAMONA

01 주펀 종이 모형(청핀 서점) 주펀의 수치루 계단과 홍등, 다예관 등이 입체적으로 나타나는 종이 모형.
NT$160
02 차 세트(야오양차싱) 사랑스러운 틴 케이스에 담긴 타이완의 명차는 여성들을 위한 기품 있는 선물로 제격
이다. NT$780
03 머그컵(타오위안 공항 면세점) 타이베이 MRT 노선도가 그려진 머그컵. NT$300
04 카타모나 커피 CATAMONA(신광싼웨 신이신텐디 A11관 슈퍼마켓) 원두커피가 들어 있어 컵에다 끼운 후 물
을 부어 간편하게 드립 커피를 즐길 수 있다. 커피 마니아들에게 강력 추천한다. NT$120

05 **나무 엽서** 주펀, 허우둥, 징퉁 등 각 지역의 일러스트가 그려진 나무 엽서. NT$100
06 **미니 천등** 핑시의 명물인 천등 모양의 미니어처. NT$100
07 **마그넷** 타이완의 아이콘이나 각 지명을 담은 마그넷. 냉장고에 붙여 놓고 볼 때마다 타이완 여행을 추억할 수 있는 아이템. NT$40~
08 **엽서**(이전이셴) 타이베이를 기념할 수 있는 아이콘이 담긴 엽서. NT$40~
09 **오르골**(청핀 서점, 우더풀 라이프) 청아한 소리를 내는 예쁜 오르골. NT$650~

10 덤플링 세트(인이청 아트야드) 포동포동한 딤섬 모양의 조미료 통 세트. NT$2,108
11 마이 뷰티 다이어리 팩 세트(코스메드) 가장 인기가 높은 흑진주 팩을 비롯해 5종, 16개의 팩이 들어 있는 아로마 시리즈 세트. NT$299
12 휴대폰 케이스(화산1914원화창이찬예위안취) 타이완의 국기가 강렬하게 그려진 휴대폰 케이스. NT$400
13 프레임(타이베이 101 기념품 숍) 타이베이를 상징하는 아이콘들의 일러스트가 그려진 스테인리스 소재의 프레임. NT$100
14 티셔츠(창이스류궁팡) 복고풍 일러스트가 프린트된 티셔츠. NT$700~
15 하카 머그(민이청 아트야드) 하카Hakka풍의 저고리를 입고 있는 깜찍한 머그컵. NT$1,200

0416
x
1024

16

17

18

19

20

21

---

16 열쇠고리 귀여운 하트 고양이가 그려진 열쇠고리. NT$220

17 카드 홀더 유쾌한 일러스트가 그려진 카드 홀더로 교통카드를 넣고 다니면 딱이다. NT$380

18 우산 자외선 차단은 물론 205g의 가벼운 무게를 자랑하는 우산. 변덕스러운 날씨의 타이베이 여행 필수품. NT$680

19 에코백 여행의 발걸음을 더 가볍게 만들어 줄 귀여운 에코백. NT$180

20 마스킹 테이프 일상 속 활력소가 되어 줄 유쾌한 일러스트가 그려진 마스킹 테이프. NT$120~

21 유리컵 유쾌한 일러스트가 그려져 있는 유리컵. NT$380~

0416 x 1024 라이프 숍 0416 x 1024 Life Shop (⇒**P.161**)
Google Map 25.053501, 121.521118 **Add.** 台北市中山北路二段20巷18號
Tel. 02-2521-4867 **Open** 13:00~22:00 **URL** www.hi0416.com

Lovely Taiwan

22

23

24

24

25

26

27

22 타이완 스낵 포커 타이완의 현지 음식들이 그려진 재미있는 포커. NT$240

23 입체 카드 펼치면 핑시의 천등, 국립중정기념당의 근위병들이 나오는 입체 카드. NT$40

24 테이블 매트 숟가락, 젓가락을 끼울 수 있는 귀여운 테이블 매트. NT$350

25 텀블러 가방 텀블러를 생활화하는 타이완 사람들이 즐겨 쓰는 텀블러 전용 가방. NT$390

26 손수건 타이완의 사계절을 일러스트로 표현한 손수건. NT$250

27 스티커 타이베이 101, 위병 교대식, 천등, 전주나이차 등 타이베이를 상징하는 아이콘들을 모아 놓은 스티커. 여행 다이어리를 꾸미기에 제격이다. NT$80

러블리 타이완 Lovely Taiwan (⇒**P.157**)
Google Map 25,054602, 121,520321 **Add.** 台北市大同區南京西路25巷18之2號
Tel. 02-2558-2616 **Open** 12:00~21:00 **Close** 월요일 **URL** www.lovelytaiwan.org.tw

Intro

13

Xiaolongbao

타이베이 샤오룽바오
맛집

딤섬을 좋아하는
여행자들에게 타이베이는
천국과도 같다. 성지처럼
순례하는 딘타이펑은 물론
딘타이펑과 어깨를 나란히
하는 쟁쟁한 딤섬집이 곳곳에
있다.

딘타이펑 鼎泰豐 Ding Tai Fung (⇒P.107)
딘타이펑은 타이완의 국가대표급 맛집으로 뉴욕
타임스에서 세계 10대 레스토랑으로 선정하기도
했다. 11개국에 100개가 넘는 매장이 있는데 본점
이 바로 융캉제에 있다. 마치 성지 순례하듯 세계
각지에서 모여든 인파로 북새통을 이룬다. 고소한
육즙이 가득한 샤오룽바오小籠包가 가장 인기 있
는 메뉴이며, 새우가 들어간 샤런샤오마이蝦仁燒
賣, 갈빗살튀김을 얹은 볶음밥 파이구단판排骨蛋
飯 등도 맛있다.

Tip 샤오룽바오를 맛있게 먹는 법
1. 종지에 채 썬 생강을 담고 간장 1, 식초 3의 비
율로 담는다.
2. 샤오룽바오를 조심스럽게 잡아 초간장에 찍
는다.
3. 숟가락에 샤오룽바오를 올린 후 젓가락으로
만두피를 살짝 찢어 흘러나온 육즙을 맛본다.
4. 생강을 올린 후 한입에 쏙 넣는다.

항저우샤오룽탕바오 杭州小籠湯包 (⇒P.112)

가격 대비 만족도가 최고라는 평을 받는 딤섬 레스토랑. 가게 분위기는 소박하지만 맛만큼은 유명 딤섬집에 뒤지지 않는다. 육즙이 가득한 샤오룽바오小籠包, 바삭하게 구운 군만두 싼셴궈톄三鮮鍋貼 등 맛깔스러운 딤섬 메뉴가 가득하다. 국립중정기념당 바로 뒤에 위치하고 있어 관광 후 찾아가면 좋다.

가오지 高記 (⇒P.109)

딘타이펑과 쌍벽을 이루는 상하이 스타일의 레스토랑으로 딘타이펑보다 8년 앞선 1949년에 융캉제에 문을 열었다. 대표 메뉴는 역시 샤오룽바오小籠包. 한 입에 쏙 들어가는 크기로 진한 육수와 고기가 가득 차 있다. 화덕 고기만두인 상하이톄궈성젠바오上海鐵鍋生煎包, 푸궈둥포러우富貴東坡肉도 인기 메뉴. 딘타이펑에 비해 대기 시간이 짧으므로 일정이 빡빡한 여행자라면 가오지를 추천한다.

덴수이러우 點水樓 (⇒P.191)

딘타이펑과 덴수이러우는 한 스승에게서 만두 요리를 배운 두 제자가 각각 창업한 딤섬 레스토랑으로 유명하다. 샤오룽바오와 같은 딤섬 메뉴는 딘타이펑과 우위를 가를 수 없을 만큼 탁월한 맛을 자랑한다. 딤섬 메뉴와 함께 상하이 스타일의 다양한 산해진미를 즐길 수 있다. 타이핑양 소고 푸싱관 11층에 있다.

징딩러우 京鼎樓 (⇒P.137)

현지인과 일본인 여행자들 사이에서 절대적인 지지를 얻고 있는 딤섬 맛집. 샤오룽바오도 맛있지만 우롱차를 넣은 우롱차샤오룽바오烏龍茶小籠包가 간판 메뉴다. 만두피는 물론 육즙도 우롱차의 푸른빛을 띠며 은은한 차 향기가 배어 있다. 딤섬만으로 부족하다 싶으면 단품 메뉴를 주문해 보자. 계란볶음밥에 갈비구이를 얹은 파이구단차오판排骨蛋炒飯, 우리의 만둣국과 비슷한 훈툰탕餛飩湯을 추천한다.

Intro

14

Tea

명차의 나라에서
차茶 즐기기

타이완은 작은 나라이지만
국토의 50% 이상이 산지와
구릉이며 12월에서 2월을
제외하고는 온화한 날씨여서
찻잎 수확을 할 수 있는
천혜의 환경을 갖추고 있다.
청나라 때 중국 푸젠 성
福建省에서 차나무를
가져와 심은 것이 타이완 차
역사의 시작으로, 오랜 기간
국책 사업으로 차 산업을
육성시키며 오늘날
명차의 나라로 거듭났다.
타이완 다예관에서
빠지지 않고 등장하는
타이완의 대표적인 명차를
소개한다.

타이완의 대표적인 명차

둥딩우롱차凍頂烏龍茶
10대 명차 중 하나이자 타이완을 대표하는 우롱차로, 원산지는 난터우南投 루구샹鹿谷鄉의 둥딩산凍頂山이다. 차 빛깔은 밝은 황록색을 띠며, 차 맛은 부드러우면서도 강하다. 마시고 난 뒤 입안에 단맛이 남는다.

둥팡메이런東方美人
홍차에 가까운 고발효차. 맑은 나무 향이 퍼지는 향기로운 차로 타이완에서만 생산된다. 원래 이름은 바이하오우롱白毫烏龍이었는데 영국 여왕이 차 맛에 반해 '동방에서 온 아름다운 여인'이라 부르며 찬사를 아끼지 않았다고 한다. 덕분에 현재는 둥팡메이런東方美人이라는 이름으로 더 유명해졌다.

무자톄관인木柵鐵觀音
타이베이 무자木柵에서 생산되는 청차의 하나로 중국의 톄관인鐵觀音보다 발효도가 더 높다. 진한 목탄 향과 함께 과일의 신맛을 느낄 수 있으며 여러 번 우려도 그 향이 지속된다.

원산바오중文山包種
칭신우롱青心烏龍 계통의 찻잎으로 만드는 10~20% 정도의 낮은 발효 우롱차로 찻잎은 초록색을 띤다. 찻잎을 우렸을 때 차 빛깔은 맑은 황금색이며 은은한 꽃향기가 난다. 유달리 향기가 짙어 '차중메이런茶中美人'이라고도 불린다.

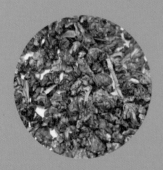

다구 알아보기

차후茶壺 잎차와 따뜻한 물을 함께 넣어 차를 우려내는 도구. 재질은 도자기, 유리 등이 일반적이다.
차허茶荷 우려낼 만큼의 차를 담아 놓는 자그마한 그릇
차쩌茶則 차허에 담긴 찻잎을 찻주전자에 덜어 넣을 때 사용하는 도구
차자茶夾 찻주전자에서 우려낸 찻잎을 꺼내거나 컵을 들어 옮길 때 사용하는 집게
차러우茶漏 찻잎을 걸러 주는 망
차부茶布 찻상 위에 깔거나 찻잔을 닦는 데 쓰는 수건. 찻잔에 사용하는 것과 다른 다구에 사용하는 것을 구분하는 것이 좋다.
차하이茶海 찻잔인 차베이에 따르기 전에 먼저 차하이에 찻물을 따른 후 옮긴다. 찻물의 찌꺼기를 가라앉히는 용도로 쓰인다.
차베이茶杯 차를 따라 마실 때 쓰는 잔으로 먼저 차하이에 따른 후 차베이에 따라 마신다.

차 마시기 좋은 다예관

스미스 & 슈 Smith & hsu (⇒**P.147**)
차차테 Cha Cha Thé 采采食茶文化 (⇒**P.183**)

차 구입하기 좋은 곳

르 살롱 Le Salon 小茶栽堂 (⇒**P.123**)
왕더촨 王德傳 (⇒**P.159**)
야오양차싱 嶢陽茶行 (⇒**P.227**)
톈런밍차 天人名茶 (⇒**P.233**)

Intro

15

Takeout
Tea Shop

타이베이의
테이크아웃 티숍

타이베이를 여행하면서
한 발자국 떼기가 무섭게
눈에 띄는 것이 바로
테이크아웃 티숍이다.
브랜드가 다양하고 가격도
편의점 음료수 값과 비슷할
정도로 저렴하다. 길거리에
음료가 담긴 봉지를 들고
가는 모습을 흔히 보게 된다.
국내에 진출한 공차, 차타임
등을 타이베이에서는 더욱
저렴하게 즐길 수 있으니
보일 때마다 다채로운
음료를 마셔 보자.

Tip What is 전주나이차珍珠奶茶?

전주나이차는 1980년대 타이완 내에서 선풍적인
인기를 끌며 국민 음료로 등극했고 나아가 전 세
계적으로 인기를 끌게 되었다. 전주珍珠는 진주,
나이차奶茶는 밀크티로 쫄깃한 진주가 들어 있
는 밀크티라고 생각하면 쉽다. 전주는 타피오카
열매에 전분을 입혀 만든 알갱이인데 외국에서는
타피오카 펄Tapioca Pearl이라고도 한다. 타피
오카로 만든 전주는 식감이 쫀득쫀득해 씹는 재
미가 쏠쏠하다. 타피오카는 콜레스테롤, 칼로리,
지방 함유율이 낮아 다이어트에 좋은 식품으로
알려져 있다. 다만 시중에서 파는 전주나이차에
는 시럽과 버블티 파우더를 많이 넣기 때문에 칼
로리는 꽤 높은 편(한 컵에 약 350~500kcal)이
다. 여름에는 시원하게, 겨울에는 따뜻하게 마시
면 좋다.

취향에 맞게 주문하기

타이완에서 음료를 주문할 때는 당도糖度와 얼
음의 양冰量, 토핑을 원하는 대로 주문할 수 있
다. 간단하게 익혀 두고 내 입맛에 맞는 음료를
자신 있게 주문해 보자.

토핑의 종류

펄 Pearl : 버블티의 버블에 해당하는 펄은 타피
오카 열매로 만든 쫀득한 식감이 좋다.

알로에 Aloe : 알로에는 몸에도 좋고 쫀득하게
씹히는 맛도 좋다. 달콤한 과일 음료나 맑은 녹
차 등에 추가해서 먹으면 잘 어울린다.

코코넛 Coconut : 탱글탱글한 코코넛은 질감도
좋고 특유의 달콤하고 부드러운 맛이 좋다.

팥 Red Bean : 팥 특유의 달콤함은 전주나이차
의 진한 맛과도 잘 어울리고 녹차 라테 등에 넣
어도 별미다.

푸딩 Pudding : 달콤하고 보드라운 푸딩을 추가
하면 디저트를 먹는 느낌으로 마실 수 있다.

당도	얼음의 양
전창탕 正常糖(100%)	둬빙多冰(100%)
사오탕 少糖(70%)	사오빙少冰(70%)
반탕 半糖(50%)	웨이빙微冰(30%)
웨이탕 微糖(30%)	취빙去冰(0%)
우탕 無糖(0%)	

타이완의 대표 테이크아웃 티숍

춘수이탕 春水堂 (⇒P.219)

타이완 곳곳에서 가장 쉽게 맛볼 수 있는 음료인 전주나이차珍珠奶茶를 처음으로 개발한 원조집이 바로 춘수이탕이다. 오리지널 전주나이차는 진하고 깊은 맛에 전주의 쫄깃함이 남다르다. 전주나이차는 물론 1000여 가지에 달하는 다양한 마실거리와 주전부리가 많아 입이 심심할 때 들르기에도 좋다. 본점은 타이중台中에 있고, 타이베이에 10개가 넘는 분점이 있어 쉽게 찾을 수 있다.

URL www.chunshuitang.com.tw

천싼딩 陳三鼎

궁관 야시장 내에 있는 소박한 가게지만 언제 가도 긴 줄이 이어지는 대표적인 티숍이다. 이곳만의 특제 전주나이차로 승부하는데 일단 한 모금 마시고 나면 놀라운 맛에 눈이 번쩍 뜨인다. 담백한 우유와 특제 비법으로 만든 특별한 전주珍珠를 넣은 단순한 레서피인데 이 전주에 인기 비결이 숨어 있다. 흑설탕의 달콤함과 쫀득함이 어우러진 전주가 무척 맛있어서 한 알도 남기지 않고 먹게 된다. 오직 이곳에만 매장이 있기 때문에 천싼딩의 전주나이차를 마시기 위해 궁관 야시장을 찾는 사람들도 많다.

Google Map 25.015730, 121.532458
Add. 台北市中正區羅斯福路三段316巷8弄2號
Tel. 02-2620-0160
Open 11:30~22:00 **Close** 월요일
Access MRT 궁관公館 역 4번 출구에서 뒤쪽의 골목길로 가면 나오는 궁관 야시장 내에 있다. 도보로 4분.
Price 칭와쫭나이 NT$40

우스란 50嵐

노란색 간판이 멀리서도 눈에 띄는 우스란은 타이완 현지인들이 가장 사랑하는 티숍으로 꼽힌다. 얼음과 설탕의 양은 물론 타피오카 펄(전주)의 크기까지 선택할 수 있는 티숍이다. 큰 타피오카 펄보다 작은 알갱이의 타피오카 펄이 더욱 쫀득쫀득하다. 메뉴판을 가득 메운 메뉴 중에서 오리지널 전주나이차珍珠奶茶를 강력 추천한다. 길거리 티숍 브랜드 가운데 가장 맛있다는 평가를 받고 있다. 전주나이차보다 더 큼직한 타피오카 펄을 원한다면 보바나이차波霸奶茶를 주문하면 된다.
URL www.50lan.com

공차 貢茶

국내 진출에도 성공한 버블티 체인. 오리지널 전주나이차珍珠奶茶도 맛있고 진한 향의 캐러멜 밀크티太妃奶茶도 달콤하다. 가볍게 먹고 싶다면 하우스 스페셜 그린티皇家奶盖绿茶를 추천한다. 맑은 그린티 위에 공차만의 특제 우유 거품이 듬뿍 올라가 있다.
URL www.gong-cha.com

컴바이 Come buy

타이완을 넘어 세계 각국으로 진출한 인기 버블티 브랜드. QQ Milk Tea絕代雙Q奶茶는 쫀득한 타피오카 펄과 함께 길쭉한 젤리가 들어 있어 씹는 맛이 두 배다. 깔끔한 우롱차에 달콤한 복숭아 향이 진하게 녹아 있는 피치우롱차白桃蜜烏龍는 더위에 지쳤을 때 마시기 좋다.
URL www.comebuy2002.com.tw

텐런밍차 天人名茶

타이완에서 가장 대중적인 차 브랜드로 테이크아웃이 가능한 매장도 타이베이 곳곳에서 운영 중이다. 텐런밍차에는 몸에 좋고 맛도 좋은 다양한 종류의 차 음료가 있는데 그중에서도 913 차왕913茶王은 텐런밍차의 간판 메뉴로 구수하면서도 깊은 향이 일품이다. 더운 날씨라면 부드럽고 시원한 뤼모차라테綠抹茶拿鐵도 좋다.
URL www.tenren.com.tw

잉궈란 英國藍 Stornaway

신흥 강자로 떠오르고 있는 티숍으로 귀여운 영국 국기와 지하철 노선도가 그려져 있어 멀리서도 눈에 띈다. 영국식 홍차와 밀크티를 선보이며 색다른 메뉴에 도전하고 싶다면 티라미수 펄 밀크티提拉米蘇奶茶를 마셔 보자. 티라미수의 향이 강하고 당도가 높아 달달한 음료를 좋아하는 이들에게 추천한다.

URL www.stornaway.com.tw

코코 Coco

코코는 전주나이차와 같은 밀크티 메뉴보다 상큼한 열대 과일과 차를 블렌딩한 메뉴들의 인기가 더 뜨겁다. 더운 날씨에 마시면 상큼한 청량감이 무더위를 한방에 날려 준다. 시원한 녹차에 달콤한 망고 향이 가득한 망궈뤼차芒果綠茶, 패션프루트 알갱이가 듬뿍 들어간 바이샹샹파오百香雙響炮가 가장 잘 팔리는 메뉴다.

URL www.coco-tea.com

차타임 Chatime

타이완을 넘어 세계 곳곳에 체인을 거느리고 있는 티숍 브랜드. 밀크티 위에 보들보들한 푸딩이 얹어 나오는 부딩나이차布丁奶茶, 시원한 녹차 슬러시에 팥Red Bean을 올린 유즈진스빙사宇治金時冰沙가 인기 있다.

URL www.ichatime.com

차탕후이 茶湯會

전주나이차의 원조 춘수이탕春水堂에서 운영하는 테이크아웃 전문점으로 좋은 재료, 탁월한 맛, 부담 없는 가격으로 인기가 급상승 중이다. 춘수이탕에서 전수받은 전주나이차를 비롯해 푸딩이 들어간 밀크티 부딩나이차, 타이완의 명차 둥팡메이런東方美人, 동아를 넣은 둥과톄관인冬瓜鐵觀音이 대표 메뉴. 가장 찾아가기 쉬운 곳은 MRT 중샤오푸싱 역 주편행 버스 정류장 근처에 있는 매장으로 버스를 타기 전 테이크아웃하면 좋다.

URL www.teapatea.com.tw

Intro

16

Beer
간베이干杯!
타이완 맥주

식도락의 천국,
특히 야식이 발달한
타이완에서 시원한 맥주가
빠지면 섭섭하다.
맥주 종류가 무척 다양해서
선택의 폭이 넓고, 망고와
오렌지, 포도 등 달콤한 과일
맥주까지 있어 술이 약한
이들도 가볍게 즐길 수 있다.

타이완 국민 맥주
타이완피주 台灣啤酒
타이완을 대표하는 브랜드로 타이완에서
시장점유율 80% 이상을 차지하고 있는
국민 맥주다. 알코올 도수 4.5%로 편의점
이나 레스토랑 곳곳에서 쉽게 발견할 수
있다. 클래식과 진파이金牌 두 종류로 나
뉘는데 금메달이 붙은 진파이가 가장 맛
있다는 평이다.

신선도가 남다른 맥주
타이완피주 스바텐 台灣啤酒 18天
유통기한을 18일로 제한하여 마치 생맥주를 마시
듯 신선하고 청량감을 느낄 수 있는 특별한 맥주
다. 마트나 편의점에서 구하기는 쉽지 않고 주로
식당이나 술집에서 판매한다.

새콤달콤한 과일 맛 맥주
타이완피주 台灣啤酒
타이완산 주스와 맥주를 섞어 만든 과즙 맥주로,
달콤한 맛 덕분에 도수가 높은 술이 부담스러운 여
성들도 샴페인 마시듯 가볍게 즐기기 좋은 맥주다.
망고, 파인애플, 오렌지, 포도 등 종류가 다양한데
그중에서도 달달한 망고 맥주가 인기다. 2.8%의 알
코올 도수로 식사에 곁들여 마시기 좋다.

맥주와 찰떡궁합인 안주

하오다다지파이 豪大大鷄排

스린 야시장의 명물 지파이鷄排를 시먼딩에서도 맛볼 수 있다. 지파이鷄排는 타이완식 닭튀김으로 큼직한 사이즈에 한 번 놀라고 맛에 두 번 놀라게 된다. 치킨커틀릿과 비슷한데 짭짤하면서도 맛있다. 스린 야시장이 멀다면 시먼딩의 분점에서 맛보자. 파란색 간판이 멀리서도 눈에 띈다.

Google Map 25.044691, 121.507502

Map P.366–B Open 12:00~22:00

Access MRT 시먼西門 역 6번 출구에서 한중제漢中街를 따라 걷다 보면 왓슨스Watsons가 보이는 사거리에서 대각선 오른쪽에 있다.

지광샹샹지 繼光香香鷄

1973년에 창업한 지광샹샹지는 타이베이에서 가장 쉽게 볼 수 있는 치킨 체인점. 한 입 사이즈의 치킨은 간식으로도 좋고 술안주로도 으뜸이다. 잘 튀겨 낸 치킨의 짭짤한 맛과 맥주는 더 이상의 설명이 필요 없다.

Google Map 25.042941, 121.507625

Map P.366–D

Open
11:30~23:00

Access MRT
시먼西門 역 6번
에서 도보로 1분.

투펙 Two Peck 脆皮鷄排

지광샹샹지를 위협하는 신흥 강자는 바로 투펙. 뉴욕까지 진출한 닭튀김 전문점으로, 간판 메뉴는 큼직한 지파이와 치킨 너겟이다. 특히 치킨 너겟의 맛은 지광샹샹지보다 한 수 위라는 평을 듣고 있으며, 치킨 외에 오징어, 감자, 고구마, 치즈스틱 등 종류가 다양한 것이 특징이다. 주문 후 바로 튀겨 내기 때문에 기다려야 한다. 중산, 궁관, 시먼딩 등에 매장이 있다.

Google Map
25.045192, 121.516030

Map P.365–C

Open 09:00~22:00

Access MRT 타이베이처잔台北車站 역 M6 출구에서 도보로 3분.

맥주 마시기 좋은 곳

중양 시장 中央市場 (⇒P.154)

창안둥루長安東路 일대는 단돈 100위안에 맛있는 안주를 먹을 수 있는 술집이 밀집되어 있다. 신선한 해산물을 이용한 안주가 많으며 여럿이 가면 다양한 메뉴를 푸짐하게 시켜 놓고 먹을 수 있다. 이 일대는 중양 시장 외에 100위안 술집이 줄줄이 이어지므로 마음에 드는 곳을 골라 맛깔스러운 안주와 술을 즐기며 타이베이의 밤을 만끽해 보자.

Google Map 25.048227, 121.528237
Add. 台北市中山區長安東路一段54號
Tel. 02-2523-2017
Open 11:30~14:30, 16:00~05:00
Access MRT 중산中山 역에서 택시로 약 5분. 앰비언스 호텔Ambience Hotel 옆에 있다.
Price 맥주 NT$80~, 안주 NT$100~

다인주스 大隱酒食 (⇒P.111)

한적한 융캉제 골목 안쪽에 있는 소박한 선술집. 아날로그 감성이 느껴지는 가게는 무척 아담한 규모여서 더욱 운치가 있다. 내공 있는 주인장이 그날그날 공수해 온 해산물을 이용한 신선한 요리를 선보이며 타이완 향토 음식들도 다양한 편이다. 맛깔스러운 가정식 요리와 함께 맥주를 마시기 좋은 곳이다.

Google Map 25.029155, 121.529737
Add. 台北市大安區永康街65號
Tel. 02-2343-2275 Open 월~금요일 17:00~23:45, 토~일요일 11:30~14:00, 17:00~23:45
Access MRT 둥먼東門 역 5번 출구에서 융캉제永康街를 따라 도보로 10분.
Price 볶음국수 NT$90, 생선구이 NT$275

진써싼마이 金色三麥 Le Blé d'or (⇒P.223)

청핀 서점誠品書店 지하에 숨어 있는 거대한 맥주홀. 유럽의 양조장을 연상케 하는 인테리어와 왁자지껄한 분위기가 흥겹다. 100% 맥아를 사용한 독일식 생맥주를 맛볼 수 있다. 먼저 3가지 맥주가 조금씩 나오는 테이스팅 메뉴를 맛본 후 마음에 드는 맥주를 골라 마셔 보자.

Google Map 25.039548, 121.565118
Add. 台北市信義區松高路11號
Tel. 02-8789-5911
Open 일~목요일 12:00~24:00, 금~토요일 12:00~01:00
Access MRT 스정푸市政府 역 2번 출구에서 도보로 3분. 청핀 서점誠品書店 지하 1층에 있다.
Price 맥주 NT$150~, 피자 NT$320(신용카드 결제 시 SC 10%)
URL www.lebledor.com.tw

마린위성멍하이씨엔 馬林漁生猛海鮮

시먼딩에서 시원한 맥주에 맛깔스러운 안주를 먹으며 기분 좋게 취하고 싶을 때 가면 좋은 곳이다. 신선한 해산물을 이용한 안주가 많은데, 대부분의 메뉴가 NT$100이라서 젊은 현지인들과 주머니가 가벼운 여행자들이 즐겨 찾는다. 특히 조개볶음海瓜子, 닭고기와 땅콩을 볶은 쿵파오치킨宮保鷄丁 등이 맛있고 짭조름하게 튀긴 우엉튀김炸牛蒡은 부담 없는 맥주 안주로 제격이다. 영어 메뉴판도 갖추고 있으며 밥은 무한리필된다.

Map P.364-A
Google Map 25.043428, 121.503506
Add. 台北市萬華區成都路
Tel. 02-2311-5777
Open 11:30~14:30, 17:00~02:00
Access MRT 시먼西門 역 1번 출구에서 도보로 8분. 시먼 초등학교西門国小 맞은편에 있다.
Price 안주 NT$100~

Intro

17

Nightlife

잠들지 않는 타이베이의 나이트라이프

타이베이의 밤을 그냥 보내기 아쉽다면 핫한 클럽에서 시간을 보내거나 재즈 카페에서 감미로운 음악에 취해 보자. 클럽은 신이 지역에 집중적으로 모여 있으며 주말 저녁이 피크 타임이다.

편안한 분위기에서 즐기는 라이브 공연
올디 & 구디 Oldie & Goodie

대학가에 위치하고 있어 부담 없이 술과 음악에 취하기 좋은 곳이다. 복고풍으로 꾸며진 실내는 아늑하고 편안하며, 주로 흘러간 올드 팝을 연주하고 노래해 아련한 추억에 젖게 한다. 같은 건물에 있는 블루 노트 Blue Note는 1974년에 문을 연, 타이베이에서 가장 오래된 재즈 바로 함께 둘러봐도 좋다.

Google Map 25.021450, 121.527682
Add. 台北市大安區羅斯福路三段171號2樓
Tel. 02-2369-3686
Open 월~목요일 21:00~01:00, 금~토요일 21:00~03:00, 일요일 21:00~24:00
Access MRT 타이덴다러우台電大樓 역 3번 출구에서 도보로 1분.

야외 테라스가 멋진
클럽 미스트 Club Myst

타이베이에서 가장 잘 나가는 클럽 중 하나로 현지인과 외국인 여행자 모두에게 인기가 높다. ATT 4 FUN 9층에 위치하고 있는데 야외 테라스로 나가면 환상적인 타이베이의 야경까지 덤으로 즐길 수 있다. 유일하게 일주일 내내 문을 여는 클럽으로, 유명 DJ가 디제잉하는 수요일과 금요일, 토요일은 사람이 많고 놀기도 좋다. 입장료는 NT$700(음료 2잔 무료)이며 수요일에는 레이디스 나이트로 여성은 무료 입장이다.

Google Map 25.035236, 121.56613
Map P.369-K
Add. 台北市信義區松壽路12號9樓
Tel. 02-7737-9997
Open 일~화요일 21:00~02:30, 수~목요일 22:00~04:00, 금~토요일 22:00~04:30
Access MRT 타이베이101/스마오台北101/貿易 역 4번 출구에서 도보로 10분. ATT 4 FUN 9층에 있다. **URL** www.club-myst.com

무제한 칵테일
베이브 18 Babe 18

입장료를 내고 들어가면 칵테일을 무제한으로 즐길 수 있는 파격적인 콘셉트의 클럽으로 애주가들에게는 천국이나 다름없다. 대중적인 음악 위주로 선곡을 해서 초보 클러버에게도 부담 없는 곳이다. 클럽 규모는 작지만 편안하게 즐길 수 있고, 다른 이들과 어울리기도 좋다. 여성보다는 남성 손님의 비율이 더 높은 편이다. 입장료는 성별과 요일에 따라 차이가 있는데 NT$200~700 정도로 남성의 입장료가 NT$200~300 정도 더 비싼 편이다. 수요일과 목요일에 여성은 무료 입장(수요일 23:30, 목요일 24:00 이전 입장 시)이다.

Google Map 25.035689, 121.566810
Map P.369-K
Add. 台北市信義區松壽路18號B1樓
Tel. 0930-785-018
Open 수~일요일 22:00~04:00
Access MRT 스정푸市政府 역 3번 출구에서 도보로 10분.

감미로운 재즈에 취하다
브라운 슈가 Brown Sugar

재즈 공연을 중심으로 수준 높은 라이브 공연을 감상하며 기분 좋게 식사와 맥주를 즐기기 좋다. 요일별로 다른 가수들의 공연을 감상할 수 있는데 보통 저녁 9시부터 시작한다. 각 요일별 공연 스케줄은 홈페이지를 통해서 확인할 수 있다.

Google Map 25.036091, 121.569071
Map P.369-K **Add.** 台北市信義區松仁路101號
Tel. 02-8780-1110 **Open** 17:30~02:00
Access MRT 스정푸市政府 역 3번 출구에서 도보로 10분. **URL** www.brownsugarlive.com

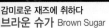

Intro

18

Spa & Massage
여독을 날려 줄
스파 & 마사지

중국 전통 의학의 영향을
받아 동남아시아의
마사지보다 더 체계적이고
전문적인 발 마사지를 받아
보자. 특급 시설로 무장한
럭셔리 스파들도 있으니
호화로운 스파를 받고
싶다면 자신을 위해 과감히
투자해 보자.

나를 위한 호사, 럭셔리 스파

웰스프링 스파 Wellspring Spa
중산 지역의 리젠트 호텔 내에 있는 스파로 럭셔
리한 공간에서 특급 서비스를 받으며 호화로운 스
파를 경험할 수 있다. 마사지와 스킨케어, 페이셜
등 메뉴가 다양하며 다른 곳에 비해 더욱 세심하
고 독특한 구성의 마사지를 선보인다. 'Traveler'
s Perk Jetlag Recovering Massage'는 시차로
힘든 여행자들을 위한 마사지이며, 'Legend of
Jade Therapy'는 따뜻한 옥을 이용한 마사지로
혈액순환과 근육 이완에 효과적이다.
Google Map 25.054204, 121.524185
Map P.371-B
Add. 台北中山區中山北路二段39巷3號
Tel. 02-2523-8000
Open 10:00~24:00
Access MRT 중산中山 역 4번 출구에서 도보로
7분. 리젠트 호텔 내에 있다.
Price 마사지(75분) NT$2,800~, 화이트닝 마스
크 NT$3,000(SC 10%)
URL www.regenttaipei.com

쥴리크 데이 스파 Jurlique Day Spa
호주의 화장품 브랜드 쥴리크에서 트레이닝을 받
아 운영하는 고급 스파. 페이셜 트리트먼트와 아
로마세러피 스파가 인기 있다. 강렬한 자외선에 피
부가 많이 노출되었다면 'Jurlique Purely White
Brightening Facial Treatment', 스트레스로 인
해 피부 손상이 심하다면 'Jurlique Anti-Stress
Facial Treatment'를 추천한다.
Google Map 25.062807, 121.529976
Map P.362-B
Add. 台北市中山區民權東路二段41號
Tel. 02-2597-1234
Open 10:00~22:00(마지막 주문 20:30)
Access MRT 중산궈샤오中山國小 역 4번 출구
에서 도보로 4분. 랜디스 타이베이 호텔 내에 있
다. Price 페이셜 트리트먼트(60분) NT$2,800~
URL taipei.landishotelsresorts.com

하루의 마무리는 발 마사지로

황자바리 皇家峇里 Royal Bali

시먼딩에 위치한 발 마사지 전문 업소로 한국인 여행들 사이에서 유독 사랑을 받고 있다. 이름처럼 발리풍으로 꾸며 놓아 이국적인 분위기가 물씬 풍기며 1층은 발 마사지, 2층은 전신 마사지를 받을 수 있다. 가장 많이 받는 메뉴는 어깨와 발 마사지를 함께 받는 메뉴로 따뜻한 물에 족욕으로 긴장을 푼 후 어깨와 발 순서로 마사지가 이어진다. 한국어 메뉴도 갖추고 있다.

Google Map 25.045385, 121.505396
Map P.366-A
Add. 台北市萬華區昆明街82號
Tel. 02-6630-8080
Open 10:00~03:00
Access MRT 시먼西門 역 6번 출구에서 도보로 5분.
Price 발 마사지(50분) NT$600, 전신 마사지(60분) NT$899
URL www.royalbali.com.tw

쯔허탕 滋和堂

숙련된 전문가에게 마사지를 받고 싶다면 쯔허탕으로 가자. 단순한 마사지 업소가 아니라 국가가 인정한 의료 보험 지정 진료소에서 마사지 숍을 운영하고 있다. 60명이 넘는 전문 지압사가 있으며 발은 물론 어깨, 목 등 다양한 부위의 마사지를 받을 수 있다. 1층에서는 한방 진찰도 하고 임파선 독소 배출 코스, 부황 치료도 한다. 2인 이상일 경우 MRT 중산 역이나 중샤오신성 역에서 연락하면 픽업해 준다. 픽업 가능 시간은 14:00~22:00.

Google Map 25.048786, 121.529468
Map P.362-F
Add. 台北市中山區新生北路一段59之1號
Tel. 02-2523-3380
Open 월~금요일 13:30~21:30, 토요일 09:00~18:00 Close 일요일
Access MRT 쑹장난징松江南京 역 3번 출구에서 도보로 15분. Price 어깨 + 발 마사지 NT$900
URL www.giwado.com.tw

샤웨이이양성항관 夏威夷養生行館

중산 지역에 위치한 발 마사지 전문 업소로 일본인 여행자들에게 특히 인기가 높다. 발 마사지는 먼저 따뜻한 족욕으로 시작하며 숙련된 지압사들이 발바닥의 혈을 지압한다. 발바닥의 각 부위와 연결된 신체 부위를 그린 안내서를 주기 때문에 발바닥 지압을 받으면서 유독 아픈 곳이 있으면 그 부위가 어디인지 알 수 있어서 좋다. 새벽 늦게까지 영업하며 딤섬으로 유명한 징딩러우가 바로 옆에 있어 식사 전후로 받기 좋다. 발 마사지 외에 전신 마사지, 이어 캔들, 페이셜 마사지 등 메뉴가 다양하다.

Google Map 25.052672, 121.524206 Map P.371-B Add. 台北市中山區長春路31號
Tel. 02-2542-7766 Open 09:00~05:00 Access MRT 중산中山 역 4번 출구에서 도보로 5분.
Price 발 마사지(30분) + 족욕(10분) NT$500, 발 마사지(30분) + 전신 마사지(30분) + 족욕(10분) NT$950

Intro

19

Movie

타이완에 가기 전에 보면 좋을 영화

타이완 영화는 꽤 탄탄한 마니아층을 형성하고 있다. 최근에는 타이완의 감성을 담은 로맨스 영화들이 영화팬들 사이에 인기를 끌고 있다. 한국인 정서와도 잘 맞고 순수함을 엿볼 수 있다는 점이 인기 비결이다. 타이베이 곳곳의 풍경이 담긴 영화들도 많아 여행을 떠나기 전에 미리 보면 여행지에서의 감동이 배가될 것이다.

말할 수 없는 비밀 不能說的秘密 Secret

예술 학교에서 청춘 남녀 사이에 벌어지는 풋풋한 사랑에 미스터리 요소를 결합한 판타지 멜로물로 국내에서도 꽤 인기를 끌었다. 타이완 최고의 인기 스타 주걸륜周杰倫이 각본과 감독, 주인공까지 맡았다. 영화 내내 아름다운 선율의 음악이 귀를 즐겁게 해 주며 특히 영화 속 피아노 배틀 장면은 최고의 명장면으로 꼽힌다. 영화 속 주 배경은 단수이로, 촬영지이자 주걸륜의 실제 모교인 단장 고등학교淡江高級中學는 단수이를 대표하는 관광 코스가 되어 영화 팬들의 발길이 이어지고 있다.

그 시절, 우리가 좋아했던 소녀
那些年, 我們一起追的女孩
You Are the Apple of My Eye

중화권 박스 오피스를 강타했던 영화로 국내에서는 타이완판 '건축학개론'이라고 불리며 인기를 끌었다. 풋풋한 학창 시절의 첫사랑을 그린 이 영화는 여주인공 션자이의 마음을 얻기 위해 고군분투하는 10대 남학생들의 풋풋하고 순수한 모습을 보여 준다. 누구나 한 번쯤 경험했을 법한 순수했던 시절의 첫사랑이 예쁘게 담겨 있다. 남녀 주인공인

커징텅과 션자이가 첫 데이트를 하며 천둥을 날리는 장면을 촬영한 징퉁은 영화 팬들이 꼭 찾는 장소이기도 하다.

타이베이 카페 스토리
第36個故事 Taipei Exchanges

타이완의 인기 여배우인 계륜미桂綸鎂가 주연한 영화. 한 자매가 자신들이 운영하는 카페에서 물물교환을 시작하면서 마주하게 되는 소소한 이야기들을 담은 영화다. 각자의 인생에서 가치 있고 의미 있는 것이 무엇인지 생각하게 만드는 영화로 감미로운 음악이 더해져 긴 여운을 남긴다. 영화 속 카페가 있던 동네는 쑹산松山 지역의 푸진제富錦街 거리로, 주인공이 자전거를 타고 둘러보는 장면에서 이 일대의 소소한 풍경을 감상할 수 있어 보는 재미가 있다.

비정성시 悲情城市 A City Of Sadness

1945년 일제에서 해방된 후 1949년 타이베이에 국민당 정부가 수립되기까지 격동의 시대에 타이완의 한 가문이 겪게 되는 비극을 그린 영화다. 허우 샤오셴侯孝賢 감독은 이 영화로 1989년 베니스 영화제에서 최우수작품상인 산마르코 금사자상을 수상하기도 했다. 타이완의 순탄치 않았던 현대사를 이해할 수 있는 수작으로 역사의 소용돌이 속에서 린 일가의 4형제가 겪게 되는 삶의 비애를 담담하게 그리고 있다. 이 영화의 촬영지로 알려진 주펀의 모습도 엿볼 수 있다.

청설 聽說 Hear Me

청춘 남녀의 풋풋한 사랑을 보여 주는 영화로 영화 마니아들 사이에서 호평을 받았다. 부모님의 도시락 가게 일을 돕는 티엔커와 청각 장애가 있는 언니의 뒷바라지를 도맡아 하는 착한 소녀 양양 두 사람의 러브 스토리다. 청각 장애를 주제로 하고 있어 대부분의 대화를 수화로 나눈다. 서툴지만 순수한 두 사람의 사랑을 키워 가는 이야기로 영화 마지막에는 작은 반전도 감춰져 있다. 영화 곳곳에서 타이베이의 소소한 풍경들을 감상할 수 있으며 다 보고 나면 동화책을 읽은 듯 마음이 따뜻해지는 기분 좋은 영화다.

나의 소녀시대
我的少女时代 Our Times

타이완 내에서 첫사랑 열풍을 일으킨 영화로 최근 국내에서도 꽤 인기를 끌었다. 장르는 청춘 로맨스로 홍콩 영화배우 유덕화 부인을 꿈꾸는 평범한 소녀 린전신과 학교를 주름잡는 반항아 쉬타이위의 풋풋한 러브 스토리를 그리고 있다. 유년시절 한 번쯤 경험했을 서툴지만 순수한 첫사랑과 학창시절의 향수를 자극하는 영화로 유쾌하고 따뜻한 분위기를 느낄 수 있다.

TAIPEI
BY
AREA

Area 1
XIMENDING&
LONGSHAN
TEMPLE

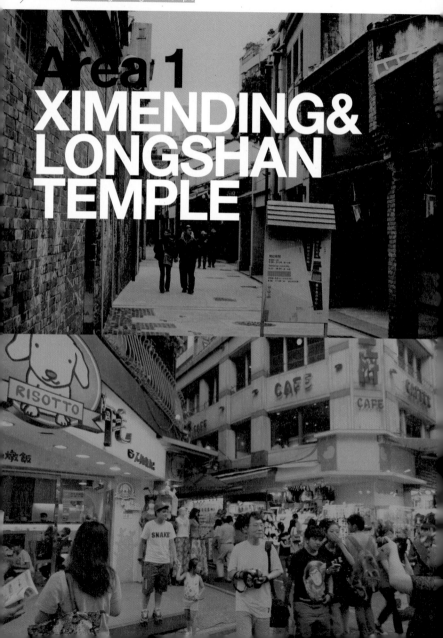

시먼딩 & 룽산쓰
西門町 & 龍山寺

● 　　　타이베이 최초의 보행자 거리인 시먼딩은 타이베
이의 명동이라 불리는 대표적인 번화가이다. 각종 상점과
레스토랑, 카페, 노점 등이 빼곡하게 들어서 있고, 밤낮 할
것 없이 타이베이 젊은이들과 관광객들로 붐빈다. 학생층
이 많이 찾는 거리인 만큼 부담 없이 즐길 수 있는 맛집이 많
다. 또한 1908년에 지어진 타이베이 최초의 극장 시먼홍러
우西門紅樓는 시먼딩을 상징하는 랜드마크로 위풍당당하
게 시먼딩을 지키고 있다. 시먼 역과 MRT로 한 정거장 거리
에 있는 룽산쓰龍山寺 역에는 타이베이에서 가장 오래된 사
원 룽산쓰와 화시제 야시장, 보피랴오 역사거리 등이 모여
있는데 이 일대를 완화萬華라고 부른다. 타이베이의 발생지
와 같은 곳으로 수십 년째 대를 이어 오는 상점과 오래된 식
당들, 서민적인 분위기까지 더해져 진짜 타이베이의 속살을
엿볼 수 있는 지역이기도 하다.

Access
가는 방법

시먼西門 역
방향 잡기 시먼 역 6번 출구로 나오면 시먼딩의 번화가로 이어진다. 오른쪽으로 H&M 건물이 보이고 이 길을 따라 각종 상점과 레스토랑, 카페 등이 밀집되어 있다. 왼쪽 대각선 방향에 시먼훙러우가 위치하고 있는데 시먼훙러우로 바로 가고 싶다면 1번 출구로 나오면 된다.

룽산쓰龍山寺 역
방향 잡기 룽산쓰 역 1번 출구로 나와 정면에 보이는 공원을 지나면 룽산쓰가 나온다. 룽산쓰 입구를 정면으로 바라보고 오른쪽으로 가면 보피랴오 역사거리, 왼쪽으로 가면 화시제 야시장이 나온다. 도보로 이동 가능한 가까운 거리여서 오래된 상점, 서민적인 분위기의 거리를 구경하며 돌아보면 된다.

Check Point
● 시먼딩 거리는 메인 도로인 한중제漢中街를 중심으로 좁은 길들이 거미줄처럼 이어져 있어 골목 탐험을 하는 즐거움을 느낄 수 있다. 보세숍, 화장품 가게, 카페, 타투숍 등 주로 중저가 상점들이 줄줄이 이어지고 독특한 가게도 곳곳에 있으니 구석구석 둘러보자.

● 화시제 야시장은 저녁이 되어야 활기가 넘친다. 오후에는 시먼딩, 룽산쓰, 보피랴오 역사거리를 둘러본 후 저녁에 화시제 야시장에 가도록 일정을 짜자.

타이베이처잔
台北車站

시먼
西門   2분

룽산쓰
龍山寺   반난셴板南線   2분

쑹산-신뎬셴
松山-新店線   2분

샤오난먼
小南門

2분

중정지녠탕
中正紀念堂

Plan
추천 루트
시먼딩과 룽산쓰가 있는
완화 지역 하루 걷기 여행

12:00 | **시먼훙러우西門紅樓**
붉은 벽돌로 지어진 타이베이
최초의 극장으로, 현재는 예술 공연,
전시회가 열리는 엔터테인먼트
공간으로 사용되고 있다.

도보 1분

13:00 | **85℃ 85度C**
85℃ 카페에서 소금 커피인
하이엔카페이를 마셔 보자.
폼 밀크 부분이 부드러우면서도
짭조름해 특별한 풍미를 느낄 수
있다.

도보 1분

시먼딩西門町 **14:00**
타이베이의 명동이라 불리는 번화가.
거리 가득 먹거리와 놀 거리, 살 거리가
넘쳐 난다. 고가 브랜드보다는
중저가 브랜드와 보세숍이 많다.

도보 3분

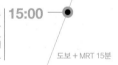

아쫑몐셴阿宗麵線 **15:00**
시먼딩의 명물로 통하는 곱창국숫집.
걸쭉한 국물이 마치 수프 같다.
곱창의 고소한 맛과 부드러운 식감이
어우러져 독특한 매력을 맛볼 수 있다.

도보 + MRT 15분

16:00 | **보피랴오 역사거리剝皮寮歷史街區**
룽산쓰와 가깝게 위치한 보피랴오
역사거리는 1930년대 올드 타이베이의
모습을 엿볼 수 있는 예스러운 거리다.
붉은 벽돌과 목조 건물로 지어진
거리가 마치 영화 세트장에 온 듯하다.
사진 촬영을 하며 둘러보기 좋다.

도보 3분

룽산쓰龍山寺 **17:00**
타이베이에서 가장 오래된 사원으로,
타이베이 사람들에게 정신적인 지주 역할을
하는 곳이다. 부처를 모시는 절이지만 도교,
유교, 토속 신앙까지 어우러져 있다.

도보 5분

화시제 야시장華西街夜市 **19:00**
타이베이 야시장 중에서도 보양식으로 이름을
날렸던 야시장. 보양식을 파는 식당과 다채로운
먹거리 노점들이 줄줄이 이어진다.

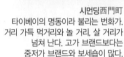

줄을 서서 먹는 길거리
음식이 가득하다.

시먼딩 西門町 ^{서문정}

Google Map 25.042643, 121.507316
Add. 台北市萬華區西寧南路83號
Access MRT 시먼西門 역 6번 출구로 나오면 바로 보인다.

★★★

타이베이의 명동이라 불리는 젊음의 거리

시먼 역 6번 출구로 나오면 바로 앞에 각종 대형 쇼핑몰과 상점, 레스토랑, 카페 등이 밀집된 거리가 이어진다. 타이베이를 대표하는 번화가인 시먼딩은 일제강점기에 일본인들에 의해 개발된 상권으로, 타이베이 시 최초의 보행자 거리이다. 1930년대에는 극장가로 번성했고 현재는 쇼핑과 데이트를 즐기는 곳으로 사랑받고 있다. 거리를 따라서 의류, 신발, 화장품 매장과 오락 시설들이 이어지고 식당과 카페, 극장들도 밀집되어 있다. 고가 브랜드보다는 중저가 브랜드와 보세숍이 많아 젊은 층이 즐겨 찾는 쇼핑의 메카이기도 하다. 큰 레스토랑보다는 작은 노점에서 줄을 서서 먹는 소문난 맛집이 많다. 주전부리를 사 먹으면서 시먼딩 거리를 활보해 보자.

1 현지인들과 여행자들로 365일 붐비는 시먼딩 **2** 중저가 브랜드와 보세숍이 많다. **3** 주말 저녁이면 흥겨운 노래나 춤을 추는 길거리 공연도 볼 수 있다. **4** 시먼 역 6번 출구는 만남의 광장 역할을 한다.

시먼훙러우 西門紅樓 ^{서문홍루}

Google Map 25.042014, 121.506860
Add. 台北市萬華區成都路10號 Tel. 02-2311-9380
Open 일~목요일 11:00~21:30, 금~토요일 11:00~22:00 Close 월요일
Access MRT 시먼西門 역 1번 출구로 나오면 바로 보인다.
Admission Fee 무료
URL www.redhouse.org.tw

Map P.366-E

★★

붉은 벽돌로 지어진 타이베이 최초의 극장

1908년 일제강점기에 지어진 최초의 극장으로, 붉은 벽돌을 쌓은 외관이 8면으로 되어 있어 '팔각 극장'이라고도 불린다. 과거 경극과 오페라를 상영하며 번성기를 누렸고, 1950년대 이후 오페라의 인기가 시들해지자 영화관으로 바뀌었다. 20년 가까이 영화관으로 인기를 모았으나 현대적인 시설의 영화관이 등장하면서 1997년 문을 닫았다. 그 후 타이베이 시 정부가 3급 고적으로 지정했고 현재 전시와 공연 등이 열리는 멀티 엔터테인먼트 공간으로 운영하고 있다.

안쪽으로 가면 '창이스류궁팡創意16工房'이라는 이름으로 공방들이 모여 있는데 반드시 들러보자. 주말에는 극장 앞의 야외 공간에서 다양한 행사와 소품을 파는 작은 야시장이 열리기도 한다.

1 붉은 벽돌의 외관이 멀리서도 눈에 띈다. **2** 주말에는 야외에서 소품을 판매하기도 한다. **3** 1층에서는 시먼훙러우의 100년 역사를 엿볼 수 있는 자료를 전시하고 있다. **4** 광장에 있는 야외 테라스에서 커피나 맥주를 즐길 수 있다.

룽산쓰 龍山寺 용산사

Google Map 25.037150, 121.499882
Add. 台北市萬華區廣州街211號
Tel. 02-2302-5162 Open 06:00~22:00
Access MRT 룽산쓰龍山寺 역 1번 출구에서 도보로 2분.
Admission Fee 무료
URL www.lungshan.org.tw

★★★

타이베이에서 가장 오래된 사원

1738년에 세워진 룽산쓰는 타이베이에서 가장 오래된 사원이자 가장 아름다운 사원으로 손꼽히며 '타이완의 자금성'이라 불리고 있다. 전쟁과 천재지변으로 여러 차례 파괴되었다가 1957년에 복원되어 현재의 모습을 유지하고 있다. 전형적인 타이완 사원으로 도교, 불교에 토속 신까지 함께 모시고 있는 모습이 이색적이다. 타이베이의 많은 사원 중에서도 유독 룽산쓰를 찾는 사람들이 많은 이유는 관세음보살상이 있기 때문이다. 태평양 전쟁 당시 본당에 폭탄이 떨어졌는데 관세음보살상은 전혀 손상되지 않아 지금까지 영험한 불상으로 여겨지고 있다. 또한 달밤에 남녀의 인연을 이어 준다는 '월하노인月下老人'을 모시고 있어 짝을 찾는 이들의 발걸음도 이어진다. 해가 진 후 조명이 들어오는 모습이 아름답다.

1 도교, 불교, 토속 신앙까지 한곳에 어우러진 룽산쓰 **2** 직접 향을 사서 피우며 소망을 기원해 보자. **3** 각자의 간절한 소망을 기원하는 사람들 **4** 기둥에서부터 지붕과 처마 아래 천장까지 섬세하게 조각된 장식들이 인상적이다.

화시제 야시장 華西街夜市 화시제예스

Map
P.364-I

Google Map 25.038597, 121.498441
Add. 台北市萬華區華西街
Open 16:00~24:00(가게마다 조금씩 다름)
Access MRT 룽산쓰龍山寺 역 1번 출구에서 룽산쓰 방향으로 걷다가 첫 사거리에서 왼쪽으로 가다 보면 오른쪽에 있다. 도보로 8분.

★★

보양식으로 이름을 날렸던 야시장

타이베이는 야시장의 천국이라 불릴 만큼 많은 야시장이 많은데 화시제 야시장이 다른 야시장과 다른 점이 있다면 옛날부터 뱀이나 자라 같은 보양식으로 유명했다는 것이다. 약장수들이 뱀을 잡는 공연 등으로 이름을 떨쳤다. 더 이상 공연은 볼 수 없지만 여전히 뱀, 자라, 제비집 요리와 같은 보양식을 먹기 위해 시장을 찾는 사람들이 많다. 야외 포장마차는 물론 지붕이 있는 실내 야시장도 갖추고 있어 날씨와 상관없이 구경할 수 있다. 호기심을 자극하는 오락 시설도 많아 남녀노소 누구나 게임을 즐기는 모습을 볼 수 있다. 야시장답게 해산물, 열대 과일, 꼬치구이 등 '샤오츠小吃'라고 불리는 각종 먹거리를 파는 노점들도 줄줄이 이어진다. 발 마사지 가게가 많으니 야시장을 둘러보고 시원한 발 마사지로 마무리하면 좋다.

1 화려한 장식이 눈에 띄는 화시제 야시장 입구 2 저녁이 되면 거리에 먹거리 노점들이 꽉 들어찬다. 3 실내 시장에는 보양식을 파는 식당과 발 마사지 업소가 모여 있다. 4 오락 기구들이 많아서 남녀노소 재미있게 즐길 수 있다.

보피랴오 역사거리 剝皮寮歷史街區 보피랴오리스제취

Google Map 25.036724, 121.501647
Add. 台北市萬華區廣州街和康定街 Tel. 02-2336-2798
Open 09:00~17:00 Close 월요일
Access MRT 룽산쓰龍山寺 역 1번 출구로 나와 걷다가 룽산쓰가 보이면 오른쪽으로 간다. 도보로 4분.
Admission Fee 무료

★★

옛 거리를 찾아 떠나는 시간 여행

보피랴오 역사거리는 1930년대 올드 타이베이라고도 불리는 완화萬華 지역의 옛 모습을 엿볼 수 있는 곳이다. 100m 남짓한 거리 양쪽에 붉은 벽돌과 목조 양식의 건물들이 옛 모습 그대로 남아 있어 마치 시간이 멈춘 듯하다. 담벼락의 낙서, 오래된 시계방은 향수를 불러일으키는 장소이며, 타이완판 〈친구〉라고 불리는 영화 〈맹갑艋舺, Monga〉의 촬영지로 알려지면서 더욱 유명세를 탔다. 건물 안은 대부분 비어 있지만 몇몇 곳에서는 미술 전시가 열리기도 하며 타이완의 옛 생활을 체험해 볼 수 있는 전시관도 있다. 큰 볼거리는 없지만 오래된 거리를 산책하면서 아련한 향수를 느껴보고 소소한 사진 촬영을 즐기기 좋은 곳이다.

---

1 낡은 벽에는 벽화가 그려져 있어 기념사진을 찍는 사람들이 많다. **2** 다양한 전시가 열리기도 한다. **3** 오래된 거리가 영화 촬영장에 온 듯한 기분을 느끼게 한다. **4** 1930년대를 재현한 거리는 관광객들의 호기심을 자극한다.

아쭝몐셴 阿宗麵線 ^{아종면선}

Google Map 25.043329, 121.507626
Add. 台北市萬華區峨眉街8之1號 **Tel.** 02-2388-8808
Open 월~목요일 10:00~22:30, 금~일요일 10:00~23:00
Access MRT 시먼西門 역 6번 출구로 나와 한중제漢中街를 따라 걷다가 화장품 가
게 더페이스샵The Face Shop을 바라보고 오른쪽 골목으로 들어가면 나이키Nike 매장
맞은편에 있다. 도보로 3분. **Price** 국수 소(小) NT\$50, 대(大) NT\$65

★★★

시먼딩의 명물 곱창국수

시먼딩에서 반드시 맛봐야 할 명물 맛집. 여행자들 사이
에서는 곱창국숫집이라 불리는데 말 그대로 곱창이 들
어간 국수, 오로지 이 메뉴 하나만으로 승부하고 있다.
언제 가도 문전성시를 이루는 덕분에 멀리서도 눈에 띈
다. 제대로 된 의자가 없어서 대부분의 손님이 서서 국수
를 먹는 모습을 볼 수 있다. 1975년 작은 노점으로 시작
해 지금은 시먼딩에서 손님이 가장 많은 가게가 된 이유
는 저렴한 가격과 맛 덕분이다. 곱창이라는 재료를 사용
해 호불호가 확실히 갈리기도 하지만 평소에 곱창을 꺼
리지 않는 이라면 반드시 빠지게 되는 묘한 맛이다. 국
물이 걸쭉해서 수프처럼 수저로 떠먹는데 곱창의 고소
한 맛과 부드러운 식감에 자꾸만 손이 가게 된다. 소小,
대大 2가지로만 주문할 수 있다.

5

1 문전성시를 이루는 가게 앞 **2** 테이블이 없어도 국수를 맛보려는 이들로 항상 붐빈다. **3** 연신 국수를 푸는 직원들 **4** 걸쭉한 국수의
모습. 고수를 올려 준다. **5** 중독성 있는 묘한 맛의 곱창국수

산전하이웨이 山珍海味 산진해미

Google Map 25.045365, 121.508618
Add. 台北市萬華區漢口街二段1號
Tel. 02-2314-4233
Open 월~토요일 10:00~02:00, 일요일 10:00~24:00
Access MRT 시먼西門 역 6번 출구에서 도보로 4분. 미라다Mirada 건너편에 있다.
Price NT$80~

2017 New

입맛대로 골라 먹는 쯔주찬

쯔주찬自助餐은 셀프서비스 뷔페로 타이완에서 보편적
인 식당의 한 종류다. 구내식당처럼 여러 가지 반찬이 보
기 좋게 나열되어 있다. 종업원에게 원하는 반찬을 가리
키면 접시에 담아 주고, 고른 만큼 계산대에서 지불하는
시스템으로 운영한다. 반찬은 채소, 생선, 고기, 달걀 등
종류가 다양해 골라 먹는 재미가 있다. 고르는 종류와
가짓수에 따라 차이는 있지만 NT$100 정도면 반찬과
밥, 국으로 푸짐하게 한 끼를 해결할 수 있다. 2층으로
올라가면 꽤 넓은 테이블이 마련되어 있어 혼자라도 부
담 없이 이용하기 좋으며, 한식을 먹는 듯 친숙한 맛을
즐길 수 있다. 포장도 가능하고 늦게까지 영업하므로 일
정을 마치고 숙소로 들어가는 길에 들르면 좋다.

1 종류별로 준비되어 있는 맛깔스러운 반찬 **2** 원하는 반찬을 담은 후 마지막에 계산한다. **3** 편리하고 깔끔한 시설을 갖추고 있는 내부 모습 **4** 밥과 반찬을 먹는 방식이 우리의 한식과 비슷하다.

싼웨이스탕 三味食堂 _{삼미식당}

Google Map 25.039921, 121.502687
Add. 台北市萬華區貴陽街二段116號
Tel. 02-2389-2211
Open 11:20~14:30, 17:10~22:00 Close 월요일
Access MRT 시먼西門 역 1번 출구에서 도보로 10분.
Price 닭꼬치 NT$60, 연어초밥 NT$190~

Map P.364-E

2017 New

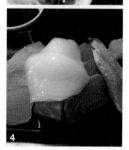

인기 절정의 대왕 연어초밥집

싼웨이스탕은 현지인은 물론 여행자들 사이에서 입소문이 자자한 초밥집이다. 인기 비결은 초밥의 크기에 있다. 가장 유명한 메뉴는 연어초밥鮭魚手握壽司으로 일반적인 연어초밥보다 연어가 두툼하고 크기도 2배가량 커 한 입에 넣기 힘들 정도다. 캘리포니아롤과 유부초밥, 새우초밥이 함께 나오는 종합 스시綜合壽司, 생선회生魚片, 닭튀김雞肉唐揚, 관자꼬치구이干貝串燒 등이 인기 메뉴다. 워낙 인기가 많아서 식사 시간에는 1시간 이상 기다려야 한다. 대기자 명단에 이름을 올려 두고 메뉴판을 보고 메뉴를 고른 후 직원에게 주문한다. 초밥은 큼지막하지만 맛은 조금 아쉬운 편이다. 가격대비 푸짐한 초밥을 즐기고 싶은 여행자에게 추천한다.

1 입이 떡 벌어지는 거대한 크기의 연어초밥鮭魚手握壽司 **2** 캘리포니아롤과 유부초밥, 새우초밥이 함께 나오는 종합 스시綜合壽司 **3** 관자꼬치구이干貝串燒와 닭꼬치雞肉串燒 **4** 신선하고 두툼한 생선회生魚片

쌴슝메이 三兄妹 삼형매

Google Map 25.045181, 121.507772
Add. 台北市萬華區漢中街23號
Tel. 02-2381-2650
Open 11:00~23:00
Access MRT 시먼西門 역 6번 출구에서 한중제漢中街를 따라 도보로 6분.
Price 망고 빙수 NT$120~, 녹차 빙수 NT$60

★★

저렴하게 즐기는 달콤한 눈꽃빙수

스무시, 아이스 몬스터와 함께 타이베이의 3대 빙수집으로 손꼽히는 곳이다. 세 곳 중에서 분위기는 가장 허름하지만 가격이 저렴해 인기를 모으고 있다. 직원이 가게 앞에서 한국말로 맛있는 빙수집이라며 손짓한다. 가게 안으로 들어서면 메뉴판을 빼곡히 채우고 있는 음료 메뉴를 볼 수 있으며 벽면에는 방문한 사람들의 낙서가 가득하다. 가장 인기 있는 3번 망고 빙수는 망고 아이스크림과 연유, 우유를 듬뿍 올려준다. 그 밖에 녹차 빙수, 딸기 빙수, 초코 빙수, 키위 빙수 등 종류가 다양해 입맛대로 골라 먹을 수 있다. 우리나라에서 여주라고 부르는 쿠콰苦瓜도 주스로 갈아 주는데 맛은 씁쓸하지만 건강에 좋고 다이어트에도 효능이 있다고 알려져 있으니 한번 도전해 보자.

1 빙수 사진들이 가득 붙어 있는 쌴슝메이 입구 **2** 부드러운 녹차 빙수에 팥을 듬뿍 올려준다. **3** 가장 잘 팔리는 인기 메뉴는 단연 달콤한 맛의 망고 빙수

펑다카페이 蜂大咖啡 봉대가배

Google Map 25.042567, 121.506348
Add. 台北市萬華區成都路42號
Tel. 02-2371-9577
Open 08:00~22:00
Access MRT 시먼西門 역 1번 출구에서 도보로 3분.
Price 에스프레소 NT$70, 카푸치노 NT$100

★★★

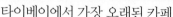

타이베이에서 가장 오래된 카페

타이베이에서 가장 오래된 카페로 1956년에 문을 열었다. 겉에서 보면 커피 내리는 기구와 원두 등이 잔뜩 진열되어 있어 카페보다는 커피 관련 상점처럼 보이기도 하지만 안으로 들어가면 아늑한 카페가 나타난다. 60여년 전 처음 문을 연 주인장 부부는 세월이 흘러 노부부가 되었고 여전히 커피를 만들고 있다. 내부는 아담한 2층 규모로 따뜻하고 편안한 분위기다. 가게 안에는 젊은이들은 물론 나이가 지긋한 오랜 단골들이 커피를 즐기고 있는 모습이 인상적이다. 커피 종류가 무척 다양하고 맛또한 탁월하다. 원두를 직접 볶아 판매하기 때문에 원두를 사려는 손님들도 볼 수 있다. 가게 앞에서는 커피와 함께 즐길 수 있는 과자를 유리병에 담아 놓고 판다.

1 60년 동안 한자리를 지켜 온 펑다카페이의 외관은 마치 커피 전문 상점 같아 보이기도 한다. **2** 진하고 부드러운 맛의 카페라테 **3** 커피 맛에서 오랜 세월의 내공이 느껴진다. **4** 직접 로스팅한 원두를 구입할 수 있다. **5** 커피에 곁들여 먹기 좋은 과자들

85℃ 85度C

Google Map 25,041658, 121,507214
Add. 台北市萬華區漢中街151號 Tel. 02-2389-6622
Open 일~목요일 07:30~24:00, 금~토요일 07:30~01:30
Access MRT 시먼西門 역 1번 출구에서 도보로 1분.
Price 아메리카노 NT$35~, 하이엔카페이 NT$60
URL www.85cafe.com

2017 New

짭조름한 소금 커피

커피가 가장 맛있는 온도인 85℃에서 이름을 따온 체인 카페로 타이베이 곳곳에서 만날 수 있다. 타이베이 여행에서 한 번쯤 가게 되는 시먼딩 중심에 자리하고 있어 쉽게 찾을 수 있다. 커피 종류가 다양한데 그중에서도 이곳만의 특제 커피인 하이엔카페이海岩咖啡(Sea Salt Coffee)는 한국인 여행자들 사이에서 소금 커피로 불린다. 일반 아메리카노와 큰 차이는 없지만 커피 위에 올라가 있는 폼 밀크에 소금을 뿌려 크리미한 치즈처럼 짭조름하고 풍부한 맛을 느낄 수 있다. 소금 커피는 빨대를 이용하지 말고 폼 밀크 부분부터 천천히 마시면 된다. 독특한 커피 맛을 보기 위해 찾아오는 사람들이 많다.

1 여행자들이 많이 찾는 시먼딩 중심에 위치한 카페 **2** 짭조름한 맛의 밀크 폼이 올라가 있는 소금 커피 **3** 달콤한 디저트 종류도 다양하고 가격도 저렴하다.

까르푸 **Carrefour** 家樂福

Google Map 25.037792, 121.506062
Add. 台北市萬華區桂林路1號
Tel. 02-2388-9887
Open 24시간
Access MRT 시먼西門 역 1번 출구에서 도보로 10분.
URL www.carrefour.com.tw

Map
P.364-F

★★

24시간 문을 여는 대형 슈퍼마켓

우리에게도 친숙한 대형 슈퍼마켓 까르푸는 여행자들 사이에서 필수 쇼핑 코스로 통할 만큼 인기가 높다. 번화가인 시먼딩과 가깝고 24시간 문을 열기 때문에 언제든지 쇼핑을 즐길 수 있어 편리하다. 저렴한 가격에 타이완의 맛을 느낄 수 있는 기념품을 구입하기 좋다. '3시 15분3點1刻 밀크티', '미스터 브라운 밀크티Mr. Brown Milk Tea' 등 각종 커피와 차 종류가 다양하다. 흑인 치약으로도 불리는 달리 치약, 저렴한 펑리쑤, 간식으로 먹기 좋은 에그 롤도 많이 사는 아이템이다. NT$100이면 상자에 담긴 펑리쑤를 살 수 있어 유명 베이커리의 펑리쑤 가격이 부담스러운 여행자에게 제격이다.

1 신선한 과일과 먹을거리가 가득하다. **2** 3시 15분3點1刻 밀크티, 미스터 브라운 밀크티Mr. Brown Milk Tea, 펑리쑤 등이 베스트셀러 아이템 **3** 밀크티, 녹차, 커피 등은 여행자들에게 인기 만점 **4** 24시간 문을 열어 언제든지 가볍게 들를 수 있다.

피프티 퍼센트 FIFTY PERCENT

Google Map 25.044389, 121.507613
Add. 台北市萬華區漢中街41之1號
Tel. 02-2382-5188
Open 12:00~23:00
Access MRT 시먼西門 역 6번 출구에서 도보로 4분.
URL www.50-shop.com

★★

거품을 뺀 가격의 영 캐주얼 브랜드

젊은 층을 겨냥한 캐주얼 의류 브랜드 매장이 시먼딩 번화가 사거리에 있어 눈길을 사로잡는다. 4층 규모로 층마다 다른 콘셉트로 꾸며져 있다. 남녀 의류와 모자, 가방, 액세서리 등 소품을 갖추고 있다. 특히 여성 의류가 많은데 심플한 기본 스타일부터 여성 취향의 러블리한 스타일, 빈티지한 스타일까지 선택의 폭이 넓다. 가격대도 티셔츠 2만~3만 원, 원피스 3만~5만 원 정도면 살 수 있어 부담 없이 쇼핑을 즐길 수 있다. 여행 중 새로운 스타일로 변신하고 싶거나 합리적인 가격에 트렌디한 옷을 사고 싶다면 둘러보자. 타이베이 시내에 여러 개의 매장이 있다.

1 남녀 의류를 함께 판매하고 있다. **2** 1층부터 4층까지 꽤 큰 규모의 매장 **3** 의류는 물론 모자, 가방, 신발 등 소품도 갖추고 있어 원스톱 쇼핑이 가능하다. **4** 앙증맞은 액세서리 종류도 다양하다.

시먼딩의 길거리 맛집

시먼딩에는 푸짐한 한 끼로 식사를 해결하기에 아쉬울 만큼 소소한 먹을거리가 많다. 소문난 길거리 맛집을 돌아다니면서 조금씩 다양하게 맛볼 것을 추천한다. 닭튀김, 곱창국수, 빙수 등 종류가 다양해 선택의 폭이 넓다.

하오다다지파이 豪大大鷄排

스린 야시장士林夜市의 명물 지파이鷄排를 시먼딩에서도 맛볼 수 있다. 파란 간판이 멀리서도 눈에 띈다. 지파이鷄排는 타이완식 닭튀김인데 큼직한 사이즈에 한 번 놀라고 맛에 두 번 놀라게 될 것이다. 치킨 커틀릿과 비슷한 맛인데 짭짤한 맛이 강해 맥주 안주로 먹기 좋다. 지파이 외에도 치킨너겟, 오징어볼, 두부튀김 등을 판매한다.

Google Map 25.044691, 121.507502
Map P.366-B
Open 12:00~22:00
Access MRT 시먼西門 역 6번 출구에서 도보로 3분.

지광샹샹지 繼光香香鷄

1973년에 창업한 지광샹샹지는 갓 튀겨 낸 닭튀김을 파는 테이크아웃 숍으로 타이베이 곳곳에 매장이 있다. 보기에는 평범한 닭튀김 같은데 마법의 가루로 통하는 특제 가루를 뿌려 짭짤하면서도 계속 당기는 맛이다. 한 봉지 사서 거리를 돌아다니며 먹어도 좋고 맥주와 함께 먹으면 맛있다. 크리스피 치킨 너겟의 가격은 작은 사이즈가 NT$55, 큰 사이즈가 NT$1000이다.

Google Map 25.042916, 121.507626
Map P.366-D
Open 11:30~23:00
Access MRT 시먼西門 역 6번 출구에서 도보로 1분.

텐텐리 天天利

작고 소박한 현지 식당으로 주머니가 가벼운 여행자들이 부담 없이 한 끼 식사를 해결할 수 있는 곳이다. 인기 메뉴는 굴을 넣은 타이완식 오믈렛 커짜이젠蚵仔煎이며 고기덮밥 루러우판滷肉飯과 같은 타이완의 서민적인 맛을 경험할 수 있다. 가격도 NT$20~60 수준으로 무척 저렴하다. 영어 메뉴판이 준비되어 있다.

Google Map 25.045102, 121.507566
Map P.366-B
Open 09:30~22:30 Close 월요일
Access MRT 시먼西門 역 6번 출구에서 도보로 5분.

왕쯔치스마링수

王子起士馬鈴薯
2004년 스린 야시장에 처음 문을 연 왕쯔치스마링수는 여행자들 사이에서 왕자 치즈감자 가게로 유명하다. 튀긴 통감자에 옥수수, 문어, 참치 등의 토핑을 올린 후 치즈 소스를 듬뿍 뿌려 준다. 부드러운 감자와 토핑을 으깨어 먹으면 별미다. 가격은 NT$55~65 정도.

Google Map 25.043808, 121.506711
Map P.366-C
Open 12:00~23:00
Access MRT 시먼西門 역 6번 출구에서 도보로 3분.

유스 아몬드 토푸

Yu's Almond Tofu 于記杏仁
두부와 아몬드, 팥 등 건강한 재료로 만든 타이완식 디저트를 맛볼 수 있다. 여행자들보다 현지인들이 더 좋아하는 맛집으로 자극적이지 않고 담백한 디저트를 선보인다. 빙수, 아이스크림, 과자, 젤리 등 종류가 다양한데, 아몬드 두부 Almond Tofu는 아몬드 우유와 두부가 어우러진 디저트로 고소한 맛이 특징이다. 더위에 지쳤을 때는 아몬드 밀크 빙수Almond Milk Shaved Ice를 추천한다.

Google Map 25.042272, 121.509140
Map P.366-D Open 10:30~22:30
Access MRT 시먼西門 역 4번 출구에서 도보로 1분.
URL www.yustofu.com.tw

충성리스탄카오마수 沖繩日式碳烤麻糬

일본식 떡(모찌) 구이를 파는 가게로 항상 긴 줄이 서 있어 인기를 증명하는 곳이다. 찰진 떡을 석쇠에 노릇노릇하게 구워준다. 달콤한 맛(Sweet), 짭조름한 맛(Salty)으로 나뉘며 초콜릿, 치즈, 녹차 등 입맛대로 선택할 수 있다. 가격은 하나에 NT$30.

Google Map 25.043678, 121.506782
Map P.366-C
Open 12:00~23:00
Access MRT 시먼西門 역 6번 출구에서 도보로 3분. 왕쯔치스마링수王子起士馬鈴薯 옆에 있다.

Area 2
YONGKANG STREET

융캉제
永康街

● 융캉제는 타이완을 대표하는 맛집 딘타이펑의 본점을 비롯해 인기 절정의 망고 빙수 가게 스무시, 뉴러우 멘으로 유명한 융캉뉴러우몐 등 여행자들에게도 잘 알려진 인기 맛집들이 모여 있는 식도락의 성지다. 유명 식당들은 대부분 MRT 둥먼 역과 가까운 융캉제 초입에 위치하고 있어 이 일대는 밤낮 할 것 없이 그 맛을 보려는 이들로 북적인다. 융캉제의 중심점이라고 할 수 있는 융캉 공원永康公園을 사이에 두고 융캉제의 분위기는 사뭇 달라진다. 관광객들로 와자지껄한 융캉제 초입을 지나면 번잡함 대신 한가롭고 여유로운 진짜 융캉제가 모습을 드러낸다. 멋스러운 카페와 고즈넉하게 차를 즐길 수 있는 다예관, 수십 년 동안 한자리를 지켜온 오래된 맛집, 아기자기한 잡화점, 손때 묻은 골동품을 파는 가게들이 한적한 주택가 사이사이에 자리 잡고 있어 보물찾기하는 즐거움을 느낄 수 있다. 동네 마실 다니듯 타박타박 골목길을 산책하며 융캉제의 소박한 매력에 빠져 보자.

Access
가는 방법

Check Point

● 딘타이펑 본점은 워낙 인기가 많아 대기 시간이 길어질 수 있으므로 식사 시간대를 피해서 방문하는 지혜가 필요하다. 시간이 촉박한 여행자는 딘타이펑과 막상막하인 가오지에 가면 비교적 수월하게 식사할 수 있다.

● 융캉제는 작은 공방에서 아기자기한 소품들을 구경하고 예쁜 카페에서 차 한잔의 여유를 즐길 수 있는 동네인 만큼 특히나 여성들에게 사랑받고 있다. 스무시 옆에 있는 융캉 공원永康公園을 넘어가면 한적한 주택가가 나오는데 곳곳에 카페, 핸드메이드 숍, 다예관 등이 있다. 남쪽으로 계속 걸어 내려가면 스다 야시장이 나오는데 둥먼 역에서부터 1.3km 정도의 거리로 걷기 좋은 동네이니 융캉제를 시작으로 스다 야시장까지 산책하듯 넘어가보자.

둥먼東門 역
방향 잡기 둥먼 역 5번 출구로 나오면 오른쪽 정면에 바로 딘타이펑이 있고, 그 사이로 보이는 길이 융캉제永康街 메인 거리다. 융캉제는 인기 맛집 가오지와 스무시가 있고, 이 거리를 축으로 작은 골목들이 이어진다.

중정지녠탕中正紀念堂 역
방향 잡기 국립중정기념당國立中正紀念堂은 융캉제가 있는 둥먼 역과 MRT로 한 정거장 거리로 함께 묶어 둘러보면 좋다. 중정지녠탕 역 5번 출구로 나오면 국립중정기념당으로 바로 이어진다.

타이뎬다러우臺電大樓 역
방향 잡기 스다 야시장師大夜市으로 곧바로 간다면 타이뎬다러우 역이 가장 가깝다. 3번 출구로 나와 오른쪽 길을 따라 8분 정도 걸으면 스다 야시장이 나온다.

단수이-신이셴 淡水-信義線

중정지녠탕 中正紀念堂 ···5분··· 둥먼 東門

쑹산-신뎬셴 松山-新店線

루저우셴蘆州線

5분

구팅 古亭

6분

5분

타이뎬다러우 臺電大樓

5분

궁관 公館

永康街 31 巷 12 弄
YongKang St.
L'ane 31 Alley 12

Plan
추천 루트
맛과 멋이 있는 융캉제 걷기 여행

국립중정기념당國立中正紀念堂
타이완의 총통이었던 장제스를 기리는
기념관으로 규모가 25만㎡에 달한다.
장제스의 생애를 다룬 전시를
볼 수 있다.

10:00

도보 + MRT 8분

13:00 **딘타이펑**鼎泰豐
전 세계적으로 체인을 거느리고 있는
딤섬 맛집 딘타이펑의 본점.
융캉제에 가면 반드시 들러야 하는 필수
코스로 365일 사람들로 북적인다.

도보 1분

융캉제永康街 **14:00**
맛과 멋을 느낄 수 있는 동네로,
소문난 맛집과 공정 무역 상점,
고즈넉한 찻집 등이 곳곳에 숨어 있다.

도보 10분

칭톈치류青田七六 **15:30**
일제강점기에 지어진 일본식 주택을 카페로
변신시켰다. 오후에 애프터눈 티를
운영하므로 융캉제 산책 후
차 한잔을 즐기며 쉬어 가자.

도보 7분

18:30 **스다 야시장**師大夜市
국립 타이완 사범대학 근처에 위치하고 있는
야시장으로 대학가 주변에 있어 젊고 활기찬
분위기를 느낄 수 있다. 각종 먹거리는 물론
쇼핑을 위한 의류, 잡화, 액세서리도 다양해서
더욱 즐겁다.

국립중정기념당의 웅장함이 시선을 압도한다.

국립중정기념당 國立中正紀念堂 ◀ 궈리중정지넨탕

Google Map 25.034664, 121.521809
Add. 台北市中正區中山南路21號
Tel. 02-2343-1100 Open 09:00~18:00
Access MRT 중정지넨탕中正紀念堂 역 5번 출구로 나오면 바로 보인다.
Admission Fee 무료
URL www.cksmh.gov.tw

★★★

타이완의 초대 총통, 장제스를 기념하는
웅장한 기념관

국립중정기념당은 타이완 역사에서 가장 중요한 인물이
자 타이완의 초대 총통인 장제스를 기리기 위해 만든 기
념관이다. 25만㎡에 이르는 넓은 중정공원 안에 70m 높
이의 웅장한 대리석 건물인 중정기념당과 국가음악청,
국가희극원이 있다. 기념관으로 올라가는 계단은 모두
89개인데 장제스의 서거 당시 나이를 의미한다. 계단을
올라가면 25톤에 달하는 거대한 장제스 동상이 굳건하
게 서 있으며 근위병이 동상을 지키고 있다. 동상의 아래
층 전시관에는 그의 집무실을 재현해 놓았고, 직접 사용
했던 물건과 서적 등이 전시되어 있어 그의 생애를 둘러
볼 수 있다.

1 넓은 광장에서는 다양한 행사가 열리기도 한다. **2** '자유광장自由廣場'이라고 쓰인 현판이 걸린 아치형 정문은 명나라식 건축물로
타이베이 기념품이나 엽서에 단골로 등장하는 상징물이다. **3** 1층 전시실에는 장제스의 생애를 다룬 다양한 사진과 유물, 자료가 전시
되어 있다. **4** 이벤트를 종종 진행하는데 이는 팬더 퍼포먼스 때의 모습이다.

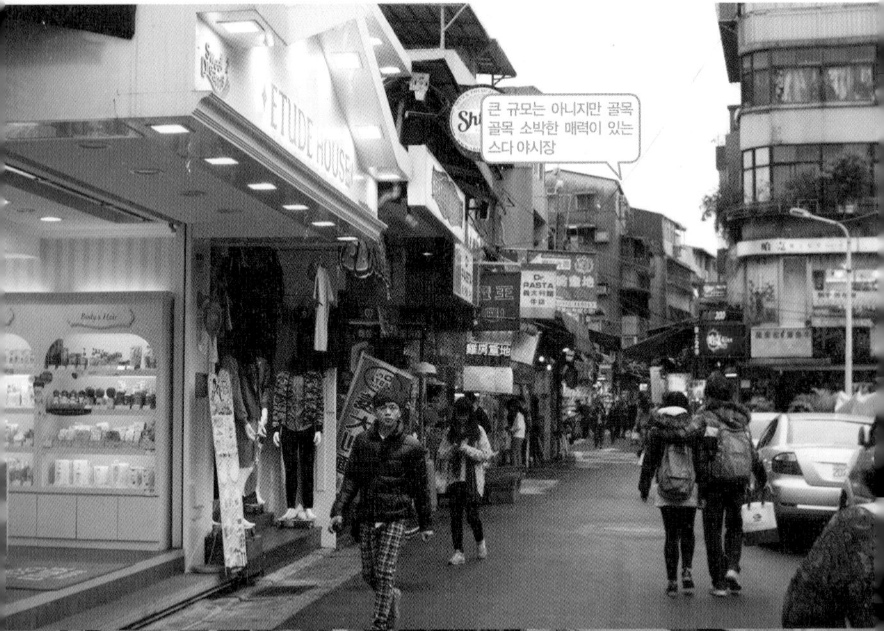

큰 규모는 아니지만 골목
골목 소박한 매력이 있는
스다 야시장

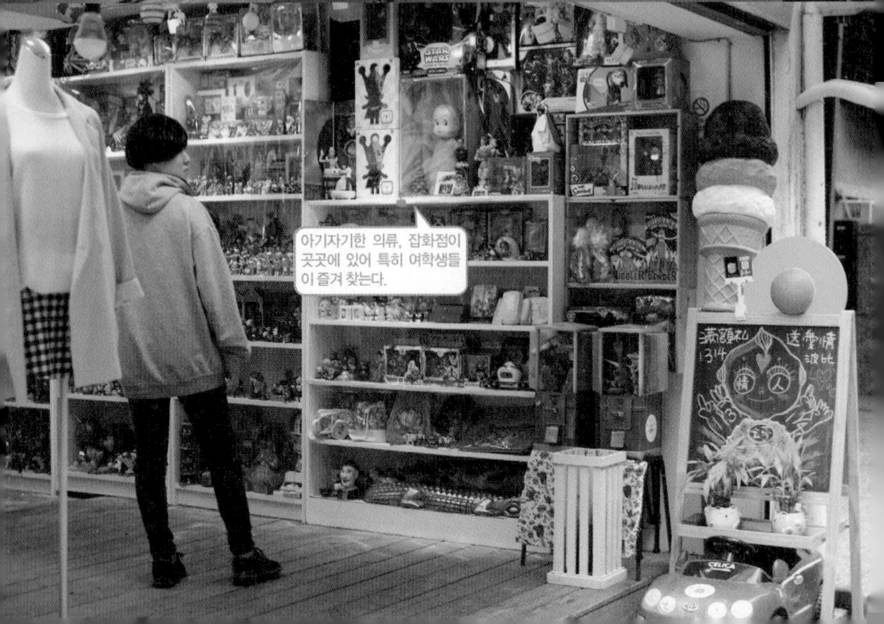

아기자기한 의류, 잡화점이
곳곳에 있어 특히 여학생들
이 즐겨 찾는다.

스다 야시장 師大夜市 ☞ 스다예스

Google Map 25.024626, 121.529336
Add. 台北市大安區師大路
Open 16:00~24:00
Access MRT 타이뎬다러우臺電大樓 역 3번 출구로 나와 오른쪽 스다루師大路를
따라 도보로 5분. 국립 타이완 사범대학 맞은편에 있다.

★★

젊은 에너지가 넘치는 대학가 야시장

국립 타이완 사범대학과 이웃하고 있는 야시장으로 대학가 특유의 젊고 활기찬 분위기를 풍긴다. 타이완 현지 음식은 물론 사범대학에 외국인 학생들이 많이 다니는 덕분에 이국적인 먹거리가 많다는 점도 특별하다. 단순히 먹거리만 있는 것이 아니라 우리의 이화여대 뒷골목처럼 아기자기한 잡화점, 보세 옷 가게 등이 함께 어우러져 있어 젊은 층에게 사랑받는다. 늦은 오후가 되면 수업을 마친 학생들과 식도락을 즐기려는 여행자들이 모여 붐비기 시작한다. 좁은 골목을 따라 맛있는 샤오츠를 파는 노점들이 줄줄이 이어지는데 특히 루웨이滷味가 맛있기로 유명하다. 루웨이는 간장으로 양념한 국물에 채소와 같은 각종 재료를 데쳐서 먹는 음식이다. 루웨이 가게가 꽤 많은데 그중에서도 가장 손님이 많은 덩룽자러루웨이燈籠加熱滷味를 추천한다. 단돈 NT$160에 맛있는 철판 스테이크를 먹을 수 있는 뉴모왕뉴파이관牛魔王牛排館도 인기 맛집이다. 버터의 풍미가 일품인 하오하오웨이 버터소보루好好味茶餐廳, 겉은 바삭하고 속은 촉촉한 군만두 쉬지성젠바오許記生煎包도 꼭 먹어 봐야 할 메뉴다.

1 각종 재료가 가득 쌓여 있는 루웨이滷味 가게들. 그중에서도 덩룽자러루웨이燈籠加熱滷味가 가장 인기 있다. **2** 화덕에서 구워 내는 만두 쉬지성젠바오許記生煎包. 겉은 바삭하고 속은 육즙이 풍부해 촉촉하다.

자오허딩 문물시장 昭和町文物市集 ◀€ 자오허딩원우스지

Map P.367-C

Google Map 25.028505, 121.529433
Add. 台北市大安區永康街60號
Open 13:00~22:00
Access MRT 둥먼東門 역 5번 출구에서 융캉제永康街를 따라 도보로 10분.

★

추억을 파는 골동품 시장

오래된 골동품 가게들이 모여 있는 골동품 시장으로 일
제강점기에 붙여진 소화정昭和町이라는 이름을 그대로
사용하고 있다. 룽안 시장 안에 있으며 좁은 통로를 마
주보고 가게들이 빼곡히 들어서 있다. 오래된 영화 포스
터, 손때 묻은 장난감, 낡은 생활 잡화, 흑백사진 등 세
월이 고스란히 느껴지는 아이템이 쌓여 있어 마치 타임
머신을 타고 과거로 시간여행을 온 듯하다. 복고적인 분
위기를 좋아하거나 골동품에 관심 있는 사람들이
좋아할 만한 곳이다.

1 손때 묻은 오래된 물건들이 무질서하게 쌓여 있어 더 정겨운 분위기다. **2** 이제는 보기 힘든 성냥을 파는 가게도 있다. **3** 고서와 골
동품을 파는 가게들이 옹기종기 모여 있다. **4** 없는 것 빼고 다 있는 골동품 시장. 장난감부터 오래된 엽서 등 종류도 다양하다.

딘타이펑 鼎泰豊 Ding Tai Fung

Google Map 25.033485, 121.530109
Add. 台北市大安區信義路二段194號 Tel. 02-2321-8928
Open 월~금요일 10:00~21:00, 토~일요일 09:00~21:00
Access MRT 둥먼東門 역 5번 출구에서 도보로 2분.
Price 샤오롱바오(5개) NT$105~, 볶음밥 NT$180~(SC 10%)
URL www.dintaifung.com.tw

★★★

타이완을 대표하는 딤섬 맛집

1958년 작은 노점상으로 시작해 전 세계에 30여 곳의 분점을 거느릴 만큼 성공을 이룬 딤섬 레스토랑계의 슈퍼스타. 타이베이 여행자들은 마치 성지순례 하듯이 원조의 맛을 보기 위해 딘타이펑으로 모여든다. 이곳의 최고 인기 메뉴는 단연 샤오롱바오小籠包. 얇은 만두피 속에 고소하고 진한 육즙을 가득 품은 샤오롱바오 맛이 일품이다. 갈빗살튀김을 얹은 달걀볶음밥 파이구단판排骨蛋飯과 타이완식 소고기 국수인 홍사오뉴러우몐紅燒牛肉麵도 맛있고, 타이완식 오이김치인 라웨이황과辣味黃瓜를 반찬으로 곁들이면 완벽하다. 융캉제 본점 외에도 타이베이 101, 중샤오푸싱의 소고백화점 등 6곳에 매장이 있다.

1 언제 가도 인파들로 북적이는 딘타이펑 가게 입구 **2** 인기 메뉴 No.1은 샤오롱바오小籠包 **3** 새우가 들어간 볶음밥 샤런단차오판蝦仁蛋炒飯도 맛있다. **4** 직원이 타이완식 반찬을 들고 다녀 골라 먹을 수 있다. 단 유료다.

융캉뉴러우몐 永康牛肉麵 영강우육면

Map
P.367-A

Google Map 25.032936, 121.528089
Add. 台北市大安區金山南路二段31巷17號
Tel. 02-2351-1051 **Open** 11:00~21:00
Access MRT 둥먼東門 역 5번 출구에서 도보로 5분. 진화 초등학교金華國小 맞은편에 있다.
Price 뉴러우몐 NT$220~

★★★

1

2

3

속이 든든해지는 알찬 뉴러우몐

타이완 사람들이 가장 즐겨 먹는 국민 국수는 단연 뉴러우몐牛肉麵. 뉴러우몐은 우리의 칼국수와 비슷한 맛인데 두툼한 소고기가 올라가 있어 든든한 한 끼 식사로 그만이다. 융캉뉴러우몐은 타이베이에서 뉴러우몐 하면 빠지지 않고 이름을 올리는 뉴러우몐의 명가로 50년 전통을 자랑한다. 얼큰한 맛을 원한다면 홍사오紅燒, 담백한 맛을 원한다면 칭둔淸燉을 추천한다. 붉은 육수의 홍사오뉴러우몐紅燒牛肉麵은 마치 육개장 칼국수와 흡사한 맛으로 한국인의 입맛에도 잘 맞는다. 초에 절인 채소인 쏸차이酸菜를 넣어 먹으면 더욱 풍미가 살아난다. 대나무 통 안에 찹쌀밥과 돼지갈비, 고구마를 넣고 찐 펀정파이구粉蒸排骨는 또 다른 별미로, 함께 먹으면 궁합이 잘 맞는다.

1 멀리서도 눈에 띄는 노란 간판의 융캉뉴러우몐 **2, 3** 두툼한 소고기가 듬뿍 올려져 나와 보양식을 먹은 듯 속이 든든해진다.

가오지 高記 고기

Google Map 25.033329, 121.529969
Add. 台北市大安區永康街1號 Tel. 02-2341-9984
Open 월~금요일 09:30~22:30, 토~일요일 08:30~22:30
Access MRT 둥먼東門 역 5번 출구에서 융캉제永康街 입구를 따라 도보로 2분.
Price 샤오룽바오 NT$180, 둥포러우 NT$540
URL www.kao-chi.com

★★

현지인들이 인정하는 샤오룽바오 맛집

융캉제에서 딘타이펑과 쌍벽을 이루며 오랫동안 사랑받아 온 상하이 딤섬 전문점. 설립자 가오쓰메이高四妹가 16살에 상하이에 가서 샤오룽바오小籠包 대가에게 비법을 전수받고 돌아와 딘타이펑보다 8년 앞선 1949년에 문을 열었다. 추천 메뉴는 역시 샤오룽바오小籠包로 다른 곳에 비해 크기가 작은 편이라 한 입에 쏙 들어간다. 철판에 담겨 지글지글 소리를 내며 나오는 상하이 스타일의 화덕고기만두인 상하이톄궈성젠바오上海鐵鍋生煎包, 부드러운 식감이 맛있는 푸귀둥포러우富貴東坡肉도 대표적인 인기 메뉴다. 딘타이펑에 비하면 한적한 편이라 오래 기다리지 않고 식사를 할 수 있어 시간이 빠듯한 여행자라면 가오지를 선택하자. 융캉제 본점을 비롯해 중샤오푸싱, 중산, 스정푸에 매장이 있다.

---

1 융캉제 초입에 위치한 가오지는 간판이 커서 눈에 띈다. **2** 한 입 크기의 샤오룽바오는 먹기 좋다. **3** 뜨거운 철판에 나오는 만두 상하이톄궈성젠바오上海鐵鍋生煎包 **4** 1층 입구에서 직원들이 딤섬을 만드는 모습을 볼 수 있다.

둥먼자오즈관 東門餃子館 동문교자관

Google Map 25.032849, 121.528785
Add. 台北市大安區金山南路二段31巷37號 Tel. 02-2341-1685
Open 월~금요일 11:00~14:30, 17:00~21:00, 토~일요일 11:00~15:00, 17:00~21:00
Access MRT 둥먼東門 역 5번 출구에서 도보로 3분.
Price 만두 NT$60~, 훠궈 NT$450
URL www.dongmen.com.tw

Map
P.367-A

★★

소박한 타이완식 만두 가게

딘타이펑이나 가오지의 명성에 가려져 여행자들보다 현지인에게 더 인기 있는 곳이다. 작은 노점에서 시작해 현재는 융캉제에서 손꼽히는 만둣집으로 유명하다. 80여 가지의 메뉴를 선보이는데 소박하면서도 맛있는 한 끼 식사를 해결할 수 있는 메뉴가 많다. 주 종목은 만두이고 그 밖에 훠궈, 국수, 볶음밥 등 다채로운 중국요리를 맛볼 수 있다. 그중 새우가 꽉 찬 만두鮮蝦蒸餃가 맛있고, 한 면만 바삭하게 구워 나오는 군만두豬肉鍋貼도 일품이다. 깨를 넣은 국수 마장몐麻醬麵, 매콤한 면 요리 쏸라탕酸辣湯, 마파두부麻婆豆腐도 인기 메뉴다. 적은 예산으로 맛있는 중국 요리를 즐기고 싶다면 이만한 곳이 없다.

1 나무 간판이 눈에 띄는 둥먼자오즈관의 입구 2 이 집의 간판 메뉴인 군만두豬肉鍋貼 3 부드러움 식감의 쏸라탕酸辣湯 4 1층 쇼 케이스에 진열된 반찬은 직접 가져다 먹을 수 있으며 고른 만큼 가격이 추가된다.

secret

다인주스 大隱酒食 ^{대은주식}

Google Map 25.029155, 121.529737
Add. 台北市大安區永康街65號
Tel. 02-2343-2275
Open 월~금요일 17:00~23:45, 토~일요일 11:30~14:00, 17:00~23:45
Access MRT 둥먼東門 역 5번 출구에서 융캉제永康街를 따라 도보로 10분.
Price 볶음국수 NT$90, 생선구이 NT$275

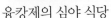

융캉제의 심야 식당

번화한 융캉제를 뒤로하고 안쪽으로 조금 더 깊이 들어
가면 타이베이표 심야 식당이라고 해도 좋을 만한 보석
같은 곳이 나온다. 타이완의 가정식 요리와 함께 술 한
잔 즐기기 좋은 곳이다. 규모는 작지만 붉은 홍등, 빛바
랜 페인트칠, 여러 매체에 소개된 기사들, 보일 듯 말 듯
조그맣게 걸려 있는 간판까지 외관에서부터 그동안의
세월이 느껴진다. 제임스James라는 이름의 나이 지긋한
주인장이 그날그날 공수해 온 재료로 요리하기 때문에
맛은 보장한다. 특히 사시미, 따끈한 조개 수프 등 해산
물 요리가 맛있다. 테이블당 2개 이상의 메뉴를 주문해
야 하므로 혼자보다는 2~3명이 가는 것이좋다. 가게 바
로 옆 코너에 자매 식당이라고 할 수 있는 샤오인쓰추小
隱私廚가 있다.

1 맥주 안주로 제격인 타이완식 치킨 롤 **2** 아날로그적인 분위기가 느껴지는 외관 **3** 시원한 국물 맛이 일품인 조개 수프 **4** 타이완 가
정식 요리가 많아 가족 단위의 손님도 즐겨 찾는다.

항저우샤오룽탕바오 杭州小籠湯包 _{항주소룡탕포}

Google Map 25.034066, 121.523728
Add. 台北市大安區杭州南路二段17號 **Tel.** 02-2393-1757
Open 일~목요일 11:00~22:00, 금~토요일 11:00~23:00
Access MRT 둥먼東門 역 3번 출구에서 도보로 7분. 국립중정기념당에서 가깝다.
Price 샤오룽탕바오 NT$140
URL www.thebestxiaolongbao.com

★★★

저렴한 가격이 매력인 딤섬 천국

타이베이에 많고 많은 딤섬집 중에서 가격 대비 만족도
는 단연 최고다. 딘타이펑이나 가오지 같은 곳에 비해
분위기는 소박하지만 거의 반값에 맛있는 딤섬을 즐길
수 있어서 다녀온 이들의 칭찬이 자자하다. 입구에는 김
이 모락모락 나는 찜통들이 가득 쌓여 있고, 가게 안은
깔끔하게 꾸며져 있다. 인기 메뉴인 샤오룽탕바오小籠
湯包는 얇은 피 안에 육즙이 가득해서 입안에 넣는 순
간 감탄사가 터져 나온다. 쌴셴궈톄三鮮鍋貼는 노릇하
게 구워 나오는 만두로 속이 새우와 돼지고기 소로 채워
져 있는데 우리의 군만두와 비슷하다. 국립중정기념당
바로 뒤에 위치하고 있으니 관람 후 출출할 때 방문하면
좋다.

1 입구에는 연기가 모락모락 나는 딤섬 통이 가득 쌓여 있다. 2 인기 메뉴 샤오룽탕바오小籠湯包는 육즙이 가득 차 있다. 3 소박하지
만 깔끔한 내부 모습 4 새우와 돼지고기로 속을 채우고 구워 내는 쌴셴궈톄三鮮鍋貼 5 게 살이 꽉 찬 딤섬蟹黃湯包

톈진충좌빙 天津蔥抓餅 천진총과병

Google Map 25.032656, 121.529686
Add. 台北市大安區永康街6巷1號
Tel. 02-2321-3768
Open 11:00~23:30
Access MRT 둥먼東門 역 5번 출구에서 도보로 3분. 스무시 맞은편에 있다.
Price 충좌빙 NT$25~, 자단 NT$30

★★

불티나게 팔리는 충좌빙 가게

융캉제를 걷다 보면 어디선가 고소한 냄새가 폴폴 풍기는데 아마도 충좌빙 가게일 것이다. 인기 빙수 가게인 스무시 맞은편에 위치한 이곳은 쉴 새 없이 충좌빙을 구워 내는데 스무시 못지않게 긴 줄이 서 있어 인기를 실감케 한다. 충좌빙은 호떡과 비슷한 타이완의 간식거리로 아침으로도 즐겨 먹는다. 찰진 반죽을 여러 번 치대면서 구워 내는데 다진 파를 넣어 독특한 풍미가 있다. 기본 충좌빙에 달걀을 추가한 '자단加蛋'이 가장 잘 팔리는 메뉴이고 햄이나 치즈 등을 더 추가할 수도 있다. 갓 구워서 건네주는 충좌빙은 고소하면서도 쫄깃한 맛이 좋고 가격도 저렴해 간식으로 먹기 좋다.

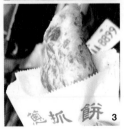

1 그 자리에서 바로 구워 주기 때문에 눈도 즐겁고 맛도 더 좋다. **2** 손이 보이지 않을 정도로 빠르게 구워 내는 충좌빙의 달인 **3** 고소하고 찰진 식감의 충좌빙. 달걀을 추가하면 더 맛있다.

신선하고 질 좋은 재료를
사용해 맛도 탁월하다.

케이지비 KGB(Kiwi Gourmet Burgers)

Google Map 25.021907, 121.527976
Add. 台北市大安區師大路114巷5號 Tel. 02-2363-6015 Open 12:00~23:00
Access MRT 타이덴다러우臺電大樓 역 3번 출구로 나와 오른쪽의 스다루師大路를
따라가면 웰컴 마트Welcome Mart가 보인다. 그 맞은편 골목 안쪽에 있다. 도보로 3분.
Price KGB버거 NT$165~, 샐러드 NT$70~
URL www.kgbburgers.com

★★

뉴질랜드 스타일의 수제 버거

국립 타이완 사범대학 부근에는 맛있다고 소문난 수제
버거 가게가 몇 개 있는데 그 중심에는 케이지비가 있다.
'Kiwi Gourmet Burgers'의 약자를 딴 가게 이름에서
짐작할 수 있듯이 뉴질랜드인이 운영하는 수제 버거 가
게로, 단골손님 중 상당수가 서양인이다. 정통 웨스턴
스타일의 햄버거를 먹을 수 있으며 독특한 스타일의 버
거가 많아 눈길을 사로잡는다. 뉴질랜드산 양고기를 이
용한 'Lamb Burger', 인도네시아 스타일의 땅콩 소스
를 곁들인 'Satay Burger', 새콤한 크랜베리와 카망베
르 치즈의 조화가 절묘한 'CC Heaven Burger', 채식주
의자를 위한 'Vegetarian Burgers' 등 다채로운 메뉴를
갖추고 있다. 최상의 재료를 사용하고 패티도 두툼해
패스트푸드점 버거와는 비교할 수 없는 맛을 경험할 수
있다.

1 내부는 친구네 집에 놀러 온 듯 편안하고 아늑하다. **2** 버거 주문 시 감자튀김이나 샐러드 중에서 고를 수 있다. **3** 뉴질랜드 맥주까지 함께 곁들이면 더욱 풍미가 살아난다. **4** 골목 안쪽에 자리 잡고 있는 케이지비 입구

스무시 思慕昔 Smoothie House

Map P.367-B

Google Map 25.032528, 121.529816
Add. 台北市大安區永康街15號
Tel. 02-2341-8555 Open 10:00~23:00
Access MRT 둥먼東門 역 5번 출구에서 도보로 3분.
Price 망고 빙수 NT$210~, 빙수 NT$180~
URL www.smoothiehouse.com   ★★★

입에서 사르르 녹는 궁극의 망고 빙수

타이완 여행에서 꼭 먹어 봐야 할 대표 메뉴는 바로 망고 빙수. 스무시는 타이베이에서 망고 빙수 맛집을 논할 때 아이스 몬스터와 함께 빠지지 않고 등장하는 곳이다. 융캉제를 걷다 보면 멀리서도 긴 줄이 늘어서 있는 스무시를 쉽게 찾을 수 있다. 인기 메뉴는 단연 망고 빙수. 눈처럼 곱게 간 얼음 위에 탱글탱글한 망고와 아이스크림을 올려준다. 아이스크림이나 판나 코타Panna Cotta의 토핑에 따라 가격이 달라진다. 그 밖에 딸기, 녹차, 키위 빙수도 많이 먹는다. 테이블이 많지 않아 합석은 기본이며 자리잡기도 힘들므로 눈치껏 앉아야 한다. 인기에 힘입어한 블록 앞에 2호점을 열었다. 인기에 힘입어 한 블록 앞에 2호점을 열었으니 많이 기다려야 할 경우 2호점으로 가 보자.

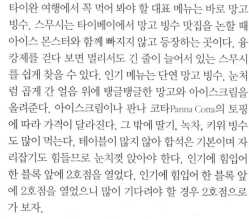

1 365일 문전성시를 이루는 스무시 **2** 달콤 시원한 망고 빙수 **3** 키위, 망고, 딸기가 섞인 프루트 믹스 빙수 **4** 본점에서만 맛볼 수 있는 리치 빙수

에콜 카페 Ecole Cafe 學校咖啡館

Google Map 25.028908, 121.532174
Add. 台北市大安區青田街1巷6號 Tel. 02-2322-2725
Open 일~목요일 09:00~21:00, 금~토요일 09:00~22:00
Access MRT 둥먼東門 역 5번 출구에서 융캉제永康街를 따라 도보로 12분.
신성 초등학교新生國小 옆 칭톈제青田街에 있다.
Price 샌드위치 NT$180~, 스파게티 NT$180~

★★

골목 안에 숨어 있는 아지트 같은 카페

융캉제에는 골목마다 매력적인 분위기의 카페가 많은데 이곳도 그중에 한곳이다. 한자로 '학교 카페'라는 의미와 어울리게 카페에는 방과 후 학교에 남아 공부하듯 작업에 열중하는 사람들을 흔히 볼 수 있다. 뿐만 아니라 데이트를 즐기는 커플, 여럿이 모여 수다를 떠는 사람들이 어우러져 자유롭고 편안한 분위기를 풍긴다. 커피와 차, 맥주 등 음료 메뉴가 다양하며, 샌드위치, 스파게티, 리소토 등 식사 메뉴도 골고루 갖추고 있다. 언제 방문해도 때에 맞게 메뉴를 고를 수 있는 것이 장점이다. 카페 한쪽에서는 직접 만든 노트, 다이어리, 엽서 등을 판매하는데 가격이 저렴해 부담 없이 구입하기 좋다. 지하공간은 비정기적으로 문화 예술 전시가 열린다.

1 아늑하고 편안한 분위기의 카페 2 향긋한 오렌지 패션프루트 티 3 야외 테라스석도 갖추고 있다. 4 소품, 문구류도 판매한다.

창문으로 온통 채운 독
특한 외관이 발걸음을
멈추게 한다.

무쓰마오루 沐肆貓廬

Google Map 25.029405, 121.527593
Add. 台北市大安區金山南路二段141巷20號
Tel. 0988-580-041
Open 14:00~23:00
Access MRT 둥먼東門 역 5번 출구에서 도보로 3분.
Price 커피 NT$100~, 티 NT$130

secret

개인 작업실처럼 아늑한 카페

한적한 주택가에 자리 잡고 있는 카페로 온갖 모양의 창
문으로 채워진 외관은 멀리서도 범상치 않아 보인다.
10명이 채 못 들어갈 정도로 가게 규모는 작지만 그래서
더욱 특별하고 아늑한 느낌이 드는 곳이다. 카페 내부는
귀여운 그림과 사진, 작은 화분과 개성 넘치는 소품, 무
심하게 쌓아 놓은 책으로 꾸며져 있다. 마치 친구의 작
업실에 방문한 듯한 분위기를 느낄 수 있어 즐겨 찾는
단골손님이 많다. 한쪽 벽을 온통 각기 다른 규격의 창
문으로 채워 놓아 오후에 햇살이 들어올 때면 따스한 기
분을 한껏 느낄 수 있다. 나홀로 여행자라도 부담 없이
들어가 시간을 보내기 좋다. 투박하게 구운 치즈케이크
와 향긋한 커피 한잔을 마시면서 여유를 즐겨 보자.

1 카페 입구에 포스터와 귀여운 메모, 사진 등이 붙어 있다. **2** 고양이를 좋아하는 주인장의 취향대로 고양이 인형과 사진이 많다.
3 카페의 마스코트 역할을 하고 있는 고양이 '미루milu' **4** 진한 맛의 치즈케이크와 커피를 마시며 쉬어 가자.

칭텐치류 青田七六 _{칭텐필육}

Google Map 25.027937, 121.532600
Add. 台北市大安區青田街7巷6號 Tel. 02-2391-6676 Open 런치 11:30~14:00,
애프터눈 티 14:30~17:00, 디너 17:30~21:00 Close 매월 첫 번째 월요일
Access MRT 둥먼東門 역 5번 출구에서 융캉제永康街를 따라 도보로 12분.
신성 초등학교新生國小 옆 칭텐제青田街에 있다.
Price 런치 NT$280~, 차 NT$160~(SC 10%) URL www.geo76.tw

일본 고택을 개조한 카페

융캉제에서 조금 더 안쪽으로 들어가면 칭텐제青田街가
나오는데 이 일대는 일제강점기에 일본 고급 관리와 대
학교수들이 거주했던 주택들이 모여 있다. 칭텐치류는
일본 홋카이도 출신의 교수가 설계한 일본식 건축물로,
제2차 세계대전 후 국립 타이완 사범대학의 마정영馬廷
英 교수가 거주했으며, 80여 년의 역사를 간직한 고택
이다. 실제 주소 '칭텐제青田街7항6호'에서 이름을 따와
조용히 식사와 차를 즐길 수 있는 휴식처이자 문화 예술
전시 공간으로 이용하고 있다. 점심과 저녁 메뉴가 다르
며 요리는 일본식으로 정갈하게 차려 내온다. 오후 2시
30분부터 5시까지는 차와 간단한 디저트를 즐길 수 있
는 애프터눈 티가 준비되어 있으니 융캉제 산책 후 들러
느긋하게 차 한잔의 여유를 누려 보자.

1 일본식 고택이 카페 겸 전시 공간으로 탈바꿈했다. **2** 2006년 국가유적지로 지정된 고택에서 고즈넉하게 차를 즐겨 보자. **3** 새우튀김이 함께 나오는 런치 정식 메뉴 **4** 사과 주스와 녹차 위에 드립 커피를 부어 마시는 메뉴는 이곳의 베스트셀러

야부 카페 Yaboo Cafe 鴉埠咖啡

Google Map 25.030416, 121.530583
Add. 台北市大安區永康街41巷26號
Tel. 02-2391-2868
Open 월~금요일 12:00~24:00, 토~일요일 11:00~24:00
Access MRT 둥먼東門 역 5번 출구에서 도보로 7분.
Price 커피 NT$130~, 밀크티 NT$170

★

융캉제에서 쉬어 가기 좋은 감각적인 카페

융캉제를 구경한 후 차 한잔의 여유를 느끼고 싶을 때 찾아가면 좋을 카페다. 아늑한 야외 자리를 지나 안으로 들어서면 레드와 그린 컬러로 포인트를 준 감각적인 인테리어가 시선을 압도한다. 자유롭게 공부를 하거나 책을 읽는 사람들, 노트북으로 작업하는 사람들이 많아 편안한 작업실과 같은 분위기다. 커피와 차, 칵테일 메뉴까지 두루 갖추고 있으며 직접 구운 쿠키와 디저트도 다양하다. 뭘 주문해야 할지 고민이라면 밀크티를 추천한다. 캐러멜, 바닐라, 헤이즐넛, 바나나 등 밀크티 종류가 다양해 원하는 취향대로 메뉴를 고를 수 있고 양도 넉넉한 편이다. 무선 인터넷을 제공해 오랜 시간 편하게 머물 수 있다.

1 야부 카페의 간판 메뉴인 카페라테와 밀크티 **2** 카페 입구 쪽에는 아늑한 야외 공간이 있다. **3** 그린과 레드 컬러의 대비가 강렬한 실내 **4** 자유롭게 작업을 하거나 책을 읽는 분위기

小茶栽堂
Le Salon

Naturally grown tea

심플하고 단아한 분위기
의 르 살롱

르 살롱 Le Salon 小茶栽堂

Google Map 25.032888, 121.529583
Add. 台北市大安區永康街4巷8號 Tel. 02-2395-1558
Open 일~목요일 11:00~22:00, 금~토요일 11:00~22:30
Access MRT 둥먼東門 역 5번 출구에서 도보로 2분. 클락스Clarks가 있는 골목으로
들어가면 왼쪽에 있다.
Price 차 NT$130~, 마카롱 NT$60~(SC 10%) URL www.zenique.net

★★★

타이완 차와 프랑스 디저트의 만남

유기농 차를 고집하는 '샤오차짜이탕小茶栽堂'은 이미 차 애호가들 사이에서 정평이 난 티 브랜드다. 융캉제에 타이완 명차와 프랑스 디저트를 함께 즐길 수 있는 살롱을 열어 차를 좋아하는 현지인들과 외국 여행자의 발길이 이어지고 있다. 절제된 블랙 톤의 실내 인테리어는 갤러리처럼 우아한 분위기를 선사하며 벽면을 가득 채운 틴 케이스가 시선을 압도한다. 매장은 3층 규모로 차를 마시는 공간은 2~3층으로 나뉘어 있다. 유기농으로 재배한 최상의 차를 맛볼 수 있으며 마카롱, 몽블랑, 키시 등 차와 어울리는 프랑스 디저트 메뉴를 다채롭게 다루고 있다. 차를 주문하면 곁들일 수 있는 디저트가 함께 나온다. 가격대는 높은 편이지만 차의 퀄리티만큼은 최고라는 평가를 받고 있다. 1인당 미니멈 차지가 NT$180이며, 차와 디저트가 함께 나오는 세트 구성도 있다.

1 마카롱, 버터케이크, 키시 등 프랑스 디저트가 가득하다. **2** 한쪽 벽면에는 다양한 종류의 차가 담긴 틴 케이스가 빼곡하게 진열되어 있다. **3, 4** 먹기 아까울 정도로 예쁜 디저트 **5** 블랙 컬러의 틴 케이스는 심플하면서도 고급스러워 선물용으로도 좋다.

트와인 Twine

Google Map 25.033234, 121.529564
Add. 台北市大安區永康街2巷3號1樓
Tel. 02-2395-6991
Open 12:30~21:30
Access MRT 동먼東門 역 5번 출구에서 도보로 2분.
URL www.twine.com.tw

Map
P.367-A

secret

공정 무역 상품들을 모아 놓은 착한 가게

친환경 소재로 만든 소품과 세계 각국에서 수집해 온 특색 있는 아이템을 모아 둔 잡화점. 주로 네팔, 페루, 칠레, 가나 등에서 들여온 공정 무역 상품을 취급하며 판매 수익금의 일부를 기부하는 착한 가게다. 하나하나 구경하다 보면 이것을 어떻게 모았을까 싶을 만큼 독특하고 정성스러운 아이템이 가득하다. 네팔에서 가져온 이국적인 소품, 한 땀 한 땀 뜨개질해 만든 인형, 여러 색상과 무늬로 패치워크한 가방, 감각적인 일러스트가 그려진 도시락통 등은 구경하는 것만으로도 눈이 즐겁다. 실생활에서 사용할 수 있는 컵이나 에코백, 파우치 등은 부담 없이 구입하기 좋은 아이템이다.

1 빈티지한 감성이 엿보이는 가게 입구 **2** 한 땀 한 땀 바느질한 귀여운 소품들 **3** 가게 규모는 작지만 다양한 상품들이 가득해서 구경하는 재미가 쏠쏠하다. **4** 네팔, 페루, 칠레 등에서 들여온 이국적인 소품들도 있다.

이전이션 一針一線 일침일선

Google Map 25.032763, 121.529221
Add. 台北市大安區永康街6巷11號
Tel. 02-3322-6136
Open 10:00~21:30
Access MRT 둥먼東門 역 5번 출구로 나와 스무시 맞은편에 있는 충좌빙蔥抓餅
가게에서 오른쪽으로 50m 정도 간다. 도보로 5분.

타이완을 대표하는 기념품이 가득

타이완의 전통 문화를 엿볼 수 있는 수공예품과 타이완
명차, 말린 과일, 펑리쑤 등 여행을 추억하고 선물용으
로 구입하기 좋은 기념품을 골고루 갖춰 놓은 곳이다.
2층 규모로 1층은 원주민 문화가 녹아 있는 패브릭 제품
과 핸드메이드 파우치, 가방, 다이어리 등으로 꾸며 놓
았다. 지하로 내려가면 아기자기한 아이템들이 더 많다.
타이완 상징물이 담긴 사진과 일러스트 엽서, 하카客家
풍의 원단으로 만든 패브릭과 지갑 등을 선보인다. 고급
식품잡화점으로 유명한 페코Pekoe의 말린 과일과 꿀, 차
브랜드 징성위京盛宇의 명차도 볼 수 있다. 여기저기 돌
아다니면서 쇼핑할 시간이 부족한 여행자에게 추천하는
숍이다.

1 정성이 느껴지는 핸드메이드 패브릭 소품들 **2** 차를 좋아한다면 누구나 탐낼 만한 근사한 다기들도 있다. **3** 파인애플 모양의 상자
에 담긴 펑리쑤 **4** 열대 과일로 만든 페코Pekoe의 꿀은 선물용으로 좋다.

일롱 Eilong 宜龍茶器

Map
P.367-B

secret

Google Map 25.031392, 121.530201
Add. 台北市大安區永康街31巷16號
Tel. 02-2343-2311 Open 12:00~21:30
Access MRT 둥먼東門 역 5번 출구에서 도보로 3분. 융캉 공원永康公園을 지나 왼쪽으로 가면 나온다.
URL www.eilongshop.com.tw

2017 New

타이완의 다기 전문 브랜드

다기를 좋아한다면 융캉제에서 꼭 가봐야 할 곳이다. 다양한 종류의 다기를 전시 판매하고 있으며 몇몇 아이템은 국내 드라마 〈그 겨울, 바람이 분다〉에서 테이블웨어로 등장해 유명세를 타기도 했다. 타이완의 전통적인 색채가 강한 다기부터 모던하고 감각적인 다기까지 고루 갖추고 있다. 가격도 NT$700 정도의 합리적인 제품부터 NT$2,000 이상의 고가 제품까지 다양해 예산에 맞게 고를 수 있다. 각종 차도 판매하는데 먼저 시음해보고 구입 가능하며 NT$50을 추가하면 일롱의 전용 케이스에 담아준다.

1 일롱의 매장 입구 2 다기 종류가 다양해 선택의 폭이 넓다. 3 드라마에 나와 '송혜교 찻잔'으로 유명해진 찻잔 4 동양적인 아름다움이 녹아 있는 다기

미미 蜜密 밀밀

Google Map 25.033232, 121.527322
Add. 台北市大安區金山南路二段21號
Tel. 0953-154-304, 02-2351-8853(라인 아이디: mimi.huang)
Open 09:00~13:00 **Close** 월요일
Access MRT 둥먼東門 역 3번 출구에서 도보로 2분.
Price 1박스(16개) NT$170

2017 New

불티나게 팔리는 마성의 누가 크래커

둥먼 시장東門市場에서 가게도 없이 노점으로 영업을 시작했다가 뜨거운 인기에 힘입어 단숨에 융캉제에 번듯한 매장을 오픈했다. 다른 누가 크래커보다 누가가 더 듬뿍 들어 있으며 단맛과 짠맛의 조화가 잘 어우러져 월등히 맛있다는 평이다. 가격은 1박스에 NT$150. 전화나 메시지 앱 라인LINE을 통해 예약할 수 있다. 예약 하지 않고 방문하는 경우 1인당 3~4박스로 구입을 제한하며 이마저도 늦은 시간에 방문하면 품절되기 때문에 서둘러야 한다.

쫀득한 누가가 듬뿍 들어 있다.

이즈쉬안 一之軒 일지헌

Google Map 25.033437, 121.531270
Add. 台北市大安區信義路二段226號 **Tel.** 02-3322-5566
Open 07:00~22:30 **Access** MRT 둥먼東門 역 5번 출구에서 도보로 3분.
Price 1박스(14개) NT$188 **URL** www.ijysheng.com.tw

2017 New

누가 크래커로 인기몰이 중인 베이커리

타이베이에서 꽤 인지도가 높은 베이커리로 여행자들은 누가 크래커를 사기 위해 이곳을 찾는다. 크랜베리 누가 크래커와 채소 누가 크래커가 있으며, 2가지 맛을 섞어서 1박스에 담을 수도 있다. 낱개로도 살 수 있으니 일단 몇 개 사서 맛을 보고 구입하자. 그 밖에 파 맛 누가 크래커(18개/NT$228)도 있고, 펑리쑤를 비롯한 다양한 빵도 판매하고 있어 간식을 구입하기에도 좋다.

2가지 맛의 누가 크래커

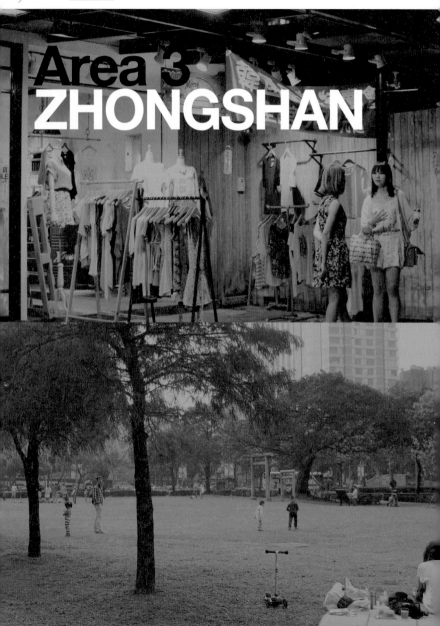

Area 3
ZHONGSHAN

중산
中山

중산 역 일대는 일제강점기에 경제의 중심지였으며 그 후 1950년대에는 미군 고문단의 주둔지이기도 했다. 이러한 역사 덕분에 곳곳에서 이국적인 풍경과 역사적인 건축물을 발견할 수 있다. 미국 영사관이었던 건물은 타이베이 필름하우스로 재탄생했으며 유서 깊은 타이니 빌딩台泥大樓에서는 정통 경극을 감상할 수 있다. 예전부터 외국 귀빈들의 잦은 방문으로 5성급 호텔들이 밀집되어 있었으며 그에 걸맞는 명품 숍과 백화점, 이국적인 레스토랑들이 들어서면서 도시적인 모습을 갖추게 되었다. 중산 지역은 유명 관광지가 모여 있는 곳이 아니라서 초보 여행자들에게는 낯선 지역일 수 있지만 타이베이를 여러 번 방문했거나 멋과 맛에 관심이 많은 여행자라면 반드시 들르게 될 것이다. 명품 숍과 고급 호텔이 즐비한 거리를 뒤로하고 작은 골목 안으로 들어가면 개성 넘치는 카페와 이름난 맛집, 독특한 숍들이 곳곳에 있다. 중산 역과 이웃하고 있는 타이베이처잔台北車站은 타이베이를 여행할 때 거치게 되는 교통의 허브로 고속 열차, MRT, 버스 등 모든 교통수단을 아우르고 있다.

Access
가는 방법

중산中山 역
방향 잡기 중산 역 3번 출구와 1번 출구로 나오면 중산 지역의 랜드마크인 신광싼웨新光三越 백화점이 마주보고 있다. 이 거리를 난징시루南京西路라고 부르는데 중산 지역의 축이 되는 거리로 특급 호텔과 명품 숍, 레스토랑 등이 줄줄이 이어진다. 4번 출구로 나오면 보행자 거리로 이어지는데 아기자기한 카페와 상점들이 밀집되어 있어 산책하듯 골목 여행을 즐기기 좋다.

쌍롄雙連 역
방향 잡기 쌍롄 역 1번 출구로 나오면 바로 연결되는 보행자 거리에는 작은 카페와 공정 무역 상점, 보세 의류 숍 등이 모여 있다. 이 거리는 500m 정도 일직선으로 이어지며 쭉 걸어가면 중산 역 4번 출구가 나온다.

타이베이처잔台北車站 역
방향 잡기 타이베이처잔은 고속 열차, 기차, 버스, MRT 등이 지나가는 교통의 요지다. 규모가 크고 복잡하기 때문에 자신의 목적지가 어느 출구와 연결되는지 반드시 파악하고 이동해야 헤매지 않는다. 곳곳의 표지판에 자세하게 안내가 되어 있으니 확인하면서 이동하자. MRT를 비롯해 고속 열차, 기차 등은 지하 2층에서 탑승한다.

Check Point

● 중산의 메인 거리인 난징시루南京西路와 중산베이루中山北路에는 5성급 호텔과 명품 숍, 부티크 숍이 줄지어 있다. 반면 중산 역 4번 출구에서 쌍롄 역으로 이어지는 보행자 거리에는 디저트 카페, 공정 무역 숍, 빈티지 상점 등 작지만 개성 넘치는 숍이 많다.

● 타이베이처잔台北車站은 타이베이 여행의 중심축이 되는 곳으로 MRT와 기차역은 물론 버스 터미널台北西站도 함께 자리하고 있다. 공항버스를 비롯해 주펀, 진과스, 예류 등으로 가는 버스도 이곳에서 탈 수 있다. 또 브리즈 타이베이 스테이션 Breeze Taipei Station, 큐 스퀘어 Q Square와 연결되어 쇼핑과 식도락을 즐기기에 안성맞춤이다.

쌍롄
雙連

2분

단수이-신이셴
淡水-信義線

중산
中山

2분

타이베이처잔
台北車站

반난셴板南線

산다오쓰
善導寺

2분

Plan
추천 루트

타이베이 마니아를 위한
중산 한나절 걷기 여행

● 14:00 멜란지 카페米朗琪咖啡館
와플 하나로 모두를 사로잡은 인기 카페.
시원한 더치커피와 달달한 와플을 먹으며
오후의 여유를 느끼기에 제격이다.

도보 3분

● 15:30 SPOT 타이베이 필름하우스
光點台北電影館
미국 영사관 건물로 사용되었던
낡은 관저를 〈비정성시〉의
허우샤오셴 감독이 영화관과 녹음이
아름다운 노천카페로 변신시켰다.

도보 5분

러블리 타이완台灣好·店 17:00 ●
타이완 각 지역에서 만든 특산품과
수공예품들을 한자리에서 만날 수 있는
숍. 목조, 석조, 패브릭 등 다양한 재료를
이용한 창의적인 아이템이 많아
구경하는 재미가 쏠쏠하다.

도보 10분

● 18:30 징딩러우京鼎樓
딘타이펑 못지않은 딤섬 맛집으로
정평이 난 곳. 샤오룽바오를 비롯해
수십여 가지의 딤섬을 맛볼 수 있으며
맛 또한 탁월하다.

도보 12분

● 20:00 타이베이 아이臺北戲棚
중국 전통 예술인 경극을 감상할 수 있는
타이베이 아이. 1부 민속 공연과 2부 경극으로
나뉘며 경극 특유의 화려한 분장과 독특한
대사 연기 등이 흥미진진하다. 공연 후에는
배우들과 기념사진도 찍을 수 있다.

타이베이처잔 台北車站 Taipei Main Station

Google Map 25,047635, 121,516649
Access MRT 타이베이처잔台北車站 역에서 바로 연결된다.

1

타이베이 교통의 요충지

타이베이처잔은 타이베이와 각 지역을 이어 주는 고속
철도와 일반 철도, 시내·외를 연결하는 고속버스 터미
널, 타이베이를 관통하는 MRT까지 모두 모여 있는 교
통의 요충지다. 타이베이 여행자라면 누구나 한 번쯤 이
용하게 된다. 주로 예류로 가는 버스나 타이중, 타이난
등 중·남부 지방으로 가는 기차, 공항으로 가는 공항
버스를 타기 위해 찾는다. 각 교통수단이 거미줄처럼 연
결되어 있는데 안내 표지판이 잘 되어 있고 곳곳에 안내
원이 있어 어렵지 않게 목적지까지 찾아갈 수 있다. 역
을 중심으로 지하상가와 쇼핑몰이 복합적으로 연계되어
있어 쇼핑이나 식사를 즐기기에도 좋은 환경이다. MRT
쑹롄雙連 역까지 지하상가가 이어지는데 길이가 무려
1km에 달하며 출구만 20여 개가 넘는다.

1 바닥에 앉아 수다를 떨며 기차를 기다리는 자유분방한 분위기의 역사 내부 2 타이완 각 지역으로 향하는 버스 터미널도 연결된다.
3 각 행선지로 향하는 티켓을 구매할 수 있는 카운터

큐 스퀘어 Q Square 京站時尚廣場

Google Map 25.049248, 121.517056 Add. 台北市大同區承德路一段1號
Tel. 02-2182-8888 Open 일~목요일 11:00~21:30, 금~토요일 11:00~22:00
Access MRT 타이베이처잔台北車站 역 Y5 출구에서 도보로 5분. 팔레드신 호텔Palais de Chine Hotel
방향에 있다. URL www.qsquare.com.tw

타이베이 버스 터미널과 연결되는 쇼핑몰

맛있는 식도락과 알찬 쇼핑이라는 두 마리 토끼를 잡
을 수 있는 곳이다. 지하 3층부터 지상 6층까지 쇼핑몰
로 이용되는데 여행자들이 공략해야 할 곳은 지하 3층
이다. 세계 각국 음식을 다루고 있는 거대한 푸드코트와
레스토랑, 디저트 숍, 슈퍼마켓이 모여 있어 식도락가들
사이에서 인기가 많다. 철판 요리로 유명한 카렌Karen도
이곳에서 만날 수 있다. 지하 2층부터 3층까지는 패션
잡화와 의류 브랜드가 다양하게 입점해 있어 쇼핑도 한
방에 해결할 수 있다. 4층에는 샹.스텐탕饗.食天堂, 모
모 파라다이스Mo-Mo-Paradise 등 고급 레스토랑이 밀집
되어 있다.

브리즈 타이베이 스테이션 Breeze Taipei Station 微風台北車站

Google Map 25.047931, 121.516607 Add. 台北市中正區北平西路3號
Tel. 02-6632-8999 Open 10:00~22:00 Access MRT 타이베이처잔台北車站 역 M3과 M4 출구
사이로 이어진 통로를 따라가면 타이베이처잔台北火車站으로 연결되는 표시가 보인다. 타이베이 기차역
지하 1층~지상 2층에 있다. URL www.breezecenter.com

타이베이 기차역 2층의 푸드코트

타이베이처잔 2층에 있는 푸드코트. 타이완은 물론 이
탈리아, 일본, 태국 등 세계 각국 요리와 달콤한 디저
트를 총망라하고 있어 기차를 타러 가기 전이나 도착
후 식사를 해결하기 좋다. 2층에는 허니 토스트로 유
명한 다즐링 카페Dazzling Cafe Kiwi가 입점해 있으며, 일
본 도큐 핸즈Tokyu Hands의 타이완 버전인 핸즈 타이룽
HANDS TAILUNG도 있어 생활 잡화와 다양한 아이디어
상품을 구경할 수 있다.

싱그러운 녹음에 둘러싸인
타이베이 필름하우스

숍에서는 영화 DVD도
판매한다.

SPOT 타이베이 필름하우스 光點台北電影館

Google Map 25.053292, 121.522157
Add. 台北市中山區中山北路二段18號 Tel. 02-2511-7786
Open 10:30~24:00(카페 12:00~23:00, 숍 12:00~21:00) Close 매월 첫째 주 월요일
Access MRT 중산中山 역 4번 출구에서 멜란지 카페가 있는 골목으로 들어가면 거리
끝 왼쪽에 있다. 도보로 3분.
URL www.spot.org.tw

★★

예술 영화 전용 극장

중산 거리를 걷다 보면 유럽풍의 하얀색 건물에 자연스
레 시선이 멈추게 된다. SPOT 타이베이 필름하우스는
100년 가까이 미국 영사관으로 사용하던 건물을 영화 〈비
정성시〉의 허우샤오셴 감독이 극장으로 재탄생시켰다.
예술 영화를 상영하는 전용 극장으로 영화뿐 아니라 관
련 전시회가 열리는 문화 공간으로 운영하고 있다. 또한
예쁜 테라스 카페와 영화 관련 아이템 및 타이완 기념품
을 판매하는 상점도 입점해 있다. 1층 카페 뤼미에르Cafe
Lumierems는 허우샤오셴 감독이 제작한 영화에서 이름
을 따왔다. 과거 대사관의 응접실로 사용하던 공간으로
녹음을 즐기며 커피 한잔의 여유를 즐기거나 식사하기
좋다. 그 옆으로는 아기자기한 숍이 이어진다. DVD나
영화에 관련된 아이템이 많아 평소 영화를 좋아하는 여
행자라면 구경하는 재미가 쏠쏠할 것이다. 타이완을 상
징하는 갖가지 그림의 엽서와 스티커 등 타이완 향기가
물씬 풍기는 기념품이 많으니 여유롭게 구경해 보자.

Tip
타이베이 필름하우스 극장에서는 희소성 있는 독립 영화나 예술 영화를
상영하고 있다. 티켓 요금은 NT$200~260으로 좌석에 따라 달라진다.
상영작과 스케줄은 홈페이지를 통해 미리 확인할 수 있다.

1 카페 뤼미에르의 야외석은 나무로 둘러싸여 있어 싱그럽다. **2, 3** 숍에는 아기자기한 기념품과 소품들이 많아 구경하다 보면 시간가
는 줄 모른다.

타이베이 아이 **Taipei EYE** 臺北戲棚

Google Map 25.060516, 121.523270
Add. 台北市中山區中山北路二段113號 Tel. 02-2568-2677
Open 월·수·금요일 20:00~(60분), 토요일 20:00~(90분) Close 화·목·일요일
Access MRT 민취안시루民權西路 역 4번 출구에서 도보로 7분.
Admission Fee 월·수·금요일 NT$550, 토요일 NT$880
URL www.taipeieye.com

★★★

중국 전통 경극을 감상

타이베이를 대표하는 전통문화예술 공연장으로, 7개의 전문 극단과 무용단이 정기적으로 다채로운 전통 공연을 펼친다. 1915년 일본인 소유의 단수이 극장을 사들여 '타이완 소설 극장Taiwan Novel Hall'이라는 이름의 공연장으로 문을 열었으나 제2차 세계대전때 폭격으로 폐허가 되고 말았다. 1998년 문화교육재단 설립을 시작으로 현대적인 모습을 갖추어 재개장했고, 2002년 지금의 중산 거리에 타이베이 아이 전용 공연장을 건립했다. 공연은 1부 민속 공연과 2부 경극으로 나뉘는데 경극 공연 특유의 대사와 과장된 몸짓, 화려한 무대 의상과 분장이 흥미롭다.

공연 전에 출연하는 배우들이 분장하는 모습을 볼 수 있으며 공연이 끝나면 배우들과 기념촬영도 할 수 있다. 공연 프로그램은 매달 달라지며 시즌 프로그램 확인과 티켓 예약은 홈페이지(한국어 지원)에서 가능하다.

1, 2, 3 화려한 분장을 한 연기자들의 섬세하고 인상적인 경극 공연을 생생하게 감상할 수 있다.

징딩러우 京鼎樓 경정루

Google Map 25.055033, 121.526019
Add. 台北市中山區長春路47號 Tel. 02-2523-6639
Open 토~화·금요일 11:00~14:30, 17:00~23:30, 일~월요일 11:00~14:30,
17:00~22:00 Access MRT 중산中山 역 3번 출구에서 도보로 12분.
Price 샤오룽바오 NT$180~, 우롱차 샤오룽바오 NT$200(SC 10%)
URL www.jindinrou.com.tw

★★★

미식가들이 인정한 딤섬의 성지

일본인 여행자와 현지인들 사이에서 인기 있는 딤섬 레스
토랑. TV 예능 프로그램 〈꽃보다 할배〉에서 배우 이서진
과 가수 써니가 오붓하게 점심을 즐기던 곳으로 소개됐
다. 3층 규모의 레스토랑으로 1층에서는 딤섬을 만드는
직원들의 모습을 볼 수 있다. 여느 딤섬 레스토랑과 마
찬가지로 샤오룽바오가 대표 메뉴이며, 우롱차를 넣은
우롱차샤오룽바오烏龍茶小籠包는 별미 메뉴다. 만두
피는 물론 육즙도 초록빛을 띠는데 진하고 고소한 육즙
과 우롱차의 맛이 섞여 독특한 풍미를 느낄 수 있다. 그
밖에 새우 살과 돼지고기를 다져 만든 완자와 면을 넣은
훈툰탕餛飩湯은 우리의 만둣국과 맛이 비슷해 부담 없
이 먹기 좋다.

1 초록빛을 띠는 우롱차샤오룽바오烏龍茶小籠包 **2** 고기소가 꽉 찬 탕바오湯包 **3** 탱글탱글한 완자가 맛있는 훈툰탕餛飩湯 **4** 육즙
을 한가득 품은 샤오룽바오小籠包

팀호완 **Tim Ho Wan** 添好運

Map
P.365-C

Google Map 25,045980, 121,517073
Add. 台北市中正區忠孝西路一段36號
Tel. 02-2370-7078 Open 10:00~22:00
Access MRT 타이베이처잔台北車站 역 M6 출구에서 도보로 1분.
Price 딤섬 NT$98~, 죽 NT$108~
URL www.timhowan.com.tw

2017 New

홍콩의 유명 딤섬 레스토랑

〈미슐랭가이드 홍콩〉에 소개되면서 아시아 최고의 딤섬
레스토랑으로 거듭난 팀호완을 타이베이에서도 만날 수
있다. 타이베이에 총 3곳의 매장이 있는데 타이베이처잔
맞은편에 위치한 지점이 가장 찾아가기 쉽다. 홍콩 스타
일의 다양한 딤섬을 맛볼 수 있는데 메뉴판에 '사대천왕
四大天王'이라는 이름으로 대표 메뉴 4가지를 추천하고
있다. 주문표에 한자와 영어가 함께 표기되어 있어 주문
할 때 도움이 된다. 곰보빵처럼 생긴 쑤피쥐차사오바오
酥皮焗叉燒包가 가장 유명하며 탱글탱글한 새우를 넣
은 징잉셴샤자오晶瑩鮮蝦餃도 맛있다. 부드러운 카스
텔라 같은 샹화마라이가오香滑馬來糕는 디저트로 먹기
좋다.

1 표면은 곰보빵처럼 바삭하고 속은 진한 풍미의 고기 맛이 나는 쑤피쥐차사오바오酥皮焗叉燒包 **2** 새우를 넣은 하가우晶瑩鮮蝦
餃 **3** 속에 새우를 넣고 튀긴 후 와사비 소스를 뿌린 칭제모밍샤자오靑芥末明蝦餃 **4** 인기가 많아 식사 시간에는 대기 필수

마젠도 麻膳堂 Mazendo

Google Map 25.046086, 121.516914
Add. 台北市中正區忠孝西路一段36號
Tel. 02-2311-5420 Open 11:00~22:00
Access MRT 타이베이처잔台北車站 역 M6 출구에서 도보로 1분.
Price 뉴러우몐 NT$200, 볶음밥 NT$80~
URL www.mazendo.com.tw

2017 New

누구나 부담 없이 즐기는 타이완의 맛

타이완 사람들이 즐겨 먹는 뉴러우몐과 볶음밥, 국수, 만두 등을 맛볼 수 있는 레스토랑. 현대적인 분위기와 적당한 가격, 무엇을 시켜도 평균 이상의 맛을 보장해 타이베이 초보 여행자에게 추천하는 곳이다. 가장 인기 있는 메뉴는 뉴러우몐이며, 얼큰하고 이국적인 향신료의 맛을 경험해 보고 싶다면 마라뉴러우몐麻辣牛肉麵, 한국인 입맛에 잘 맞는 맑은 국물을 원한다면 칭둔뉴러우몐清燉牛肉麵을 주문해 보자. 불맛이 제대로 나는 새우볶음밥蝦仁蛋炒飯과 바삭하게 구운 만두 셴러우젠자오鮮肉煎餃도 누구나 좋아할 만한 메뉴다. 타이베이처잔과 도보 1분 거리로 가까이에 있어 타이베이에 도착후나 근교 도시로 이동하기 전에 배를 채우기 좋다.

---

1 입안이 얼얼할 만큼 화끈한 맛의 마라뉴러우몐麻辣牛肉麵 **2** 우리 입맛에도 잘 맞는 맑은 국물의 칭둔뉴러우몐清燉牛肉麵 **3** 고슬고슬한 밥맛이 살아 있는 새우볶음밥蝦仁蛋炒飯 **4** 타이베이처잔 맞은편에 위치한 마젠도

푸다산둥정자오다왕 福大山東蒸餃大王 복대산동증교대왕

Map
P.371-C

Google Map 25.051517, 121.521606
Add. 台北市中山區中山北路一段140巷11號
Tel. 02-2541-3195
Open 11:30~20:30 Close 일요일
Access MRT 중산中山 역 2번 출구에서 도보로 3분. 마로코Maroco 빵집 옆에 있다.
Price 정자오 NT$80, 산둥다훈툰 NT$70

★

중산 뒷골목에 자리한 소박한 만둣집

분주한 중산 거리에서 살짝 벗어난 골목 안에 자리한 만
둣집. 웬만한 메뉴의 가격이 NT$100 이하로 저렴해 동
네 밥집처럼 들르는 단골 손님이 많다. 여행자들은 알음
알음 알고 찾아오는 경우가 대부분이라 한자와 일본어
로만 적혀 있는 메뉴에 당황할 수 있다. 우리의 만둣국
과 비슷한 산둥다훈툰山東大餛飩이 맛있고, 자장면과
비슷한 맛의 샹구자장몐香菇炸醬麵, 부드러운 쏸라탕
酸辣湯, 타이완의 대표 면 요리 뉴러우몐牛肉麵 등 간단
하지만 속을 든든하게 채울 수 있는 메뉴가 대부분이다.
그 밖에 군만두인 젠자오煎餃, 찐만두인 정자오蒸餃도
있다. 무엇을 시켜도 보통 이상의 맛이라 실패할 확률이
적다.

1 내부 분위기는 소박하며 혼자 먹을 수 있는 좌석도 있다. **2** 직원들이 연신 만두를 빚고 있는 모습을 볼 수 있다. **3** 속이 알차보이는
찐만두 **4** 완탕과 국수가 함께 나오는 산둥다훈툰山東大餛飩

푸항더우장 阜杭豆漿 부항두장

Google Map 25.044139, 121.524814
Add. 台北市中正區忠孝東路一段108號2樓之28
Tel. 02-2392-2175 Open 05:30~12:30 Close 월요일
Access MRT 산다오쓰善導寺 역 5번 출구에서 도보로 1분.
화산 시장華山市場 2층에 있다.
Price 1인당 NT$50

타이완식 아침 식사

푸항더우장은 타이완에서 아침 식사로 즐겨 먹는 중국식 두유인 '더우장豆漿'을 맛볼 수 있는 식당이다. 순두부처럼 부드럽고 고소한 맛이 특징인 따뜻한 더우장鹹豆漿과 두유처럼 진하고 달콤한 맛이 특징인 차가운 더우장甜豆漿을 선보인다. 사오빙燒餅은 구운 빵에 참깨를 뿌린 것으로 따뜻한 더우장에 찍어 먹으면 맛있다. 그 밖에 밀전병에 달걀을 넣은 단빙蛋餅, 대파를 잘게 썰어 넣은 충화셴빙蔥花鹹餅, 디저트로 먹기 좋은 자오탕톈빙焦糖甜餅 등이 있다. 워낙 인기가 많아 아침 일찍부터 긴 줄이 이어지는데 생각보다 줄이 금세 줄어드니 일정 중의 하루 정도는 부지런히 일어나 현지인들의 아침 식사를 경험해 보자.

1 항상 사람들이 많아 기다림은 필수다. **2** 유리창 너머로 빵을 만드는 과정을 구경할 수 있다. **3** 맛도 가격도 만족스러운 타이완식 아침 식사를 즐겨 보자. **4** 담백한 맛의 사오빙燒餅, 후루룩 마시기 좋은 더우장豆漿과 곁들여 먹으면 맛있다.

반짝반짝 윤기가 흐르는
동포러우

진한 육즙과 고기소의 맛이 일
품인 샤오룽탕바오 小龍湯包

수항 蘇杭 **Su Hung** 소항

Google Map 25.043039, 121.519638
Add. 台北市中正區濟南路一段2-1號
Tel. 02-2396-3186 Open 11:30~14:00, 17:30~21:00
Access MRT 타이베이처잔台北車站 역 M8 출구에서 도보로 8분.
Price 둥포러우 NT$380, 샤오룽탕바오 NT$120
URL www.suhung.com.tw

2017 New

둥포러우로 유명한 상하이 요리
전문 레스토랑

여행자보다는 현지인들이 가족과 외식할 때 즐겨 찾는
레스토랑. 제대로 된 상하이 요리를 부담스럽지 않은 가
격에 맛볼 수 있다. 분위기가 좋고 관광객들로 붐비지
않아 더욱 만족스러운 곳이다. 대표 메뉴는 둥포러우東
坡肉로 입에서 살살 녹는 부드러움과 달콤함을 경험할
수 있다. 과바오刈包라는 부드러운 빵에 싸 먹으면 더욱
맛있다. 육즙을 가득 품은 샤오룽탕바오小龍湯包, 부드
러운 두부를 튀긴 요리 라오피넌러우老皮嫩肉, 매콤한
닭튀김 궁바오지딩宮保雞丁도 맛이 괜찮다. 요리를 여
러 개 주문해 즐기기 좋은 곳이라 혼자보다는 여럿이 방
문할 것을 권한다.

1 둥포러우는 과바오刈包에 파와 고수를 넣어 싸 먹으면 더 맛있다. **2** 매콤한 맛의 닭튀김 요리 쭤쭝탕지左宗業雞 **3** 수세미와 새우
를 넣은 쓰과샤런탕바오絲瓜蝦仁湯包 **4** 중국풍으로 꾸민 레스토랑 내부

푸저우스쭈후자오빙 福州世祖胡椒餅 복주세조호초병

Map
P.365-C

Google Map 25.046088, 121.513368
Add. 台北市中正區重慶南路一段13號 Tel. 02-2311-5098
Open 11:00~21:00
Access MRT 타이베이처잔台北車站 역 Z2 출구에서 도보로 5분.
Price 1개 NT$45

★★

줄 서서 먹는 타이완식 후추빵

현지인들 사이에서 타이완식 후추빵인 후자오빙胡椒餅의 종결자로 통하는 곳이다. 본점은 라오허제 야시장에 있지만 찾아오기 힘든 사람들을 위해 접근성이 더 좋은 중산 지역에 가게를 열었다. 후자오빙은 만두처럼 고기와 채소를 꽉 채운 반죽을 커다란 화덕에 넣고 구워 낸다. 한 입 베어 물면 고소한 육즙이 입안 가득 퍼진다. 웬만한 성인 남자 주먹보다 더 큰 크기로 하나만 먹어도 속이 든든해 길거리 간식으로 제격이다.

따끈따끈한 후자오빙은 간식으로 제격

류산둥뉴러우몐 劉山東牛肉麵 유산동우육면

Map
P.365-C

Google Map 25.045700, 121.513755
Add. 台北市中正區開封街一段14巷2號 Tel. 02-2311-3581
Open 08:00~20:00 Close 일요일
Access MRT 타이베이처잔台北車站 역 Z2 출구에서 신광싼웨新光三越 백화점 옆 더바디샵과 맥도날드 사이의 카이펑이돤開封街一段을 따라 걷다가 단테 커피Dante Coffee 옆 골목으로 들어간다. 도보로 7분. Price 뉴러우몐 NT$140~

2017 New

허름한 분위기의 뉴러우몐 맛집

작은 골목 안에 위치한 데다 분위기도 다소 허름한 가게지만 맛만큼은 뒤지지 않는 뉴러우몐을 맛볼 수 있는 곳이다. 대표 메뉴는 맑은 국물의 칭둔뉴러우몐清燉牛肉麵, 얼큰한 국물의 훙사오뉴러우몐紅燒牛肉麵으로, 칭둔뉴러우몐이 더 인기가 있다. 진한 육수와 두툼한 고기 맛이 일품이며 절인 배추 쏸차이酸菜를 곁들이면 색다른 풍미를 느낄 수 있다. 요청 시 한국어 메뉴판을 제공한다.

진한 국물과 부드러운 고기 맛이 일품이다.

페이첸우 肥前屋 ^{비전옥}

Google Map 25.051155, 121.523694
Add. 台北市中山區中山北路一段121巷13之2號
Tel. 02-2561-7859
Open 11:00~14:30, 17:00~21:00 Close 월요일
Access MRT 중산中山 역 2번 출구에서 도보로 8분.
Price 장어덮밥 소(小) NT$250

★★★

힘이 불끈 솟는 장어덮밥

식사 시간이면 긴 줄이 이어지는 소문난 맛집으로 40여
년 전통을 자랑한다. 매일 새벽 싱싱한 장어를 공수해
와 까다로운 과정을 거쳐 장어 살을 연하게 만든다고 한
다. 간판 메뉴인 장어덮밥은 소小와 대大 중에서 고를
수 있다. 입안에 넣는 순간 사르르 녹을 만큼 장어 살이
부드럽고 달착지근한 소스가 입에 착 붙는다. 윤기가 잘
잘 흐르는 밥도 맛있어서 밥알 한 톨까지 남기지 않고
한 그릇 뚝딱 해치우게 된다. 장어를 넣은 장어달걀말이
와 바삭하게 튀긴 새우튀김도 별미다.

잘 구워진 장어가 실하게 올라간 장어덮밥

타이베이뉴루다왕 台北牛乳大王 Taipei Milk King

Google Map 25.052442, 121.520115
Add. 台北市中山區南京西路20號 Tel. 02-2559-6363 Open 07:00~24:00
Access MRT 중산中山 역 1번 출구 바로 옆에 있다.
Price 파파야 밀크 NT$70, 크랜베리 요거트 NT$80 URL www.tmkchain.com.tw

★★

건강에 좋은 우유 음료 전문점

우유 음료와 요거트를 판매하는 가게로 우유대왕牛乳
大王이라는 자신만만한 이름을 내걸고 영업 중이다. 수
박, 키위, 녹두, 아몬드, 깨, 땅콩 등 다양한 재료를 넣고
갈아 만든 독특한 음료가 가득하다. 가장
인기 있는 메뉴는 파파야를 갈아 우유와
함께 섞은 파파야 밀크로 파파야 향이 은
은하게 퍼지면서 부드럽고 풍부한 맛이다.

파파야 향이 가득한 파파야 밀크

깔끔하고 밝은 분위기의 내부

벽면에는 티를 비롯한 다양한 아이템이 감각적으로 진열되어 있다.

갓 구운 스콘과 함께 즐기기 좋은 티를 취향대로 골라보자.

스미스 & 슈 Smith & hsu

Google Map 25.052442, 121.520115

Add. 台北市中山區南京東路一段21號 Tel. 02-2562-5565 Open 10:00~22:30

Access MRT 중산中山 역 3번 출구에서 도보로 5분. 오쿠라 프레스티지 타이베이 호텔Okura Prestige Taipei을 지나면 바로 보인다.

Price 티 NT$200~, 애프터눈 티 세트 NT$1,280(SC 10%)

URL www.smithandhsu.com

모던한 감각의 다예관

찻집이라고 해서 전통적인 다예관을 상상하고 스미스 & 슈에 방문한다면 모던하고 감각적인 스타일에 깜짝 놀랄 것이다. 내부는 미니멀리즘의 끝을 보여 주는 듯 간결한 인테리어가 시선을 압도하고 한쪽 벽면에는 차를 비롯해 다기, 차 관련 소품 등이 진열되어 있어 호기심을 자극한다. 'Smith & hsu'라는 이름은 동양과 서양을 상징하는 각 성姓에서 따온 것으로 동서양의 조화를 의미한다고 한다. 다양한 종류의 최상급 차를 즐길 수 있으며, 40여 개의 샘플링에서 직접 향을 맡아 본 후 차를 고를 수 있다. 차와 함께 즐길 수 있는 애프터눈 티 세트와 갓 구운 스콘, 달콤한 케이크도 준비되어 있다. 차도 구입할 수 있는데 질이 좋고 포장도 예뻐서 선물용으로 그만이다.

1 판매 중인 티 상품도 다양하게 진열되어 있다. 2 직접 향을 맡아 본 후 차를 고를 수 있다. 3 선물용으로 좋은 차 패키지 4 2~3명은 거뜬히 먹을 수 있는 애프터눈 티

빙짠 冰讚 빙찬

Google Map 25.057700, 121.519049
Add. 台北市大同區承德路二段139巷 Tel. 02-2550-6769
Open 11:30~23:00
Access MRT 솽롄雙連 역 2번 출구에서 오른쪽으로 걷다가 세븐일레븐 편의점
골목으로 들어가면 왼쪽에 있다. 도보로 2분.
Price 망고 빙수 NT$130~

★ ★ ★

맛도 가격도 착한 망고 빙수 가게

한국인 여행자들에게는 아직 많이 알려지지 않은 빙수
가게지만 일본인 여행자들에게는 가격 대비 최고의 망
고 빙수로 정평이 난 곳이다. 가게는 다소 허름하지만
맛은 유명 빙수집의 망고 빙수와 비교해 뒤지지 않는다.
이곳이 더욱 만족스러운 이유는 저렴한 가격에 있다. 망
고 빙수 가격이 단돈 NT$130부터로 주머니가 가벼운
여행자들도 부담 없이 빙수를 즐기기에 제격이다. 대패
로 간 것처럼 결이 살아 있는 빙수는 입에서 사르르 녹는
다. 연유를 뿌려 빙수 자체도 달콤한데 여기에 망고까지
곁들이면 두 배로 달콤한 맛을 느낄 수 있다. 그 밖에 수
박과 망고가 반반씩 담겨 나오는 빙수, 팥과 푸딩을 넣
은 빙수 등 다양한 빙수와 생과일주스도 저렴하게 맛볼
수 있다. 단, 4월부터 10월까지만 빙수를 맛볼 수 있다.

1 파란색 간판이 한눈에 들어온다. **2** 부드러운 우유 빙수 위에 탱글탱글한 망고가 듬뿍 올려져 나온다. **3** 곱디 고운 빙질은 마치 눈꽃
같다. **4** 팥, 생과일, 푸딩 등 다양한 재료의 빙수가 있다.

징성위 京盛宇 경성우

secret

Google Map 25.057700, 121.519049
Add. 台北市中正區忠孝西路一段66號 Tel. 02-2388-5552
Open 일~목요일 11:00~21:30, 금~토요일 11:00~22:00
Access MRT 타이베이처잔台北車站 역 Z2 출구에서 걷다 보면 왼쪽에 있는
신광싼웨新光三越 백화점 지하 2층에 있다.
Price 차 NT$75~ URL www.prot.com.tw

고품격 테이크아웃 티 하우스

차 문화가 발달한 타이완에서만 만날 수 있는 이색 테이크아웃 티 숍. 이곳이 특별한 이유는 다예관 못지않게 정성껏 차를 우리는 태도에 있다. 현란한 솜씨로 빠르게 테이크아웃해 주는 가게와는 달리 느리지만 진지하고 정성스럽게, 중간중간 시음을 하면서 최상의 맛을 낼 수 있도록 차를 우리는 직원들의 모습이 신선하다. 특히 차가운 차를 주문할 경우 전용 테이크아웃 페트병에 담아 주는데 모양이 예뻐 소장가치가 있다. 아리산진쉬안阿里山金萱, 산린시우룽杉林溪烏龍, 아리산우룽阿里山烏龍, 둥팡메이런東方美人 등 타이완의 명차 메뉴를 갖추고 있다. 질 좋은 차는 판매도 하는데 틴 케이스 디자인이 심플하면서도 감각적이다. 이곳 외에도 청핀 서점 본점敦南店과 쑹옌점松菸店이 있다.

1 차 패키지가 예뻐 선물용으로도 좋다. **2** 전통적인 방식으로 정성스럽게 차를 내리는 모습을 지켜보는 것도 흥미롭다. **3** 아이스로 주문할 경우 전용 페트병에 담아 주는데 보기에도 예쁘고 실용적이다. **4** 차와 머그컵도 판다.

二條通
7號

오래된 일본식 목조 건물
이 운치 있다.

디 아일랜드 The Island 二條通·綠島小夜曲

Google Map 25.048866, 121.521582
Add. 台北市中山區中山北路一段33巷1號
Tel. 02-2531-4594
Open 12:00~21:00
Access MRT 중산中山 역 2번 출구에서 도보로 8분.
Price 커피 NT$180, 브라우니 NT$120

오래된 목조 건물에서 마시는 커피 한잔

한눈에 봐도 아주 오래된 건물임을 짐작할 수 있는 이곳은 100년 가까이 된 일본식 건물을 개조한 카페. 일제강점기에 일본 사진사가 살던 집이었다고 한다. 그가 일본으로 돌아가면서 가옥을 타이베이 시에 기증했으나 세월이 흐르면서 폐허처럼 방치되다가 타이완의 건축가가 사들여 옛 모습을 그대로 복원시켰다. 현재 1층은 멋진 카페로, 2층은 건축 사무실로 사용하고 있다. 예스러운 목조 주택에서 마시는 커피 한잔은 더욱 특별하게 느껴진다. 커피 메뉴가 다양하며 타르트, 브라우니, 스콘 등 디저트도 맛있기로 유명하다. 타이완의 풍경을 담은 사진들이 벽면을 장식하고 있으며 한쪽에는 직접 찍을 수 있는 귀여운 도장도 마련되어 있다. 개인 여행 수첩에 도장을 찍어 보자.

1, 2 타르트, 브라우니 등 디저트가 맛있기로 유명하다. **3** 커피와 차 메뉴가 다양하다. 정성스럽게 라떼아트를 그려 내온다. **4** 나무로 인테리어가 되어 있는 내부는 아늑하고 따스한 느낌이 든다.

멜란지 카페 **Melange Cafe** 米朗琪咖啡館

Map
P.371-A

Google Map 25.053205, 121.520865
Add. 台北市中山區中山北路二段16巷23號
Tel. 02-2567-3787
Open 월~목요일 07:30~22:00, 금~일요일 09:30~23:00
Access MRT 중산중산 역 4번 출구에서 도보로 2분.
Price 와플 NT$120~, 더치커피 NT$160 URL www.melangecafe.com.tw

★★★

달콤한 와플과 진한 커피의 유혹

현지인들은 물론 한국인 여행자들 사이에서도 맛있는 와플로 입소문이 자자한 카페. 향긋한 커피와 함께 달콤한 디저트를 즐기며 쉬어 가기 좋아 중산 지역에서 꾸준한 인기를 끌고 있다. 신문을 연상시키는 메뉴판에는 다양한 커피와 차, 샌드위치, 와플, 디저트 메뉴가 빼곡하다. 멜란지 카페에서 꼭 먹어 봐야 할 메뉴는 단연 와플이고 그중에서도 딸기가 곁들여진 와플이 가장 인기 있다. 상큼한 딸기와 커스터드 크림, 딸기 시럽이 듬뿍 뿌려져 있다. 2명이 하나만 시켜도 충분할 만큼 양이 푸짐하다. 음료 메뉴 중에는 진한 더치커피와 카페오레를 추천한다. 시원한 더치커피는 더운 날씨에 제격이고, 카페오레는 커피와 우유가 포트에 각각 담겨 나와 직접 섞어 먹는 재미가 있다.

1 달콤한 딸기 와플은 카페오레와 잘 어울린다. **2** 가게 입구에 손님을 받는 직원이 따로 있을 정도로 손님이 많다. **3** 고급스러운 찻잔에 따라먹는 카페오레 **4** 진한 커피 향이 좋은 더치커피

루스터 카페 & 빈티지 Rooster cafe & vintage

Google Map 25.055966, 121.520428
Add. 台北市大同區南京西路25巷20之5號
Tel. 0982-081464 Open 08:00~21:00 Close 월요일
Access MRT 솽롄雙連 역 1번 출구에서 도보로 2분.
Price 브런치 NT$160~, 샐러드 NT$150

★

친구네 집처럼 편안한 분위기의 카페

MRT 중산 역과 솽롄 역 사이에는 카페, 작은 식당, 잡
화점 등이 즐비해 산책하면서 구경하기 좋다. 이 카페는
빈티지 소품들로 아기자기하게 꾸며놓아 마
치 친구네 집에 놀러 온 듯 편안하고 아늑한 분
위기가 매력적이다. 규모는 작지만 메뉴 구성은
알차다. 커피나 밀크티와 같은 음료는 물론 샌드
위치, 버거 등 브런치 메뉴까지 충실하다. 번화한
중산 거리를 뒤로하고 잠시 한숨 돌리고 싶을 때
가 보자.

한끼 식사로도 좋은 버거와 스크램
블 에그 & 밀크티

솽롄위안쯔탕 雙連圓仔湯 ^{쌍련원자탕}

Google Map 25.057328, 121.518950
Add. 台北市大同區民生西路136號 Tel. 02-2559-7595 Open 10:30~22:00
Access MRT 솽롄雙連 역 1번 출구에서 도보로 5분.
Price 1인당 약 NT$100 URL www.sweetriceball.tw

★★

60년 전통의 타이완식 디저트

1951년 손수레에서 팔기 시작해 3대째 이어지고 있는 역
사 깊은 디저트 가게. 꼭 먹어 봐야 할 대표 메뉴는 홍더
우위안쯔탕紅豆圓仔湯과 경단燒麻糬이다. 홍더우위안
쯔탕은 팥과 경단을 넣어 만든 팥죽으로 달콤한 맛이
난다. 쫀득한 경단은 직접 만든 특제 땅콩 가루를 듬뿍
뿌려 고소한 맛이 일품으로, 타이완경단대회에서 1위로
뽑히기도 했다. 타로, 콩, 옥수수, 귀리, 팥 등 건강에 좋
은 재료를 토핑으로 얹어 먹을 수 있는 빙수 종류도 다
양하다.

타이완식 경단으로 고소한 땅콩 가루가
듬뿍 뿌려져 있다.

중양 시장 中央市場 ▶ 중앙스창

Map P.362-F

Google Map 25.048227, 121.528237
Add. 台北市中山區長安東路一段54號
Tel. 02-2523-2017 Open 11:30~14:30, 16:00~05:00
Access MRT 중산中山 역에서 택시로 약 5분. 앰비언스 호텔Ambience Hotel 옆에 있다.
Price 맥주 NT$80~, 안주 NT$100~

★★

기분 좋게 취할 수 있는 100위안의 행복

창안둥루長安東路 일대는 현지인들 사이에서 술 마시기 좋은 거리로 통한다. 저녁 무렵부터 애주가들이 모여들어 와자지껄한 분위기로 들뜬다. 싱싱한 해산물을 내놓고 파는 술집들이 줄줄이 이어지는데 그중에서도 가장 손님이 많은 가게가 바로 중양 시장이다. 간판에 '100元'이라고 적힌 가게들이 많아 호기심을 자극하는데 이는 안주류를 100위안에 판다는 뜻. 100위안이 넘는 음식도 있지만 대부분 100위안이면 먹을 수 있다. 신선한 해산물을 이용한 안주가 많고, 양은 우리의 포장마차처럼 작은 접시에 담겨 나오는 것이 보통인데 안주로는 부족함이 없다. 맥주는 냉장고에서 직접 꺼내어 먹으면 되고 요청하면 영어 설명이 있는 메뉴판을 갖다준다.

1 신선한 해산물들을 직접 골라서 주문할 수도 있다. 2 달콤한 망고 맥주와 찝짜름한 새우 요리는 찰떡궁합이다. 3 작은 접시에 맛깔스럽게 나오는 안주들은 양이 적당하다. 4 혼자보다 여럿이 함께 가서 술 마시기 좋은 곳이다.

애프터눈 티 Afternoon Tea

Google Map 25.052471, 121.520786
Add. 台北市中山區南京西路14號
Tel. 02-2562-3966 Open 11:00~21:30
Access MRT 중산中山 역 2번 출구 바로 옆에 있는 신광쌘웨新光三越 백화점 2관의 2층에 있다. 도보로 1분.
URL www.afternoon-tea.com.tw

★★

여성들이 좋아하는 일본 잡화점

차 애호가나 아기자기한 주방용품, 잡화에 관심 있는 여성들 사이에서 이미 잘 알려진 애프터눈 티는 일본의 홍차 브랜드로 타이베이에서도 만날 수 있다. 차와 디저트를 즐길 수 있는 카페와 다양한 소품이 가득한 숍을 함께 운영하고 있다. 차 도구를 비롯해 주방용품, 인테리어 소품, 패브릭 소품, 목욕용품 등 종류가 무척 다양하다. 애프터눈 티 특유의 파스텔 컬러를 사용한 여성스러운 디자인 상품들이 가득하다. 쇼핑 후 티룸에서 달콤한 디저트와 함께 티타임을 즐겨 보자.

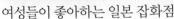

1 아기자기한 소품이 가득한 애프터눈 티 **2** 질 좋은 티는 패키지까지 사랑스러워서 여성들에게 절대적인 지지를 받고 있다. **3** 여행하면서 사용하기 좋은 텀블러 종류가 다양하다. **4** 사랑스러운 일러스트가 그려진 주방용품

내추럴한 멋스러움이 느껴지는 다기들

러블리 타이완 Lovely Taiwan 台灣好,店

Google Map 25.054602, 121.520321
Add. 台北市大同區南京西路25巷18之2號
Tel. 02-2558-2616
Open 12:00~21:00 Close 월요일
Access MRT 중산中山 역 4번 출구에서 도보로 3분.
URL www.lovelytaiwan.org.tw

secret

이름처럼 사랑스러운 공정 무역 상점

타이완 각 지역에서 만든 특산품과 수공예품을 판매하
는 곳으로 지역 경제 활성화를 위해 제품 생산자에게 정
당한 대가를 돌려주는 공정 무역 상점이다. 타이완 내에
서 생산한 질 좋은 차, 원주민이 손수 만든 액세서리와
아름다운 다기, 귀여운 일러스트 패브릭 등 호기심을 자
극하는 제품들이 많다. 매장은 3층 규모로 1, 2층에서는
목조, 패브릭, 종이 공예 등의 상품을 전시 판매하고 있
다. 3층은 누구나 편히 쉴 수 있는 소파와 테이블이 마련
되어 있고, 타이베이 관련 여행 책자와 브로슈어, 스탬프
등이 구비되어 있다. 방명록을 작성하면 직원이 차와 엽
서 한 장을 내주는데, 엽서를 쓴 후 한쪽에 자리한 우체
통에 넣으면 무료로 보내준다. 아늑한 공간에서 차를 마
시며 가족이나 가까운 지인에게 엽서를 한 통 써보는 특
별한 시간을 가져보자.

1 원주민의 전통 의상과 소품을 모티브로 만든 아이템이 많다. **2** 아리 산阿里山에서 재배한 유기농 우롱차 **3** 타이완의 풍경이 담긴
엽서들 **4** 엽서를 써 이 우체통에 넣으면 한국에서 받을 수 있다. **5** 타이완의 과자와 과일이 그려진 귀여운 테이블 매트

모구 蘑菇 **Mogu** 마고

Map
P.371-A

Google Map 25.054549, 121.520316
Add. 台北市大同區南京西路25巷18之1號 Tel. 02-2552-5552
Open 일~목요일 12:00~21:00, 금~토요일 11:00~22:00
Close 매월 마지막 주 수요일
Access MRT 중산中山 역 4번 출구에서 도보로 3분. 러블리 타이완 옆에 있다.
URL www.mogu.com.tw

★★

느린 삶을 추구하는 슬로 콘셉트 숍

모구는 슬로 라이프를 추구하는 디자인 브랜드로 자체
매거진 'MOGU'를 발간한다. 번화한 중산 거리를 뒤로
하고 3층 규모의 매장 안에 들어서면 아늑하고 편안한
분위기가 펼쳐진다. 1층에서는 의류, 잡화, 잡지 등을 판
매하며, 2층은 카페, 3층은 브랜드 디자인 사무실로 운
영하고 있다. 1층 매장에서 판매하는 상품은 대부분 자
체 제작한 것이다. 귀여운 일러스트가 프린트된 티셔츠
와 패브릭 가방은 유기농 순면을 사용해 만들었다고 한
다. 2층 카페는 중산 거리의 가로수를 감상하며 차를 마
시기 좋다. 빵과 쿠키, 음료 등 카페에서 파는 먹거리도
유기농 재료를 사용해 믿음이 간다.

1 아기자기한 가게 입구 **2** 1층에서는 내추럴한 티셔츠, 가방 등을 판매한다. **3** 2층 카페의 창 너머로 푸른 녹음을 감상할 수 있다.
4 가게에서 직접 만든 케이크와 음료를 마시며 여유를 즐겨보자.

왕더촨 王德傳 왕덕전

Google Map 25.050720, 121.522259
Add. 台北市中山區中山北路一段95號
Tel. 02-2561-8738 Open 10:00~21:00
Access MRT 중산中山 역 2번 출구에서 도보로 8분. 이펑당一風堂 라멘집 옆에 있다.
URL www.dechuantea.com

★ ★

150년 역사를 자랑하는 고급 티 브랜드

타이완을 대표하는 고급 차 브랜드인 왕더촨의 본점으로 1862년 문을 열었다. 매장 내부는 단아하면서도 절제된 젠 스타일로 꾸며 놓았으며 왕더촨의 트레이드 마크인 새빨간 틴 케이스가 벽면을 가득 채우고 있다. 차는 직접 시음해 보고 구입할 수 있고 선이 고운 다구들도 판매하고 있다. 차 종류가 다양한데 그중에서도 아리산에서 재배한 아리산우롱차阿里山烏龍茶, '둥팡메이런차'로 더 잘 알려진 바이하오우롱차白毫烏龍茶, 장미 향이 은은하게 배어 나오는 메이구이우롱차玫瑰烏龍茶 등이 인기 있다. 좋은 차가 많기로 유명한 타이완에서도 최상급에 속하는 브랜드인 만큼 가격대가 높은 편이다. 차 애호가나 품격 있는 선물이 필요하다면 방문해 보자. 타이베이 101 지하 1층에도 매장이 있다.

1 차를 직접 시음해 보고 선택할 수 있다. **2** 찻잎의 향을 맡아 볼 수 있도록 전시해 놓았다. **3** 심플하면서도 강렬한 매장 내부 **4** 선물용으로도 제격인 고급스러운 티 세트

아기자기한 소품과 의류
들로 디스플레이한 내부

0416 x 1024 라이프 숍 0416 x 1024 Life Shop

Google Map 25.053501, 121.521118
Add. 台北市中山北路二段20巷18號一樓
Tel. 02-2521-4867 Open 13:00~22:00
Access MRT 중산中山 역 4번 출구에서 오른쪽에 'mana'라는 이름의 옷가게가 있는
골목으로 들어가면 오른쪽에 있다. 도보로 3분.
URL www.hi0416.com

★★★

유쾌한 에너지가 가득한 로컬 디자이너 숍

개성 넘치는 타이완 로컬 브랜드 숍으로 중산 뒷골목에
자리해 있다. 숫자로 된 독특한 가게 이름은 두 명의 브
랜드 디자이너 생일을 뜻한다고 한다. 매장 내에는 의
류, 가방, 잡화 등을 판매하는데 각 제품마다 유쾌한 일
러스트에 재치 있는 메시지가 담겨 있어 구경하다 보면
절로 미소가 지어진다. 캐릭터가 그려진 티셔츠, 귀여운
그림이 프린트된 에코백, 비가 자주 내리는 타이베이 여
행의 필수품인 우산, 교통카드를 보관하면 좋을 카드
홀더, 타이베이 시내 곳곳에 마련된 스탬프를 찍기 좋
은 수첩 등 실용적이면서 부담 없이 구입할 수 있는 아이
템이 많다. 가격대는 보통 티셔츠 NT$600~700, 수첩
NT$100~150 정도이다.

1 주요 아이템인 티셔츠를 비롯해 가방, 수첩, 인형 등 다양한 상품이 있다. 2 변덕스러운 타이완 날씨에 필수품인 우산 3 핸드메이드
로 만든 귀여운 인형 4 티셔츠를 사면 귀여운 집 모양의 상자에 담아 준다.

신광싼웨 남서점 3관 新光三越南西店三館

Map
P.371-C

Google Map 25.052742, 121.520680
Add. 台北市中山區南京西路14號
Tel. 02-2564-1111
Open 11:00~22:00
Access MRT 중산中山 역 3번 출구로 나오면 바로 옆에 있다.
URL www.skm.com.tw

★★

캐주얼 & 스트리트 패션의 중심

MRT 중산 역 바로 옆에 위치한 신광싼웨 백화점은 중산 지역을 대표하는 백화점으로 1관, 2관, 3관이 마주보고 이웃해 있다. 그중에서도 3관은 젊은 트렌드세터들 사이에서 가장 인기가 높다. 젊은 층이 좋아하는 스트리트 패션과 캐주얼 브랜드만 쏙쏙 뽑아 놓았다. 주요 입점 브랜드로는 Paul Frank, Kipling, Converse, DC Shoes, Hurley, Roxy, Sisley, Gregory, Insight, Vans, Quiksilver, Puma, Nixon, Design Tshirts Store 등이 있다. 백화점의 규모가 큰 편은 아니지만 인기 브랜드를 비롯해 국내에서 보기 힘든 외국 인기 브랜드도 입점해 있어 알차게 쇼핑을 즐길 수 있다. 지하에는 유니클로 매장이 크게 자리 잡고 있다.

1, 2 젊은 층이 선호하는 캐주얼 브랜드가 다수 입점되어 있다. 3 희소성 있는 의류, 소품, 잡화 등을 모아 둔 편집 숍 ARTIFACTS
4 외관은 다소 평범하지만 내부로 들어가면 다양한 브랜드가 가득하다.

파브토리 **FAVtory**

Google Map 25.052452, 121.522141

Add. 台北市中山區南京西路1之3號

Tel. 02-2563-5088

Open 일~목요일 11:00~21:30, 금~토요일 11:00~22:00

Access MRT 중산中山 역 3번 출구에서 도보로 3분. 탱고 호텔Tango Hotel 옆에 있다. **URL** www.favvi.tw

2017 New

아기자기한 숍과 푸드코트의 만남

중산 지역의 번화가에 자리 잡고 있는 파브토리는 숍 겸 푸드코트로, 색다른 콘셉트와 스타일로 최근 타이베이 젊은 층에게 인기를 끌고 있다. 한쪽에는 빈티지한 그릇 과 인테리어 소품, 톡톡 튀는 감각의 디자인 소품을 파 는 상점으로 운영하고 있으며, 그 옆으로 트렌디한 스타 일로 꾸며 놓은 푸드코트가 자리해 있어 한번에 쇼핑과 식도락을 즐길 수 있다. 상점을 구경한 후 안으로 들어 가면 커피를 마실 수 있는 파비 카페FAVVI cafe를 비롯해 간식거리, 베이커리, 이탈리아 요리, 한식 등 다채로운 먹거리가 한자리에 모여 있어 입맛에 맞게 골라 즐길 수 있다. 가격대도 비싸지 않은 편이라 부담 없이 들러 머물 다 가기 좋다.

1 매장에는 빈티지한 그릇과 소품이 가득하다. **2** 커피와 차를 즐길 수 있는 파비 카페 **3** 상점에서는 아기자기한 소품을 판다. **4** 트렌 디한 콘셉트의 푸드코트

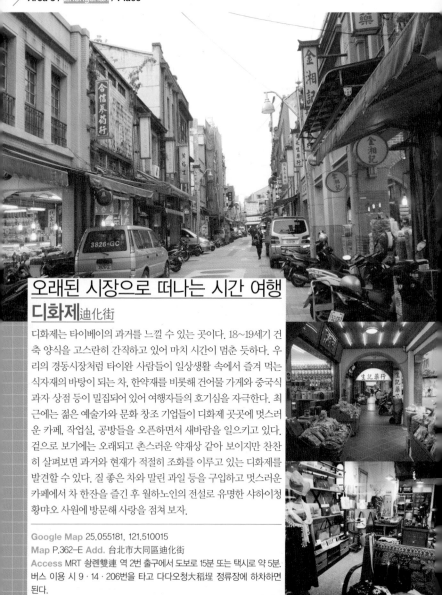

오래된 시장으로 떠나는 시간 여행
디화제 迪化街

디화제는 타이베이의 과거를 느낄 수 있는 곳이다. 18~19세기 건축 양식을 고스란히 간직하고 있어 마치 시간이 멈춘 듯하다. 우리의 경동시장처럼 타이완 사람들이 일상생활 속에서 즐겨 먹는 식자재의 바탕이 되는 차, 한약재를 비롯해 건어물 가게와 중국식 과자 상점 등이 밀집되어 있어 여행자들의 호기심을 자극한다. 최근에는 젊은 예술가와 문화 창조 기업들이 디화제 곳곳에 멋스러운 카페, 작업실, 공방들을 오픈하면서 새바람을 일으키고 있다. 겉으로 보기에는 오래되고 촌스러운 약재상 같아 보이지만 찬찬히 살펴보면 과거와 현재가 적절히 조화를 이루고 있는 디화제를 발견할 수 있다. 질 좋은 차와 말린 과일 등을 구입하고 멋스러운 카페에서 차 한잔을 즐긴 후 월하노인의 전설로 유명한 샤하이청 황먀오 사원에 방문해 사랑을 점처 보자.

Google Map 25.055181, 121.510015
Map P.362-E Add. 台北市大同區迪化街
Access MRT 솽롄雙連 역 2번 출구에서 도보로 15분 또는 택시로 약 5분. 버스 이용 시 9 · 14 · 206번을 타고 다다오청大稻埕 정류장에 하차하면 된다.

샤하이청황먀오 霞海城隍廟

성황을 모시고 제사를 지내는 사당으로 다른 사원과 비교해 소박한 모습이지만 원하는 짝을 찾아 맺어 준다는 중매의 신 '월하노인月下老人'을 모시고 있어 수많은 남녀들이 몰려드는 사원이다. 이곳에서 의식을 올린 후 1년 내에 짝을 찾아 결혼한 사람이 상당수라고 하니 싱글이라면 전통적인 의식을 치르며 소원을 빌어 보자. 하해성황과 성황부인 등 여러 신들을 함께 모시고 있다. 사당 밖에는 방문객을 위한 차와 과자가 마련되어 있는데 이 과자는 실제로 소원이 이루어져 결혼까지 성공한 신부들이 예를 올리며 바치는 과자라고 한다.

Google Map 25.055614, 121.510178
Add. 台北市大同區迪化街一段61號
Tel. 02-2558-0346
Open 06:00~20:00
Access 디화제迪化街, 융러 시장永樂市場 옆에 있다. Admission Fee 무료

민이청 아트야드 民藝埕 ArtYard

전통 문양의 다기부터 현대적인 스타일의 다기까지 다양한 다기 제품을 판매하는 숍. 차에 관심이 많은 사람들이라면 결코 그냥 지나칠 수 없는 곳으로, 눈을 사로잡는 다기들이 가득하다. 예술 작품에 가까운 고급 다기는 물론 실생활에서 부담 없이 사용할 수 있는 저렴한 다기까지 폭넓게 갖추고 있다. 매장은 쇼룸과 카페로 나뉘는데 1층 쇼룸에는 타이완 본토의 도자기 작품과 일본 도자기 장인 야나기 소리柳宗理의 생활 도자기를 전시 판매하고 있다. 2층 카페는 조용한 분위기로 차 한잔 즐기며 쉬어가기 좋다.

Google Map 25.055936, 121.510030
Add. 台北市大同區迪化街一段67號
Tel. 02-2552-1367
Open 10:00~19:00
Access 디화제迪化街, 샤하이청황먀오霞海城隍廟 옆에 있다.
URL www.artyard.tw

융러 시장 永樂市場 🛒

샤하이청황먀오 바로 아래 위치한 시장으로 1908년 일제강점기에 지은 유서 깊은 건축물이다. 1층은 식료품, 2층과 3층은 의류, 침구, 원단을 판매한다. 특히 맞춤 제작으로 차이나 드레스를 만들 수 있다. 4층은 다양한 먹거리를 파는 푸드코트로 저렴하게 현지 음식을 체험할 수 있다.

Google Map 25.054865, 121.510330
Add. 台北市大同區迪化街一段21號
Open 05:00~20:00
Close 월요일
Access 디화제迪化街, 샤하이청황먀오霞海城隍廟 옆에 있다.

바이성탕 百勝堂 🛒

질 좋은 차를 저렴하게 살 수 있는 실속 있는 상점. 재스민, 카밀러(캐머마일)와 같은 차는 물론 블루베리, 오렌지, 레몬, 용과 등 향긋한 과일 차까지 두루 갖추고 있다. 작은 사이즈는 NT$50, 밀봉된 차는 단돈 NT$1000이면 살 수 있어 선물용으로도 적당하다. 파파야, 망고, 멜론 등 말린 과일도 파는데 조금씩 포장해 놓아 원하는 양만큼 구입하기 좋고, 시식도 가능하다.

Google Map 25.057064, 121.509778
Add. 台北市大同區迪化街一段129號
Tel. 02-2550-4080
Open 09:30~20:30
Access 디화제迪化街와 민성시루民生西路가 만나는 교차점에 있다.

린펑이상싱 林豊益商行 🛒

90년 가까이 대나무 제품을 팔아 온 오래된 가게로 디화제 끝자락에 위치한다. 현지인은 물론 여행자들 사이에서도 명물 가게로 알려져 있다. 타이완 하면 떠오르는 딤섬 바구니부터 대나무로 만든 각종 소품들이 창고처럼 가득 쌓여 있다. 딤섬 통이나 스푼, 작은 소쿠리는 실용적이면서도 재미있는 기념품이 될 만한 아이템들이다. 딤섬 통은 크기에 따라 다르지만 2개에 약 NT$200 안팎이다.

Google Map 25.059299, 121.509395
Add. 台北市大同區迪化街一段214號
Tel. 02-2557-8734
Open 월~토요일 09:00~21:00, 일요일 09:00~18:00
Access 디화제迪化街, 바이성탕百勝堂에서 도보로 3분.

프로그 카페 frog·cafe

디화제는 한약 약재상만 즐비할 것 같지만 곳곳에 세련된 카페가 숨어 있어 탐방하는 재미가 있다. 프로그 카페는 MDF 커팅을 이용해 만든 독특한 소품을 파는 숍 겸 카페로 동일한 스타일로 찍어 낸 열쇠고리, 자석, 메모보드 등 디자인 소품이 눈길을 사로잡는다. 특히 타이완과 관련된 메시지나 아이콘을 소품으로 디자인해 기념품을 구입하기 좋다. 톡톡 튀는 소품만큼이나 신선한 카페는 분위기가 마치 개인 작업실에 방문한 것 같은 기분이 들게 한다. 커피와 차

등 음료 메뉴와 팬케이크, 햄버거 등 브런치 메뉴를 선보인다. 매끈한 마티니 잔에 나오는 아이스 블렌드 커피가 인기 메뉴로 곱게 간 얼음과 달달한 커피 맛이 여행 중에 쌓인 피로를 말끔히 날려 준다.

Google Map 25.054194, 121.510209
Add. 台北市大同區迪化街一段13號
Tel. 02-2555-2125 **Open** 10:30~18:30 **Close** 화요일
Access 디화제迪化街, 융러 시장永樂市場을 바라보고 오른쪽에 있다.
Price 커피 NT$100~, 베이글 햄버거 NT$290 **URL** www.cafe.frogfree.com

---

플라이시

Fleisch 福來許

카페 겸 레스토랑이자 기념품 숍. 규모는 작지만 아기자기하게 꾸며진 복고풍 분위기가 매력적인 곳이다. 1층은 타이완 분위기가 물씬 풍기는 다구, 패브릭 소품, 기념품 등을 판매하는 상점으로 운영하고 있으며, 2층에서는 커피와 식사를 즐길 수 있다.

Google Map 25.055743, 121.509896
Add. 台北市大同區迪化街一段76號
Tel. 02-2556-2526
Open 11:00~24:00
Access 디화제迪化街, 민이청 아트야드民藝 ArtYard 맞은편에 있다.

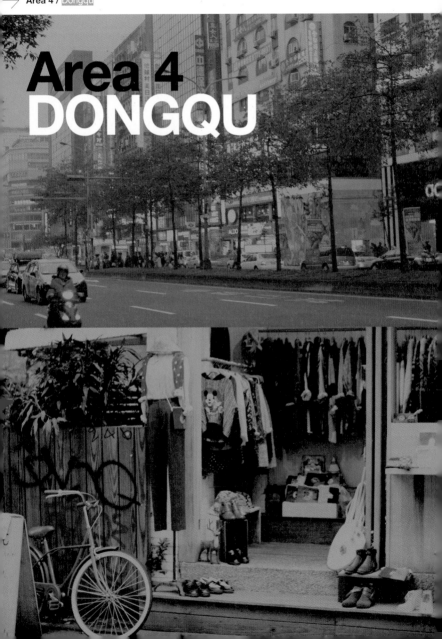

Area 4
DONGQU

둥취
東區

● 둥취는 타이베이에서 가장 트렌디한 동네로 통하며, 서울 신사동 가로수길 혹은 홍대를 연상케 한다. 길게 쭉 뻗은 중샤오둥루忠孝東路에는 소고 백화점, 브리즈 센터와 같은 굵직한 쇼핑몰을 비롯해 각종 브랜드숍과 레스토랑, 호텔 등이 모여 있다. 거대한 메인 거리만으로도 충분히 번화한 상권이지만 둥취의 진짜 매력은 도로 뒤에 숨어 있는 뒷골목에 있다. 개성 넘치는 멀티숍, 아기자기한 카페, 독특한 잡화점, 나이트라이프를 즐길 수 있는 클럽 등이 뒤섞여 둥취만의 매력을 내뿜는다. 시먼딩이 학생이나 20대 초반의 젊은 층이 즐겨 찾는 번화가라면 둥취는 20대 중반부터 30대 트렌드세터들을 위한 놀이터라고 할 수 있다. 어디서나 볼 수 있는 브랜드 숍보다는 유니크한 숍이 많아 남다른 쇼핑의 즐거움을 느낄 수 있다.

Access
가는 방법

중샤오푸싱忠孝復興 역
방향 잡기 중샤오푸싱 역은 중샤오둥루忠孝東路라고 불리는 메인 거리가 시작되는 출발점이다. 2번 출구로 나오면 타이핑양 소고 푸싱관太平洋 SOGO 復興館이 바로 연결되고 둥취 방향으로 걷고 싶다면 3번, 4번 출구로 나오면 된다.

중샤오둔화忠孝敦化 역
방향 잡기 둥취 일대에서 가장 중심에 위치한 역. 2번 출구 바로 앞에 보이는 자라ZARA와 왓슨스Watsons 사이 골목으로 들어가면 개성 넘치는 상점과 카페 등이 모여 있다. 반대편인 3번 출구로 나오면 유니클로UNIQLO 매장이 보이는데 이 골목으로 들어가면 두샤오웨, 키키와 같은 인기 맛집들이 있다.

궈푸지녠관國父紀念館 역
방향 잡기 4번 출구로 나오면 가장 대표적인 관광지인 국부기념관國父紀念館이 있고 5번 출구로 나오면 쑹산원창위안취松山文創園區로 갈 수 있다. 2번 출구에서 오른쪽에 보이는 골목을 세 블록 지나 들어가면 280항 거리光復南路 280가 나온다. 인기 맛집들이 모여 있는 미식의 거리로, 중샤오둔화 방향으로 레스토랑, 카페 등이 이어진다.

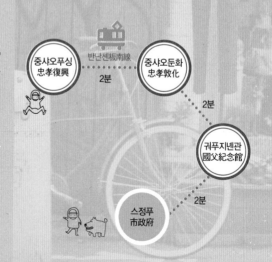

중샤오푸싱
忠孝復興

반난셴板南線 2분

중샤오둔화
忠孝敦化

2분

궈푸지녠관
國父紀念館

2분

스정푸
市政府

Plan
추천 루트
트렌드세터를 위한
둥취 하루 걷기 여행

10:00 쑹산원촹위안취松山文創園區
오래된 담배 공장이 문화예술 복합공간으로
멋지게 탈바꿈했다. 잘 조성된 공원과 호수는
도심 속 쉼터 역할을 톡톡히 하고 있다.

도보 5분

11:30 국부기념관國父紀念館
타이완의 국부로 추앙받는 쑨원을
기리는 기념관으로 매시 정각에
근위병의 포스 넘치는 교대식이
거행된다.

도보 6분

키키|KIKI **13:00**
여행자들 사이에서 뜨거운 사랑을
받고 있는 사천요리 전문점.
맛있게 매콤한 요리들이
한국인 입맛에 잘 맞는다.

도보 4분

아이스 몬스터|Ice Monster **14:30**
입에서 사르르 녹는 눈꽃빙수는
더위를 식혀 주는 디저트로 완벽하다.
다양한 종류 중에서도 달콤한 망고 빙수의
인기가 폭발적이다.

도보 5분

16:00 둥취東區
타이베이를 대표하는 핫 플레이스.
중샤오둔화 역 2번 출구 뒤쪽에는
개성 넘치는 숍, 브런치 카페, 타이완의
인기 연예인이 운영하는 가게 등
트렌디한 장소들이 밀집되어 있다.

도보 3분

17:00 다즐링 카페Dazzling Cafe
허니 토스트로 여심을 사로잡은 카페.
달콤한 디저트와 함께
오후의 티타임을 즐겨 보자.

도보 15분

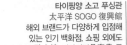

타이핑양 소고 푸싱관 **18:30**
太平洋 SOGO 復興館
해외 브랜드가 다양하게 입점해
있는 인기 백화점. 쇼핑 외에도
덴수이러우點水樓, 딘타이펑鼎泰豐 등
유명 맛집들이 있다.

5.8m 크기의 쑨원 좌상이
내려다보고 있다.

국부기념관 國父紀念館 ◀ 궈푸지녠관

Google Map 25.040018, 121.560257
Add. 台北市信義區仁愛路四段505號 Tel. 02-2758-8008
Open 09:00~18:00 Close 음력설 연휴
Access MRT 궈푸지녠관國父紀念館 역 4번 출구로 나오면 오른쪽에 있다.
Admission Fee 무료
URL www.yatsen.gov.tw

★★★

타이완의 국부로 추앙받는 쑨원을 기리다

쑨원은 1911년 중국의 민주주의 혁명인 신해혁명을 일으킨 인물로 민족·민권·민생의 삼민주의를 정립했으며 전제 정치에서 벗어나 중화민국을 수립하고 초대 임시 총통을 지냈다. 중국의 마오쩌둥과 타이완의 장제스가 정신적 스승으로 삼았던 인물이며 타이완 국민들에게 무한한 존경을 받고 있다. 국부기념관은 1972년 5월 16일에 완공되었으며 20여 개의 전시관과 강연장, 도서관 등을 갖추고 있다. 웅장한 국부기념관에 들어서면 정면에 높이 5.8m에 달하는 엄청난 크기의 쑨원 좌상을 볼 수 있다. 매시 정각에 근위병 교대식을 진행하는데 마네킹처럼 움직임이 없던 근위병들의 절도 있는 모습이 흥미진진하므로 되도록 시간에 맞춰 방문하자. 폐장되는 오후 5시에는 국기 하양식을 관람할 수 있다. 국부기념관을 중심으로 잘 가꿔진 공원이 조성되어 있는데 쑨원의 호인 중산中山을 따 중산 공원이라고도 부른다. 잠시 쉬면서 높게 솟은 타이베이 101을 감상해 보자.

1 매시 정각에 이뤄지는 근위병 교대식은 반드시 감상하자. 2 쑨원은 타이완 국민들이 가장 존경하는 인물이다. 3, 4 1층의 쑨원 전시관에서 그의 업적을 엿볼 수 있다.

쑹산원창위안취 松山文創園區 송산문창원구

Google Map 25.044085, 121.560892
Add. 台北市信義區光復南路133號 Tel. 02-2765-1388
Open 09:00~18:00
Access MRT 스정푸市政府 역 1번 출구에서 도보로 6분.
Admission Fee 무료
URL www.songshanculturalpark.org

★★

오래된 담배 공장의 화려한 변신

1937년 일제강점기에 설립된 담배 공장을 2001년 타이베이 시 정부가 'Songshan Cultural and Creative Park'로 재탄생시켰다. 지금은 시민들의 쉼터이자 문화예술 복합공간으로 운영되고 있다. 아기자기한 산책로를 따라 들어가면 잔잔한 호수가 나오고 오리들이 호수 위를 유유히 떠다니는 평화로운 풍경이 펼쳐진다. 과거에 담배를 생산하던 공장은 현재 전시관, 디자인 스튜디오로 바뀌어 전시회, 시상식, 세미나 등을 통해 타이베이의 문화와 예술을 소개하며 문화 창조 산업을 부흥시키고 있다. 또한 싱그러운 공원이 조성되어 있어 유모차를 끌며 산책하는 가족들, 데이트를 즐기는 커플들, 사진을 찍는 관광객들까지 모두에게 사랑받고 있다. 근사한 레스토랑 겸 카페도 있어 산책 후 식사를 즐기기 좋다.

1 다양한 전시 문화 공간으로 활용되고 있다. 2 도심 한가운데 위치하고 있어 부담 없이 찾아갈 수 있다. 3 싱그러운 공원이 조성되어 도심 속 쉼터 역할을 하고 있다. 4 식사와 커피를 즐기기 좋은 야외 카페도 있다.

키키 KIKI

Google Map 25.039730, 121.555377
Add. 台北市大安區光復南路280巷47號 Tel. 02-2781-4250
Open 월~토요일 11:30~15:00, 17:30~22:30, 일요일 11:30~15:00, 17:30~22:00
Access MRT 궈푸지넨관國父紀念館 역 2번 출구에서 도보로 3분.
Price 1인당 NT$300~
URL www.kiki1991.com

★★★

맛있게 매운 사천요리 전문점

키키는 사천요리 전문 레스토랑으로 한국인 여행자들 사이에서 유난히 인기 있는 맛집이다. 사천 요리 특유의 매콤한 메뉴들은 우리의 입맛에도 잘 맞는데 특히 키키의 간판 메뉴인 창잉터우蒼蠅頭와 라오피넌러우老皮嫩肉는 반드시 먹어 봐야 할 메뉴로 통한다. 창잉터우는 돼지고기에 잘게 썬 파와 고추를 넣어 볶은 요리로 따끈한 밥에 올려 비벼 먹으면 밥도둑이 따로 없을 정도로 맛있다. 라오피넌러우는 정사각형으로 자른 두부를 튀긴 요리로 푸딩처럼 사르르 녹는 맛이 일품이다. 라쯔지딩辣子鷄丁은 사천식 닭요리로 고추를 넣어 더욱 매콤하다. 메뉴판에는 음식의 매운 정도를 고추 그림으로 표시해 선택을 돕는다. 키키의 모든 요리는 맥주와 궁합이 잘 맞아 저녁을 먹으며 가볍게 한잔하기 좋다. 타이베이에 총 4개의 매장이 있다.

1 키키의 대표 메뉴인 창잉터우蒼蠅頭는 흰밥과 같이 먹어야 제맛이다. **2** 사천 스타일의 비빔국수인 촨웨이창멘川味嚐麵은 매콤한 맛이 입맛을 돋궈준다. **3** 가장 인기 메뉴인 라오피넌러우老皮嫩肉는 보들보들한 두부 맛이 일품이다. **4** 생선 한 마리를 통째로 튀긴 후 소스를 자작하게 부은 홍지아오샤오위紅椒燒魚

두샤오웨 度小月 ^{도소월}

Google Map 25.040708, 121.552217
Add. 台北市大安區忠孝東路四段216巷8弄12號
Tel. 02-2773-1244 Open 월~금요일 11:30~21:30, 토~일요일 11:00~21:30
Access MRT 중샤오둔화忠孝敦化 역 3번 출구에서 도보로 2분.
Price 단짜이멘擔仔麵 NT$50, 쭈촨러우짜오판傳肉燥飯 NT$35(SC 10%)
URL http://noodle1895.com

★★

100여 년 전통의 단짜이멘

타이완 남부 타이난의 토속음식인 단짜이멘擔仔麵을 맛볼 수 있는 식당. 1890년대 작은 노점으로 시작해 현재는 단짜이멘을 대표하는 맛집으로 자리매김했다. 단짜이멘은 잘 익힌 면에 다진 고기와 버섯, 채소를 중국식 된장으로 양념해 볶은 고명과 익힌 새우를 얹은 국수로, 현지인이 즐겨 먹는 서민적인 음식이다. 된장 향이 구수하면서도 면이 부드러워 후루룩 먹기 좋다. 단짜이멘은 세 종류로 면 종류만 다르고, 가격은 NT$50으로 동일하다. 국수 한 그릇으로 양이 부족하다면 쌀밥 위에 양념한 돼지고기를 올린 쭈촨러우짜오판組傳肉燥飯을 곁들여 먹자. 갈비찜과 비슷한 맛의 돼지고기가 밥과 잘 어울리며 가격도 저렴하다. 가게 입구에서 단짜이멘 만드는 모습을 볼 수 있어 흥미롭다.

1 단짜이멘을 만드는 모습을 직접 볼 수 있다. **2** 단짜이멘은 구수한 맛이 좋다. **3** 현지인과 가이드북을 들고 찾아오는 여행자들로 항상 손님이 많다. **4** 깔끔한 분위기의 두샤오웨 외관

Map
P.368-E

웨이루 圍爐 위로

Google Map 25.038914, 121.551577
Add. 台北市大安區仁愛路四段345巷4弄36號
Tel. 02-2731-3439 Open 11:30~14:00, 17:30~21:30
Access MRT 중샤오둔화忠孝敦化 역 3번 출구에서 도보로 10분.
Price 1인당 약 NT$600~
URL www.weilu.com.tw

★★

품격 있게 즐기는 훠궈

흔히 훠궈 하면 반으로 나뉜 냄비가 떠오르는데 이곳에서는 신선로처럼 생긴 긴 원통에 보글보글 끓여 먹는 이색적인 훠궈를 맛볼 수 있다. 중국의 추운 둥베이 지방에서 즐겨 먹는 훠궈로 '쏸차이바이러우훠궈酸菜白肉火鍋'라고 부른다. 숯이 담긴 원통에서 보글보글 끓는 육수에 고기, 채소 등의 재료를 넣어 익혀 소스에 찍어 먹는다. 육수는 담백한 맛 한 가지로 재료 본연의 맛을 살린 깔끔한 맛이다. 소스는 기호에 맞게 만들어 먹을 수 있어 더욱 풍미를 살려 준다. 인원수에 따라 탕의 요금이 달라지며 3인 이하일 경우 샤오궈小鍋(NT$580)를 주문하면 된다. 고기, 완자, 버섯 등 추가로 들어가는 재료들은 별도로 주문 가능하다.

1 얇게 저민 돼지고기 바이러우白肉는 가장 맛있는 재료다. 2 보글보글 끓는 육수에 갖가지 재료들을 넣고 익혀 먹는다. 3 입맛에 맞게 소스를 만들어 먹을 수 있다. 4 원형의 문이 독특한 웨이루 입구

자펀 加分 가분

Map
P.370-A

Google Map 25.043425, 121.544459
Add. 台北市大安區忠孝東路四段17巷34號
Tel. 02-8773-5899
Open 12:00~22:30
Access MRT 중샤오푸싱忠孝復興 역 5번 출구에서 도보로 3분.
Price 1인 훠궈 NT$308(SC 10%)

2017 New

부드러운 우유 훠궈

뷔페 스타일의 훠궈가 아닌 세트로 구성된 훠궈를 맛볼 수 있는 곳으로 가격이 저렴해 젊은 층에게 인기를 끌고 있다. 육수는 다섯 종류로 그중 우유 훠궈라고 불리는 이스바이장義式白醬이 가장 인기 있다. 육수를 선택한 후 소고기, 닭고기, 돼지고기 등 12가지 고기 중에서 원하는 것을 고르고, 밥과 면 중에서 1가지를 선택한다. 디저트와 음료도 가격에 포함되어 있는데 음료는 직접 가져다 먹으면 된다. 테이블에 준비된 소스는 입맛에 맞게 만들어 먹는다. 영어 메뉴판이 준비되어 있어 주문이 비교적 쉽다. 식사 시간에는 손님이 몰려 어느 정도 기다림은 감수해야 한다. 테이블마다 가림막이 설치되어 있어 혼자가도 부담 없이 훠궈를 즐길 수 있다.

1 고기, 채소, 달걀, 면, 디저트가 포함된 세트 구성 **2** 우유 훠궈라고 불리는 이스바이장義式白醬은 크리미한 맛이 매력적이다. **3** 끓는 육수에 재료를 넣어 익혀 먹는다. **4** 1인 1탕 시스템으로 자리마다 1인 라멘집처럼 가림막이 있어서 혼자 가도 부담 없는 곳이다.

싼허위안 叁和院 삼화원

Google Map 25.042237, 121.547931
Add. 台北市大安區忠孝東路四段101巷14號
Tel. 02-2731-3833 Open 일~목요일 11:30~01:00, 금~토요일 11:30~02:30
Access MRT 중샤오푸싱忠孝復興 역 4번 출구에서 도보로 6분.
Price 둥포러우 NT$287, 볶음밥 NT$157~(SC 10%)
URL www.sanhoyan.com.tw

secret

2017 New

감각적으로 재탄생한 타이완의 맛

타이완 전통 요리들을 모던하고 창의적으로 재해석해
선보이는 레스토랑으로 타이완 요리가 낯선 여행자에게
더없이 좋은 곳이다. 메뉴는 전부 사진으로 되어 있어 초
보자도 쉽게 주문할 수 있다. 우웨이주쿵바오五味九孔
鮑는 와플 콘에 매시트포테이토와 샐러드, 전복을 올린
요리로 새콤한 맛과 바삭바삭한 식감이 입맛을 자극해
애피타이저로 먹기 좋다. 대표 메뉴는 차사오바오叉燒
包로 가시가 뾰족하게 돋은 고슴도치 모양이 재미있는
요리로 겉은 바삭하고 속은 달콤한 고기소가 들어 있어
맛있다. 맛깔스러운 요리와 어울리는 술도 다양하게 갖
추고 있으며 늦은 시간까지 영업해 시간에 구애 받지 않
고 술을 마시기 좋다.

1 마치 바를 연상시키는 세련된 스타일의 인테리어가 돋보인다. **2** 고슴도치 모양의 차사오바오叉燒包 **3** 아이스크림 형태의 애피타
이저 우웨이주쿵바오五味九孔鮑 **4** 날치알 라오피녠러우飛魚卵老皮嫩肉. 부드러운 두부튀김과 알싸한 맛의 마늘 간장 소스가 잘
어우러진다.

다진 토마토와 달걀, 치즈의
풍미가 살아 있는 샥슈카

토스테리아 카페 TOASTERiA Cafe

Google Map 25.043299, 121.549497
Add. 台北市大安區敦化南路一段169巷3號
Tel. 02-2752-0033
Open 월~금요일 11:00~01:00, 토~일요일 09:00~01:00
Access MRT 중샤오둔화忠孝敦化 역 7번 출구에서 도보로 5분.
Price 파니니 NT$190~, 샥슈카 NT$330~

2017 New

트렌드세터가 모이는 브런치 카페

샌드위치, 토스트 등 다양한 브런치 메뉴를 선보이는 카페로 타이베이의 트렌드세터들 사이에서 꽤 인기 있는 곳이다. 타이완 음식이 입에 잘 맞지 않거나 매끼마다 타이완 음식을 먹는 게 질릴 때 방문하면 색다른 맛을 즐길 수 있다. 치즈를 듬뿍 넣고 바삭하게 구운 파니니와 프라이팬에 다진 토마토와 달걀, 치즈를 올려 끓인 샥슈카Shakshuka가 대표 메뉴. 특히 재료를 아낌없이 넣은 'Meat Lover Panini with Fries'와 해산물을 듬뿍 넣은 파스타 'Frutti di Mare Pasta'가 인기 있다. 샥슈카와 음료가 포함된 'Mediterranean Breakfast'는 아침 식사로 먹기 좋다. 저녁에는 칵테일을 마실 수 있는 바도 함께 운영한다.

1 노천카페 분위기의 외관 **2** 달콤한 맛을 느낄 수 있는 Bailey's French Toast **3** 바삭하게 구운 파니니와 샐러드도 인기 메뉴

쥐베이하이다오쿤부궈 聚北海道昆布鍋 취북해도곤포과

secret

Google Map 25.042025, 121.544929
Add. 台北市大安區忠孝東路四段45號11樓 Tel. 02-2721-8787
Open 11:00~21:00
Access MRT 중샤오푸싱忠孝復興 역 4번 출구에서 연결되는 소고SOGO 백화점
11층에 있다.
Price 휘궈 세트 NT$398(SC 10%) URL www.giguo.com.tw

설렁탕처럼 뽀얀 육수가 특징인 휘궈

세련된 분위기에서 휘궈를 맛볼 수 있는 곳으로 메뉴판이 영어와 사진으로 되어 있어 부담스럽지 않다. 기본으로 제공되는 채소 외에 육수, 고기, 어묵, 국수, 디저트까지 취향에 맞게 선택할 수 있다. 여러 종류의 육수 중 '베이하이다오쉐지엔궈北海道雪見鍋'를 추천한다. 설렁탕처럼 뽀얀 육수는 부드럽고 끓일수록 재료와 조화를 이뤄 깊은 맛을 낸다. 단 이 육수는 2인 이상부터 주문 가능하다. 뷔페식보다 재료의 가짓수는 적어도 구성이 알차고 가격이 합리적이라 인기가 뜨겁다. 대기해야 할 경우 대기자 명단에 이름을 올려놓고 소고 백화점을 한 바퀴 둘러보는 것이 효율적이다. 혼자 가도 편하게 즐길 수 있는 분위기라 나홀로 여행자에게 추천한다.

1 채소와 고기, 어묵, 차, 디저트까지 나오는 세트 메뉴가 알차다. 2 두부, 버섯, 채소 등이 푸짐하게 나온다. 3 보글보글 끓는 육수에 재료들을 넣고 끓여 먹는다. 4 깔끔하고 고급스러운 분위기의 외관

차차테 Cha Cha Thé 采采食茶文化

Google Map 25.039029, 121.545583
Add. 台北市復興南路一段219巷23號
Tel. 02-8773-1818 Open 11:00~22:00
Access MRT 중샤오푸싱忠孝復興 역 3번 출구에서 도보로 6분.
Price 애프터눈 티 NT$520, 스파게티 NT$580, 티 NT$380(SC 10%)
URL www.chachathe.com

★★

최상급 차와 요리의 만남

차에 조예가 깊은 현지인들과 일본인 여행자들에게 절
대적인 신뢰를 받고 있는 다예관. 외관에서부터 분위기
가 남다르며 안으로 들어가면 각종 차와 다기, 펑리쑤
를 비롯해 다과들이 근사하게 진열되어 있어 마치 갤러
리에 온 듯하다. 36여 종의 최상급 차를 보유하고 있으
며 차와 함께 정갈한 요리를 선보이는 레스토랑도 운영
해 더욱 특별한 곳이다. 파스타, 리소토, 스테이크와 같
은 메인 메뉴를 시키면 차가 함께 나온다. 토요일과 일
요일 낮 12시부터 오후 5시까지는 브런치 메뉴도 선보
이며, 매일 오후 2시 30분부터 5시 30분까지는 7여 가지
티 푸드로 구성된 애프터눈 티 세트도 즐길 수 있다. 둔
난Dunnan과 리젠트 호텔Regent Hotel 지하에도 매장이 있
지만 상품 구매만 가능하다.

1 질좋은 차를 다양하게 즐겨 보자. **2** 차와 어울리는 달콤한 디저트도 갖추고 있다. **3** 패키지가 고급스럽고 탐나는 구성이 많아 품격
있는 선물용으로 구입하기 좋다. **4** 차분하고 절제된 분위기 속에서 차를 즐길 수 있다.

아이스 몬스터 Ice Monster

Google Map 25.041576, 121.555163
Add. 台北市大安區忠孝東路四段297號 Tel. 02-8771-3263 Open 10:30~23:30
Access MRT 중샤오둔화忠孝敦化 역 2번 출구에서 도보로 6분. 또는 MRT 궈푸지녠관國父紀念館 역 1번 출구에서 도보로 4분. 신동양新東陽 옆에 있다.
Price 망고 센세이션 빙수 NT$250, 밀크티 센세이션 빙수 NT$200
URL www.ice-monster.com

★★★

꽃할배들도 반한 망고 빙수

타이완의 명물인 망고 빙수를 논할 때 가장 먼저 꼽히는 곳 중 하나. 잘 알려진 망고 빙수는 물론 밀크티, 딸기, 팥 등 다양한 빙수를 맛볼 수 있다. 대표 메뉴인 망고 센세이션 빙수新鮮芒果綿花甜는 탱글탱글한 망고와 아이스크림, 눈처럼 고운 빙수가 소복하게 쌓여 나온다. 색다른 빙수를 먹고 싶다면 밀크티 센세이션 빙수珍珠奶茶綿花甜를 추천한다. 밀크티를 얼려 만든 빙수에 우유 푸딩과 타피오카 펄을 듬뿍 올려주는데 맛이 진하고 부드러워 자꾸만 손이 가는 매력이 있다. 좌석에 앉아서 먹을 경우 1인당 NT$100 이상 주문해야 하는 점을 알아두자. 신이 지역의 브리즈 송가오Breeze SONG GAO 쇼핑몰 1층에도 매장이 있다.

1 워낙 인기가 높아서 기다려야 할 때가 많다. 2 타피오카 펄이 함께 나오는 밀크티 센세이션 빙수珍珠奶茶綿花甜 3 〈꽃보다 할배〉의 할배들이 극찬한 망고 센세이션 빙수新鮮芒果綿花甜 4 팥을 듬뿍 올린 팥빙수

다즐링 카페 Dazzling Café

Google Map 25.042133, 121.552532
Add. 台北市大安區忠孝東路四段205巷7弄11號 Tel. 02-8773-9229
Open 월~금요일 12:00~21:00, 토~일요일 11:30~21:00
Access MRT 중샤오둔화忠孝敦化 역 2번 출구에서 도보로 3분.
Price 허니 토스트 NT$240~, 커피 NT$90~
URL www.dazzlingdazzling.com

★★★

허니 토스트의 화려한 변신

둥취 거리에서 가장 손님이 많은 카페를 꼽는다면 단연 다즐링 카페일 것이다. 블랙 & 화이트 컬러를 기본으로 핑크색으로 포인트를 준 인테리어는 여성들이 좋아할 만한 분위기를 풍긴다. 이곳의 인기 비결은 허니 토스트. 단지 식빵에 생크림만 얹은 허니 토스트를 생각했다면 화려한 비주얼에 놀랄 것이다. 블루베리, 캐러멜, 딸기, 열대 과일, 초콜릿 등 종류가 다양하며 과일, 아이스크림, 마카롱 등 메뉴 콘셉트에 맞게 장식된다. 빵을 자르면 그 안에 구운 토스트 스틱과 커스터드 크림이 들어 있어 속까지 맛있게 즐길 수 있다. 다즐링 카페 역시 타이베이의 인기 맛집들처럼 기다림은 필수지만 달콤한 허니 토스트를 한 입 먹는 순간 기다린 시간이 아깝지 않다.

1 실내 인테리어는 블랙 & 화이트에 핑크색 컬러로 포인트를 주었다. 2 딸기와 마카롱, 커스터드 크림이 올라간 스트로베리 러버 허니 토스트 3 직원이 직접 먹기 좋게 허니 토스트를 잘라 준다. 4 와플, 샌드위치, 파니니 등 브런치 메뉴도 갖추고 있다.

아네스베 카페 엘피지 Agnès b. CAFÉ L.P.G.

Map
P.370-D

Google Map 25.040147, 121.545817
Add. 台北市大安區大安路一段106巷2號1樓
Tel. 02-8773-5273
Open 일~목요일 12:00~22:00, 금~토요일 12:00~23:00
Access MRT 중샤오푸싱忠孝復興 역 3번 출구에서 도보로 3분.
Price 커피 NT$80~, 샌드위치 NT$140~

★★

프렌치 시크 분위기의 초콜릿 카페

프랑스 패션 브랜드 아네스베에서 론칭한 카페로 타이완에서 인기가 높은 카페 체인점이다. 대부분 쇼핑몰, 서점 등 접근성이 좋은 곳에 매장이 있는데 이곳은 둥취의 한적한 골목에 자리하고 있어 특별한 분위기를 선사한다. 주택을 개조해 카페로 꾸며 붐비지 않고 여유로움이 느껴진다. 특히 이 지점에서만 맛볼 수 있는 한정 초콜릿 메뉴가 있어 더욱 가볼만한 가치가 있다. 쇼케이스에는 먹기 아까울 정도로 예쁜 모양의 디저트가 가득하다. 샌드위치, 프랑스 파이의 일종인 키시 등 식사대용 메뉴도 갖추고 있다. 날씨가 좋은 날에 방문한다면 야외 테라스석에 앉아 진한 커피와 달콤한 디저트를 먹으며 오후의 여유를 누려 보자.

1 주택을 개조해서 만든 아네스베 카페는 그레이 톤의 시크한 분위기로 꾸며져 있다. **2** 아네스베 카페의 마스코트인 토끼가 카페 앞에서 반겨 준다. **3** 시그너처 메뉴인 초콜릿 케이크 **4** 아네스베에서 만든 머그 컵, 티 등도 판매한다.

커스터마이스 카페 COSTUMICE CAFÉ

secret

Google Map 25.043769, 121.552699
Add. 台北市大安區忠孝東路四段223巷71弄6號 Tel. 02-2711-8086
Open 일~목요일 12:00~24:00, 금~토요일 12:00~01:00
Access MRT 중샤오둔화忠孝敦化 역 2번 출구에서 도보로 4분.
Price 아이스커피 NT$130~, 맥주 NT$130~
URL www.costumice.com

테라스가 아름다운 유럽풍 카페

타이베이 트렌드세터들의 아지트와도 같은 카페. 입구에 자리한 올드 카가 시선을 끌며, 나무 아래 자리한 테라스 석은 마치 유럽의 어느 카페에 온 듯한 분위기를 풍긴다. 카페 내부는 앤티크 가구들로 빈티지하게 꾸며 놓았다. 벽면에는 주인장이 직접 찍은 멋진 사진이 걸려 있으며, 책장에는 사진, 여행, 예술 관련 서적으로 채워져 있다. 남미, 아프리카, 아시아, 타이완 등에서 생산한 원두로 내린 핸드드립 커피를 선보인다. 세계 각국 맥주를 비롯해 와인 등 알콜 메뉴도 갖추고 있어 가볍게 한 잔 마시기 좋다. 햇살이 좋은 날 테라스 석에 앉아 향긋한 커피를 마시며 여유를 즐겨 보자.

1 빈티지한 분위기를 풍기는 실내에는 근사한 사진들이 걸려 있다. **2** 녹음이 우거진 커스터마이스 카페의 외관 **3** 햇살이 들어오는 오후에는 실내가 아늑해 보인다. **4** 테라스 석은 인기가 높아 자리를 차지하기가 쉽지 않다.

샹솨이단가오 香帥蛋糕 향수단고

Google Map 25.041974, 121.544899
Add. 台北市大安區忠孝東路四段45號 Tel. 02-2648-6558 Open 09:00~21:30
Access MRT 중샤오푸싱忠孝復興 역 4번 출구에서 연결되는 소고SOGO 백화점
지하 2층에 있다.
Price 위니단가오 NT$160 URL www.scake.com.tw

Map
P.370-B

2017 New

타로케이크 전문점

타로케이크인 위니단가오芋泥蛋糕로 유명한 케이크 전문점이다. 흔히 타로라고 부르는 위니芋泥는 한국의 토란과 유사한 열대작물로 고구마처럼 식감이 포근하고 특유의 달콤한 향이 난다. 이곳에서 선보이는 타로케이크는 롤형태로 연보라색의 타로 필링을 가득 채워 촉촉한 맛이 일품이다. 크기와 타로 양에 따라 4종류가 있으며 가격은 NT$160~380. 구입하면 6시간 내로 냉장 보관해야 하며 유통기한은 2~3일 정도로 짧은 편이니 유의하자.

타로 특유의 달콤한 맛과 촉촉함이 예술이다.

내추럴 키친 Natural Kitchen

Google Map 25.044144, 121.544927
Add. 台北市復興南路一段107巷5弄12號
Tel. 02-8773-8498 Open 일~목요일 11:00~20:00, 금~토요일 11:00~21:00
Access MRT 중샤오푸싱忠孝復興 역 4번 출구에서 소고 백화점과 왓슨스 사이
골목으로 들어간다. 도보로 5분.

Map
P.370-A

★★

NT$50에 누리는 행복

일본 생활 잡화 100엔 숍 내추럴 키친을 타이베이에서도 만날 수 있다. 이름처럼 내추럴한 멋이 느껴지는 인테리어 소품과 주방용품을 단돈 NT$50 정도에 판매해 타이베이 여성들 사이에서 인기를 끌고 있다. 테이블 매트, 그릇, 베이킹 도구, 라탄 바구니, 액자 등 예쁘고 실용적인 상품이 가득하다. 소소하고 알뜰하게 잡화 쇼핑을 즐기고 싶다면 방문해 보자.

아기자기한 소품들이 모두 NT$50

Map
P.368-F

우바오춘 베이커리 吳寶春麵店 오보춘면점

secret

Google Map 25.044598, 121.561015
Add. 台北市信義區菸廠路88號 Tel. 02-6636-5888
Open 11:00~22:00 Access 스정푸市政府 역 1번 출구에서 도보로 10분.
쑹산원촹위안취松山文創園區 내 청핀 서점 지하 2층에 있다.
Price 리즈메이구이몐바오 NT$350, 천우셴펑리쑤(12개) NT$420
URL www.wupaochun.com

타이완 최고의 빵집

우바오춘 베이커리는 2008년 아시아 제빵대회, 2010년
세계 베이커리 월드컵에서 우승해 유명해졌다. 제빵사
우바오춘의 드라마틱한 성공 신화는 영화 〈세계제일맥
방世界第一麥方〉으로도 제작돼 화제를 모았다. 본점은
타이완 남부의 가오슝에 있고 타이베이에 2호점을 열어
인기를 모으고 있다. 담백한 유럽 스타일의 빵이 주를
이루는데 그중 2010년 세계 베이커리 월드컵의 챔피언
인 리즈메이구이몐바오荔枝玫瑰麵包, 타이완산 용안과
레드 와인을 넣은 주냥구이위안몐바오酒釀桂圓麵包는
꼭 한번 먹어볼 것을 추천한다. 설탕을 전혀 첨가하지
않고 파인애플만으로 단맛을 낸 천우셴펑리쑤陳無嫌鳳
梨酥는 선물용으로도 좋다.

1 먹음직스러운 빵들이 가득 진열되어 있다. 2 우바오춘 베이커리의 인기를 증명하듯 긴 줄이 이어진다. 3 화려한 수상 경력을 자랑하
는 빵을 먹어보자. 4 식사 대용으로 먹기 좋은 곡물빵 종류가 많다.

초록색 건물이 타이핑양 소고 푸싱관이다.

여유로운 공간에서 쇼핑을 즐길 수 있다.

타이핑양 소고 푸싱관 太平洋 SOGO 復興館

Google Map 25.041288, 121.543183
Add. 台北市大安區忠孝東路三段300號
Tel. 02-2776-5555
Open 11:00~21:30
Access MRT 중샤오푸싱忠孝復興 역 2번 출구에서 바로 연결된다.
URL www.sogo.com.tw

★★

MRT 중샤오푸싱 역 주변의 랜드마크

MRT 중샤오푸싱 역이 자리한 교차로에 두 개의 대형 백화점이 마주보고 있다. 타이핑양 소고 백화점으로 흰색 건물은 중샤오관忠孝館, 초록색 건물은 푸싱관復興館이다. 중샤오관은 쇼핑에만 초점을 맞춰 다양한 브랜드가 입점해 있다. 푸싱관은 해외 명품 브랜드와 유명한 맛집이 입점해 있어 여행자들의 발길이 더 많이 이어진다. BURBERRY, CHANEL, HERMES, Tiffany&Co., TOD'S, BALENCIAGA, COACH, MARC JACOBS 등 해외 브랜드 외 스포츠, 남성 의류 브랜드가 다양한 편이다. 지하에는 홍콩 슈퍼마켓 시티 슈퍼City Super와 푸드코트, 초콜릿으로 유명한 로이스 Royce와 고디바GODIVA 매장이 있다. 인기 있는 딤섬의 성지 덴수이러우點水樓와 딘타이펑鼎泰豊도 입점해 있어 항상 북적인다.

지하에는 고디바, 로이스와 같은 초콜릿과 베이커리, 과자 매장이 많다.

**소고 푸싱관의
인기 숍 & 레스토랑**

덴수이러우 點水樓 🍴
Tel. 02-8772-5089
Open 11:00~20:30
Access 11층
URL www.dianshuilou.com.tw
Price 샤오룽바오 NT$110~, 새우볶음밥 NT$280
딘타이펑과 덴수이러우는 같은 스승에게서 딤섬을 배운 두 제자가 각각 창업한 딤섬 맛집이다. 덴수이러우는 타이완 전역에 총 5개의 매장이 있는데 이곳이 가장 찾아가기 쉽다. 대표 메뉴는 육즙 가득한 샤오룽바오小籠包로 맛이 일품이다.

웨지우드 티 룸 ☕
Wedgwood Tearoom
Tel. 02-8772-0120
Open 11:00~20:30
Access 9층
Price 티 NT$180~, 샌드위치 NT$220~(SC 10%)
250년 전통의 영국 브랜드이자 '여왕의 도자기'라 불리는 웨지우드의 티 룸. 오후에는 애프터눈 티를 선보이며 바로 옆에는 웨지우드 상품을 파는 매장도 있다.

페코 PEKOE 食品雜貨鋪

Map
P.368-I

Google Map 25.035578, 121.549684
Add. 台北市大安區敦化南路一段295巷7號
Tel. 02-2760-0810 Open 11:00~20:00
Access MRT 중샤오둔화忠孝敦化 역 3번 출구에서 도보로 14분.
또는 MRT 신이안허信義安和 역에서 도보로 7분.
URL www.pekoe.com.tw

2017 New

타이완의 로컬 먹거리를 파는 편집 숍

2002년 타이완의 음식 평론가 예이란葉怡蘭이 만든 웰빙 식품 브랜드. 이란, 펑후 등 타이완 각지에서 공수한 건강한 식재료로 만든 자체 브랜드 상품과 특산품을 선별해 판매하는 편집 숍이다. 건강한 맛을 추구하는 브랜드답게 첨가물과 방부제를 넣지 않은 말린 과일, 잼, 꿀, 과자, 식초, 국수 등 다양한 상품을 갖추고 있다. 타이완 내 지역 상품뿐 아니라 해외의 인기 식재료와 주방용품 등을 함께 선보이고 있다. 차, 잼 등은 패키지 디자인이 예쁘고 퀄리티도 좋아 여성들의 구매욕구를 자극한다. 매장 안쪽에 차와 커피를 즐길 수 있는 공간도 마련되어 있다.

1, 2 간단하게 차를 마시면서 쉬어 갈 수 있다. 3 자체 브랜드 및 타이완의 특산품들을 전시 판매한다. 4 다양한 식재료들을 모아 둔 내부 모습

마마 MAMA

Google Map 25.042658, 121.562834
Add. 台北市信義區忠孝東路四段553巷14號
Tel. 0911-011062
Open 10:00~22:00
Access MRT 궈푸지녠관國父紀念館 역 5번 출구에서 도보로 9분.

★★★

아기자기한 핸드메이드 아이템이 가득

비가 자주 내리는 변덕스러운 날씨 덕분에 타이완은 우산 산업이 발달해 특별한 디자인의 우산을 곳곳에서 만나볼 수 있다. 마마는 핸드메이드 수공예품과 아기자기한 기념품을 판매하는 숍으로 특히 예쁜 우산을 많이 갖추고 있다. UV 차단은 기본이고 양산 겸용의 가벼운 우산 제품이 많아 기분 좋은 쇼핑을 즐길 수 있다. 가격도 NT$600~800 정도로 비싸지 않다. 우산뿐 아니라 타이베이 여행을 기념할 수 있는 엽서와 수첩, 손바느질로 만든 카메라 스트랩, 앙증맞은 열쇠고리와 액세서리 등이 가득해 윈도 쇼핑만으로도 즐거운 시간을 보낼 수 있다. 융캉제에도 매장이 있다.

1 노란색 글씨와 그림이 눈에 띄는 마마의 외관 **2** 다양한 종류의 우산이 가득해서 취향대로 고를 수 있다. **3** 패브릭으로 만든 귀여운 여권 케이스 **4** 일러스트가 귀여운 엽서와 스티커

서점이라고 하기엔 너무나 멋진 내부. 곳곳에 책과 소품들이 진열되어 있다.

VVG 섬싱 VVG Something

Google Map 25.044085, 121.549899
Add. 台北市大安區忠孝東路四段181巷40弄13號
Tel. 02-2773-1358
Open 12:00~21:00
Access MRT 중샤오둔화忠孝敦化 역 7번 출구에서 도보로 5분.
URL www.vvgvvg.blogspot.kr

★★

유니크한 감성의 서점

'Very Very Good'의 약자를 딴 VVG 그룹은 카페, 레스토랑, 서점 등 다양한 형태로 그들만의 색깔을 창조하고 있는 브랜드다. VVG 섬싱은 작은 규모의 서점으로 단순히 책만 파는 것이 아니라 감각적인 디자인 문구와 소품을 팔고, 커피도 즐길 수 있는 복합 공간이다. 빈티지 가구와 아기자기한 소품이 매장을 채우고 있어 멋스러운 분위기가 풍긴다. 어느 외국 사이트에서 '세상에서 가장 아름다운 서점'에 이름을 올렸을 만큼 독특한 매력이 있다. 규모는 작지만 인테리어, 건축, 요리 등의 분야에서 흔히 접하기 어려운 책들을 갖추고 있어 눈길을 끈다. 이러한 책은 대부분 주인이 외국 출장을 갈 때마다 사온 것이라고 한다. 달콤한 디저트를 파는 'VVG 봉봉', 본격적인 식사를 즐길 수 있는 'VVG 비스트로'도 이웃하고 있다.

1 자체적으로 제작한 지도, 소품, 엽서 등도 판매한다. **2, 3** 낡은 타자기와 스테이플러 등 빈티지한 소품이 가득해 구경하는 재미가 쏠쏠하다. **4** VVG 섬싱 입구. 빨간색 미닫이문은 타이베이 대학의 옛날 여자 기숙사에서 가져온 것이라고 한다.

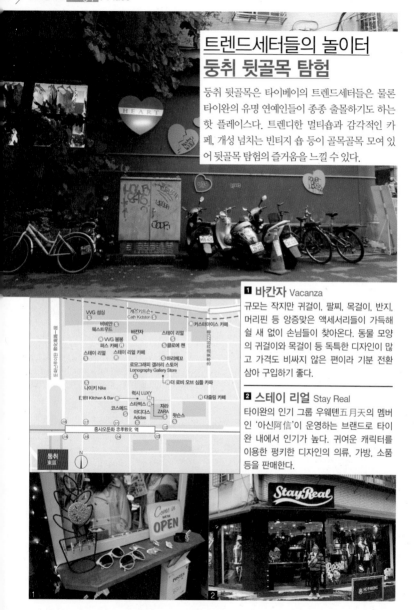

트렌드세터들의 놀이터
둥취 뒷골목 탐험

둥취 뒷골목은 타이베이의 트렌드세터들은 물론 타이완의 유명 연예인들이 종종 출몰하기도 하는 핫 플레이스다. 트렌디한 멀티숍과 감각적인 카페, 개성 넘치는 빈티지 숍 등이 골목골목 모여 있어 뒷골목 탐험의 즐거움을 느낄 수 있다.

■1 바칸자 Vacanza

규모는 작지만 귀걸이, 팔찌, 목걸이, 반지, 머리핀 등 앙증맞은 액세서리들이 가득해 쉴 새 없이 손님들이 찾아온다. 동물 모양의 귀걸이와 목걸이 등 독특한 디자인이 많고 가격도 비싸지 않은 편이라 기분 전환 삼아 구입하기 좋다.

■2 스테이 리얼 Stay Real

타이완의 인기 그룹 우웨텐五月天의 멤버인 '아신阿信'이 운영하는 브랜드로 타이완 내에서 인기가 높다. 귀여운 캐릭터를 이용한 펑키한 디자인의 의류, 가방, 소품 등을 판매한다.

3 스테이 리얼 카페 Stay Real Cafe
스테이 리얼의 카페 버전으로 우웨텐五月天의 내부는 팬들이 주로 찾아온다. 커피 종류가 다양하고 와플, 케이크와 같은 디저트 메뉴도 다양해서 둥취에서 쉬어 가기 좋은 곳이다.

4 퍼스 카페 PURR's Cafe `2017 New`
앤티크 숍을 연상시키는 빈티지한 분위기가 매력적인 카페. 멋스러운 가구와 독특한 소품으로 가득한 공간에서 달콤한 디저트와 커피를 마시면서 쉬어 가기 좋다. 파스타 등 간단한 식사 메뉴도 갖추고 있다.

5 클로에 첸 Chloe Chen `2017 New`
디자이너 클로에 첸Chloe Chen의 브랜드 숍으로 모던하고 세련된 스타일의 여성 의류, 잡화를 판매하고 있다. 그릇, 쿠션, 컵 등도 리빙용품도 갖추고 있어 여성들이 좋아할 만한 곳이다. 가격대가 다소 높은 편이지만 타이완 내에서 유명한 숍이니 방문해 보자.

6 VVG 봉봉 VVG Bon Bon
파스텔 컬러와 빛나는 샹들리에 등 동화 속에 나올 법한 사랑스러운 분위기의 카페로 타이완의 젊은 여성들에게 사랑받고 있다. 달콤한 캔디를 비롯해 컵케이크, 잼, 초콜릿 등이 수북하게 쌓여 있어 구경하는 것만으로도 눈이 즐겁다.

7 더 로비 오브 심플 카파
The Lobby Of Simple Kaffa `2017 New`
2013년부터 3년 연속 타이완 바리스타 챔피언십(TBC) 우승, 2016년 월드컵 바리스타 챔피언십(WBC)에서 1위를 차지한 우쩌린吳則霖이 운영하는 카페. 유명 바리스타가 정성껏 내려주는 커피를 마실 수 있다. 커피 애호가라면 꼭 한번 방문해야 할 곳이다. V호텔 지하 1층에 있다.

8 마리메꼬 Marimekko
마리메꼬는 핀란드를 대표하는 라이프스타일 브랜드로 북유럽 인테리어의 인기와 함께 최근 가장 핫한 브랜드로 급부상했다. 마리메꼬의 대표적인 패턴을 이용한 식기류와 소품, 패브릭 아이템 등이 가득하다.

Old & New 오래되고 낡은 양조장
최고의 핫 플레이스로 거듭나다

타이완 사람들은 낡고 오래된 건물을 허물지 않고 트렌디한 감각을 덧입혀 새로운 공간으로 만드는데 일가견이 있다. 화산1914원화창이찬예위안취도 이러한 결과물 중의 하나로 타이베이의 대표적인 복합 문화 공간이다. 타이베이 시내 한복판에 위치해 있어 산책삼아 방문하기 좋다.

화산1914원화촹이찬예위안취

華山1914文化創意産業園區 Huashan 1914 Creative Park

1914년에 지어진 건물은 1987년 문을 닫기 전까지 타이완에서 가장 큰 규모의 청주 양조장이었다. 시대적 변화로 오랫동안 방치되었던 건물을 타이베이 시에서 사들여 문화 복합공간으로 만들었다. 타이완에서 활동하는 젊은 예술가의 작업실, 상점, 카페, 레스토랑, 갤러리 등이 들어서면서 더욱 활기를 띠기 시작했다. 야외에는 예술거리, 화산극장, 삼림극장이 있는데 예술작품을 전시하거나 공연, 축제 등을 진행하는 공간으로 활용하고 있다. 곳곳에 자리한 숍에서는 개성 넘치는 디자인 아이템을 구경할 수 있으며, 쉬어 가기 좋은 카페와 레스토랑도 입점해 있다. 도심 한복판에 이렇게 멋지고 독특한 공간이 있다는 점에서 가볼만한 가치가 충분하다.

Google Map 25.044110, 121.529399
Map P.362-F Add. 台北市中正區八德路一段1號
Tel. 02-2358-1914
Access MRT 중샤오신성忠孝新生 역 1번 출구에서 도보로 4분.
URL www.huashan1914.com

〈화산1914원화창이찬예위안취〉의 핫 플레이스

1 패브 카페 Fab Cafe

MDF를 이용해 만든 디자인 소품을 직접 제작하는 카페. 메뉴판뿐 아니라 카페 내 대부분의 인테리어에 특유의 커팅과 디자인을 활용한 점이 돋보이는 곳이다. 커피와 음료는 물론 샌드위치, 크레이프와 같은 메뉴도 갖추고 있다.

Google Map 25.044165, 121.529023 Open 일~목요일 10:00~19:00, 금~토요일 10:00~22:00 URL http://taipei.fabcafe.com

2 트리오 카페 Trio Café

화산1914원화창이찬예위안취의 초입에 독립적으로 위치해 있어 가장 먼저 눈에 띄는 카페. 앙증맞은 가정집과 같은 모습의 트리오 카페는 낮에는 커피나 식사를 즐기기 좋고, 저녁에는 칵테일을 마시며 기분 좋게 취하기 좋다.

Google Map 25.043640, 121.528747
Open 일~목요일 12:00~01:00, 금~토요일 12:00~02:00

3 앨리캣츠 피자 Alleycat's Pizza `2017 New ▶`

피자집으로 얇은 도우에 신선한 재료를 듬뿍 얹어 바삭하게 구운 피자를 맛볼 수 있다. 피자에 시원한 맥주 한잔을 마시거나 달콤한 티라미수에 커피를 마시며 쉬어 가기 좋은 곳이다.

Google Map 25.044433, 121.529857
Open 일~목요일 11:00~23:00, 금~토요일 11:00~01:00

4 샤오치성훠쿵젠 小器生活空間 `2017 New ▶`

일본 생활 소품을 비롯해 일러스트 작가의 잡화, 도자기 제품, 에코 백 등 다채로운 아이템을 판매하는 숍. 희소성 있고 아기자기한 소품이 많아 여성들에게 특히 인기가 많다. 바로 옆에 일본 가정식 요리를 선보이는 식당도 함께 운영하고 있다.

Google Map 25.044694, 121.529100 Tel. 02-2351-1201
Open 12:00~21:00 Close 월요일

5 VVG 싱킹 VVG Thinking

VVG 그룹에서 운영하는 곳으로, 먹고 마시는 레스토랑 겸 수공예품, 의류 등을 판매하는 숍이 공존하는 멀티 플레이스. 가게 분위기와 실내 구조가 독특해 한 번쯤 구경해볼 만한 가치가 있다.

Google Map 25.045103, 121.527556
Open 12:00~21:00

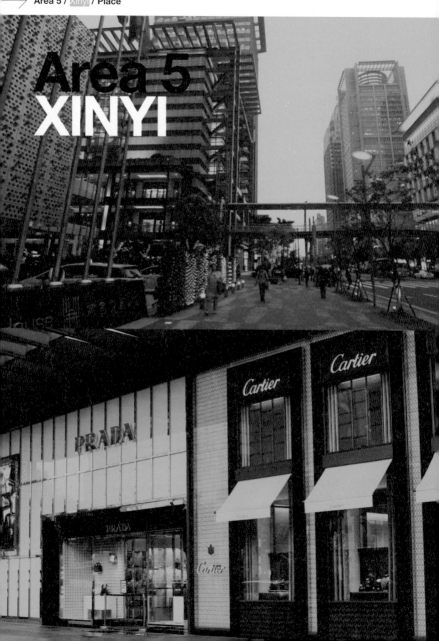

Area 5
XINYI

신이
信義

●   신이 지역은 타이베이 시에서 계획적으로 설계한 지역으로 눈부신 발전을 이뤄 타이베이의 맨해튼이라고 불린다. 타이베이 시 정부를 비롯해 타이베이 101 빌딩, 타이베이세계무역센터 등 타이베이를 대표하는 랜드마크들이 모여 있다. 특히 타이베이 101 전망대는 여행자들이 필수로 방문하는 관광 명소로 짧은 여행 일정이라도 신이 지역은 꼭 한번 방문하게 된다. 또한 신광싼웨 백화점과 대형 백화점, 쇼핑몰은 물론 고급 호텔과 클럽 등이 밀집되어 있어 타이베이에서 가장 화려한 시티 라이프를 즐길 수 있는 곳이기도 하다. 하늘 높이 솟은 고층 빌딩 사이로 공원이 조성되어 있어 쾌적하며, 밤에는 화려한 야경을 감상하며 트렌디한 나이트라이프를 만끽할 수 있는 신흥 상권이다.

Access
가는 방법

스정푸市府 역
방향 잡기 스정푸 역 2번 출구로 나오면 W 호텔을 비롯해 청핀 서점誠品書店, 신광쌘웨新光三越 백화점 등 신이 지역의 대표적인 랜드마크가 줄줄이 이어진다. 각 건물 사이는 스카이워크가 연결되어 있어 타이베이 101까지 편하게 이동할 수 있다.

타이베이101/스마오台北101/世貿 역
방향 잡기 타이베이101/스마오 역 4번 출구에서 타이베이 101이 바로 연결된다. 쓰쓰난춘四四南村으로 가려면 2번 출구로 나오면 된다.

반난센板南線
2분

단수이~신이센
淡水~信義線
2분

귀푸지녠관
國父紀念館

스정푸
市政府

신이안허
信義安和

타이베이
101/스마오
台北101/
世貿

Check Point

타이베이 101만 방문할 경우 MRT 타이베이101/스마오台北101/世貿 역에서 내린다. 신이 지역을 구석구석 누비고 싶다면 MRT 스정푸市政府 역에서 내려 스카이워크로 이동하면 된다.

신이 지역은 낮보다 저녁 무렵에 갈 것을 추천한다. 타이베이 101은 저녁이 되면 화려한 빛을 발하고 타이베이 시내의 멋진 야경을 감상할 수 있는 레스토랑과 바가 입점해 있다.

Plan
추천 루트

럭셔리한 신이 지역
알차게 즐기기

10:00

도보 6분

타이베이 101台北101
508m 높이의 타이베이 101은 타이완을
상징하는 아이콘이자 필수 관광 코스로
통한다. 89층 전망대에서 타이베이 도심의
전망을 파노라마로 감상해 보자.

12:30

쓰쓰난춘四四南村
과거 1950~60년대 중화민국 군인들이 지내던
촌락에 감각적인 카페와 상점이 들어섰다.
과거와 현재가 공존하는
독특한 분위기가 매력적이다.

도보 1분

13:00

굿 초good cho's
쓰쓰난춘 안에 있는 카페로 타이완 각 지역의
특산물과 수공예품 등을 만날 수 있다.
20여 가지의 베이글이 맛있기로 소문났으니
베이글에 커피 한잔을 즐기며 쉬어가자.

도보 18분

15:00

청핀 서점誠品書店
타이완 사람들의 생활 속 문화로 자리
잡은 청핀 서점. 타이베이 곳곳에서
만날 수 있지만 신이점은 규모가 상당히
크고 쇼핑과 식도락까지 즐길 수 있다.

도보 6분

17:00

ATT 4 FUN
신이 지역에서 가장 핫한 쇼핑몰로
다채로운 숍은 물론 30여 개의
인기 맛집이 입점해 있어 식도락의
천국으로 통한다.

도보 1분

19:00

옌 YEN
W 호텔 31층에 위치한 레스토랑으로
세련된 분위기 속에서 미식과 야경을
즐길 수 있다. 식사 후에는 같은 층에
있는 옌 바에서 칵테일을 즐기며
타이베이의 밤을 즐겨 보자.

저녁이면 빛을 뿜으며 한층
더 화려한 야경을 자랑한다.

타이베이 101 관징타이 台北101觀景台

Google Map 25.033701, 121.564016
Add. 台北市信義區信義路五段7號 Tel. 02-8101-7777
Open 09:00~22:00(매표 마감은 21:15)
Access MRT 타이베이101/스마오台北101/世貿 역 4번 출구에서 바로 연결된다.
Admission Fee NT$600
URL www.taipei-101.com.tw

★★★

타이베이를 대표하는 아이콘

타이베이 101 빌딩은 높이 508m에 지하 1층, 지상 101층 규모로 현재 전 세계에서 세 번째로 높은 마천루로 기록되어 있다. 또한 세계에서 가장 빠른 엘리베이터로 기네스북에 올라 5층 매표소에서부터 89층 전망대까지 불과 37초 만에 주파한다. 타이완의 유명 건축가 리쭈위안이 설계한 이 빌딩은 하늘 높이 뻗은 모습이 팔八 자와 비슷하다. 중화권에서는 숫자 8이 번영, 성장, 발전 등을 뜻하는 '發(발)'자와 발음이 비슷해 좋은 의미로 통하는데 이러한 의미를 담아 8층씩 묶어서 8단으로 건물을 올렸다고 한다. 한국어 음성 안내기를 통해 각 구간에 대한 상세한 설명을 들을 수 있다. 건물 전면이 유리로 만들어져 있어 89층 전망대에 오르면 타이베이 시내 전망을 감상할 수 있다. 날씨가 좋은 날에는 91층 야외 전망대까지 개방한다. 지하 1층부터 6층까지는 명품 브랜드와 유명 레스토랑, 기념품숍 등이 입점해 있으며, 그 외에 층은 금융회사 사무실로 이용된다. 특히 지하 1층에는 푸드코트를 비롯해 딤섬 레스토랑 딘타이펑鼎泰豊, 톈런밍차天人名茶, 신둥양新東陽, 슈가 & 스파이스Sugar & Spice 등이 있어 전망을 감상하고, 식도락이나 기념품 쇼핑을 즐기기 좋다.

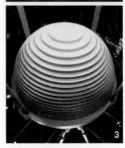

1 카메라에 다 담기 어려울 정도로 높은 타이베이 101의 모습 **2** 전망대에서는 타이베이 도심 전망을 파노라마로 감상할 수 있다. **3** 89층에서 계단을 이용해 88층으로 가면 타이베이 101의 가장 중요한 부분인 Damper를 볼 수 있다. 680톤의 무게로 빌딩이 지진과 강풍에도 강하게 버티는 역할을 한다.

타이베이 101을 즐기는
색다른 방법

타이베이 101 빌딩에서 89층 전망대에 올라가지 않아도 멋진 전망을 감상할 수 있는 방법이 있다. 고층에 위치한 카페에서 음료를 마시거나 레스토랑에서 식사를 즐기면서 감상하는 것이다. 스타벅스를 비롯해 딩시엔 101, 신예 등이 대표적이다.

스타벅스 Starbucks

타이베이 101 빌딩 35층에 자리한 스타벅스는 여행자들 사이에서 전망 조망 명소로 인기를 얻고 있다. 89층 전망대에 비해 층수가 낮지만 비싼 입장료를 내지 않고도 탁 트인 전망을 볼 수 있기 때문이다. 다만 그만큼 이용자가 몰려 전화 예약은 필수다. 좋은 창가석을 차지하는 일은 행운이 따라야 하며 체류 시간도 90분으로 제한되어 있다.

Tel. 02-8101-0701(예약 문의)
Open 월~목요일 07:30~18:00,
금~일요일 09:00~18:00
Access 타이베이 101 35층
Price 아메리카노 NT$85(1인당 미니멈 차지 NT$200)

Tip 스타벅스 입장 방법

스타벅스에 입장하려면 방문하기 최소 하루 전에는 전화로 예약해야 한다. 하루 입장 인원이 마감될 경우 예약이 힘들 수도 있다. 날짜, 시간, 인원수, 이름 등을 말하면 예약 번호를 알려 준다. 방문 당일 예약 시간에 맞춰 타이베이 101 1층의 비지터 액세스(Visitor Access)로 가면 직원의 안내에 따라 입장할 수 있다. 비지터 액세스는 야외 LOVE 조형물에서 오른쪽 문으로 들어가면 된다. 슬리퍼나 반바지 차림은 피하도록 하자.

딩시엔 101 頂鮮 101

타이완 전통 요리를 선보이는 고급 레스토랑으로 특히 해산물을 이용한 요리를 다양하게 맛볼 수 있다. 타이베이 101 빌딩 내에 있는 레스토랑 중 가장 높은 층에 위치하고 있어 최고의 전망을 감상할 수 있다. 코스 요리를 즐길 수 있으며 런치 코스가 NT$1,380부터 시작된다. 인기가 높아 예약이 필수이며 창가 자리를 원할 경우 예약할 때 미리 요청하도록 하자.

Tel. 02-8101-8686
Open 11:30~15:00, 17:30~22:00
Access 타이베이 101 86층, 전용 엘리베이터를 타고 올라가면 된다.
Price 런치 코스 NT$1,380~, 디너 코스 NT$1,980~(SC 10%)
URL www.dingxian101.com

신예 欣葉

타이완의 향토 음식을 전문적으로 다루는 레스토랑으로, 타이베이에만 10개 이상의 분점이 있다. 그 중에서도 타이베이 101 지점은 환상적인 야경과 수준 높은 음식을 먹을 수 있어 인기가 높다. 단품 메뉴나 코스로 즐길 수 있는데 런치 세트 가격은 NT$900부터, 디너는 NT$1,700부터 시작된다. 가장 좋은 창가 석을 원한다면 사전 예약이 필수이며, 1인당 NT$1,800의 미니멈 차지가 있다.

Tel. 02-8101-0185
Open 11:30~15:00, 17:30~22:00
Access 타이베이 101 85층, 60층까지 올라간 후 엘리베이터를 갈아타고 85층으로 올라가면 된다.
Price 1인당 NT$1,800~(SC 10%)
URL www.shinyeh.com.tw

쓰쓰난춘 四四南村 사사남촌

Google Map 25.031343, 121.561916
Add. 台北市信義區松勤街50號
Tel. 02-2723-9777
Open 09:00~15:00(가게마다 다름)
Close 월요일
Access MRT 타이베이101/스마오台北101/世貿 역 2번 출구에서 도보로 6분.

낡은 군인촌의 재발견

타이완 사람들은 오래된 공간에 새로운 에너지를 불어넣어 세상 어디에도 없는 특별한 공간으로 재탄생시키는 방법을 제대로 알고 있는 것 같다. 쓰쓰난춘은 1950~60년대 중화민국 군인들이 거주하던 촌락이었던 곳으로 철거될 위기에 처했었다. 이를 안타까워한 타이완 문화계 인사들의 노력으로 타이베이 시 정부에서 문화 공원으로 개발해 신이궁민후이관信義公民會館으로 재탄생했다. 고층 빌딩과 고급 백화점이 많은 신이 지역에 낮고 소박한 건물이 있다는 점이 더욱 특별하게 느껴질 것이다. 웨딩 촬영이나 화보 촬영을 하는 현지인들을 많이 볼 수 있으며, 독특한 감성의 숍과 카페가 있어 여행자도 일부러 찾아온다.

1 오래된 건물에 컬러풀한 페인트를 발라 포인트를 줘 과거와 현재를 적절하게 조합했다. 2 낡은 건물 뒤로 타이베이 101이 보인다.
3 웨딩 촬영이나 화보 촬영지로도 인기가 많다. 4 일요일마다 '심플 마켓Simple Market'이라는 이름의 작은 플리마켓이 열린다.

샹산 象山 _{샹산}

Google Map 25.027422, 121.570821
Add. 台北市信義區松仁路
Access MRT 샹산象山 역 2번 출구에서 왼쪽의 오르막길로 올라가 오른쪽으로 따라가면 샹산으로 올라가는 계단이 나온다. 도보로 5분.

★★★

판타스틱한 야경을 볼 수 있는 하이킹 코스

꼭 타이베이 101 관징타이에서만 백만 불짜리 야경을 볼 수 있는 것은 아니다. 샹산은 최근 여행자들 사이에서 멋진 야경을 볼 수 있는 하이킹 코스로 뜨고 있으며 현지인들에게는 로맨틱한 데이트 코스로 인기다. 게다가 입장료가 없는 점도 반갑다. 샹산象山은 산의 생김새가 코끼리와 닮았다고 하여 붙여진 이름으로 '코끼리 산'이라고도 불린다. 낮에 가도 좋지만 그 진가를 발휘하는 때는 해가 진 후 반짝반짝 빛나는 야경을 볼 수 있는 저녁 시간이다. 꽤 많은 계단을 올라가야 하므로 편한 신발은 필수이고, 근처의 편의점에서 시원한 맥주와 간식거리를 사서 올라가면 금상첨화. 올라가는 동안은 힘들지만 정상에 도착해 시원한 바람을 맞으며 바라보는 타이베이의 야경은 환상 그 자체.

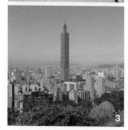

1 우뚝 솟은 타이베이 101과 타이베이 도심의 야경을 파노라마로 감상할 수 있다. 2 정상까지는 가파른 계단이 꽤 길게 이어진다.
3 날씨가 좋은 날 낮에 오르면 타이베이 101이 선명하게 보인다.

안쪽으로 가면 시크한 분위기의 엔 바가 나온다.

옌 YEN

Google Map 25.040619, 121.565370
Add. 台北市信義區忠孝東路五段10號 Tel. 02-7703-8887
Open 11:30~14:30, 18:00~22:00, 애프터눈 티 14:30~17:30
Access MRT 스정푸市政府 역에서 바로 연결되는 W 호텔 31층에 있다.
Price 1인당 NT$1,000~(SC 10%)
URL www.yentaipei.com

★★★

트렌디하게 즐기는 퓨전 광둥요리

W 호텔 31층에 위치한 옌은 탁 트인 전망을 감상하며 수준 높은 중국 요리를 즐길 수 있는 레스토랑이다. 중식당이 가진 이미지와 180도 다른 파격적인 스타일의 인테리어가 시선을 압도하며 통유리 창 너머로 펼쳐지는 타이베이 시내 전망은 식사를 더욱 즐겁게 한다. 전 세계적인 유명 호텔에서 명성을 쌓은 셰프 켄유Ken Yu가 주방을 진두지휘해 퓨전 광둥요리를 선보인다. 대표 메뉴는 신선한 해산물 요리와 베이징 덕이며, 점심에는 딤섬 메뉴도 맛볼 수 있다. 같은 층에 위치한 옌 바YEN BAR는 칵테일이나 와인을 마시기 좋다. 옌 레스토랑에서 저녁을 먹은 후 옌 바로 넘어가 술 한잔을 마시면 완벽한 디너 코스가 완성된다. 전망 좋은 자리를 원한다면 사전 예약은 필수다.

---

1 시크한 분위기의 옌 바 **2** 점심에는 가벼운 딤섬 메뉴도 맛볼 수 있다. **3** 옌의 인기 메뉴인 베이징 덕 **4** 벽면이 통유리로 되어 있어 전망이 탁월하다.

더 다이너 the Diner

Google Map 25.035095, 121.566026
Add. 台北市信義區松壽路12號 Tel. 02-7737-5055
Open 일~목요일 09:00~23:00, 금~토요일 09:00~23:30
Access MRT 타이베이101/스마오台北101/世貿 역 4번 출구에서 도보로 10분.
ATT 4 FUN 1층에 있다.
Price 오믈렛 NT$270~, 파스타 NT$330~ URL www.thediner.com.tw

★★

올데이 브런치 카페

'맛있는 브런치를 하루 종일 맛보자'라는 콘셉트로
2006년 문을 연 브런치 카페. 폭발적인 인기로 타이베이
시내에 4개의 매장을 운영하고 있다. 신이 지점의 더 다
이너는 이 지역에서 가장 손님이 많은 곳 중 하나다. 특
히 주말이면 브런치를 즐기려는 현지인들로 긴 줄이 이
어진다. 유럽 출신의 제빵 장인이 직접 굽는 각종 빵을
비롯해 신선한 채소로 만든 샐러드, 유기농 달걀 등 최
상의 재료를 사용해 만든 맛있는 음식을 선보인다. 스크
램블, 에그 베네딕트, 베이글, 팬케이크 등 기본적인 브
런치 메뉴 외에 스테이크, 피시 앤드 칩스, 바비큐 립, 파
스타 등 다양한 메뉴를 갖추고 있어 만족스러운 식사를
즐길 수 있다.

1 주말에는 특히 더 많은 사람들이 브런치를 먹기 위해 몰린다. **2** 갓 구운 팬케이크 위에 달콤한 시럽을 듬뿍 얹어 먹어 보자. **3** 에그
베네딕트는 대표적인 인기 메뉴 **4** 소꼬리에 토마토, 달걀을 넣고 오븐에 구워 낸 요리 'Baked Egg with Oxtail Sugo'

로리스 더 프라임 립 Lawry's The Prime Rib

Google Map 25.035482, 121.569254
Add. 台北市信義區松仁路105號B1 Tel. 02-2729-8555
Open 일~목요일 11:30~14:30, 17:30~22:00 금~토요일 11:30~15:00, 17:30~23:00
Access MRT 타이베이101/스마오台北101/반貿 역 4번 출구에서 도보로 10분. 켈티
인터내셔널 타워Kelti International Tower 지하 1층에 있다.
Price 스테이크 NT$1,700~, 세트 메뉴 NT$2,400~(SC 10%)

2017 New

미국 정통 프라임 립 전문점

1938년 미국 비벌리힐스에 처음 오픈한 79년 전통의 프
라임 립 전문 레스토랑으로 타이베이에서도 만나볼 수
있다. 주 메뉴는 최상급 갈비살 부위의 프라임 립. 블
랙 앵거스 종의 프라임 립만을 엄선해 저온에서 장시간
통째로 구워 부드러운 육질과 육즙의 맛을 느낄 수 있
다. 이곳만의 특별한 점은 숙련된 직원이 스테이크를 바
로 눈앞에서 조리해준다는 점이다. 은색 대형 카트를 직
접 끌고 와 테이블 앞에서 고기를 썰어주는 전통이 있
다. 스테이크는 물론 샐러드와 크레페 같은 요리도 테이
블 바로 옆에서 즉석에서 만들어주기 때문에 눈과 입이
모두 즐겁다. 가격대가 높지만 정통 스테이크 하우스에
서 특별한 맛을 느껴보고 싶은 여행자라면 찾아가 보자.

1 약 6cm의 두께를 자랑하는 '40oz, US Kobe Wagyu Tomahawk Steak' **2** 로리스 더 프라임 립의 전통 유니폼을 입은 직원들의 숙
련된 서비스를 경험해 보자. **3** 육즙과 육질이 살아 있는 스테이크. 직원이 테이블 바로 옆에서 썰어준다. **4** 클래식한 분위기로 꾸며진
내부 모습

주지 朱記 주기

Map
P.369-K

Google Map 25.036087, 121.567135
Add. 台北市信義區松壽路11號B2(A11館) Tel. 02-2723-7292 Open 11:00〜21:30
Access MRT 스정푸市政府 역 3번 출구에서 도보로 5분. 신광싼웨新光三越
신이신텐디信義新天地 A11관 지하 2층에 있다.
Price 샤런차오판蝦仁炒飯 NT$150, 뉴러우센빙牛肉餡餅 NT$40
URL www.zhuji.com.tw

★★

부담 없이 즐기는 타이완의 맛

주지는 가장 타이완스러운 음식을 부담 없는 가격에 즐
길 수 있는 식당이다. 인기 체인답게 주요 쇼핑몰에 입
점해 있고, 사진 메뉴가 있어 주문도 어렵지 않다. 국수,
죽, 볶음밥, 만두 등 타이완 사람들이 주로 먹는 소박한
메뉴들을 선보인다. 소고기와 파를 전병에 돌돌 만 뉴
러우쥐안빙牛肉捲餅은 담백해 애피타이저로 먹기 좋다.
타이완식 고기 파이인 뉴러우센빙牛肉餡餅은 동그랗게
생긴 모양이 마치 호떡과 비슷한데 안에는 고기소가 들
어 있는 만두다. 쏸라탕酸辣湯은 부드러운 국물과 씹히
는 맛이 좋아 밥과 함께 먹기 좋고, 홍사오뉴러우몐紅
燒牛肉麵은 육개장 칼국수와 같은 친근한 맛이다. 또한
이곳의 새우볶음밥 샤런차오판蝦仁炒飯은 밥알이 하나
하나 살아 있는 맛이 일품이다.

1 소박한 모습의 주지 내부 **2** 탱글탱글한 새우가 들어간 새우볶음밥 샤런차오판蝦仁炒飯은 믿고 먹을 수 있는 인기 메뉴 **3** 사천 스타일의 소스가 곁들여진 만두鮮蝦餛飩抄手 **4** 타이완식 고기 파이인 뉴러우센빙牛肉餡餅

베지 크리크 VEGE CREEK 蔬河

Google Map 25.036087, 121.567135
Add. 台北市信義區松壽路11號
Tel. 02-2723-9646 **Open** 11:00~21:30
Access MRT 스정푸市政府 역 3번 출구에서 도보로 5분. 신광싼웨新光三越
신이신톈디信義新天地 A11관 지하 2층에 있다.
Price 1인당 NT$150~

secret

2017 New

골라 먹는 재미가 있는 루웨이 카페

타이완에서 즐겨 먹는 루웨이滷味와 채식을 테마로 새
롭게 문을 연 웰빙 레스토랑이다. 3명의 젊은이가 공동
창업한 브랜드로 최근 인기에 힘입어 주요 쇼핑몰에 입
점하고 있다. 루웨이는 여러 재료를 골라서 육수에 데쳐
먹는 소박한 타이완 음식으로 대부분 허름한 노점이나
야시장에서 먹을 수 있는데, 이곳은 감각적인 카페 분위
기에서 즐길 수 있어 여행자들도 좋아할 만한 곳이다.
채소, 버섯, 국수 등 깔끔하게 비닐포장 된 재료를 골라
바구니에 담은 후 계산대에서 결제하면 잠시 후 조리되
어 나온다. 테이블에 마련된 각종 소스와 조미료를 입맛
대로 넣어 먹으면 된다.

1 재료 본연의 맛을 느낄 수 있는 루웨이 **2** 고른 재료들은 짭조름한 육수에 데쳐서 접시에 담아 주며 입맛에 맞게 8가지 소스와 토핑
을 넣어 먹는다. **3** 장바구니에 원하는 재료들을 골라 담는다. **4** 벽면에 꽂혀 있는 신선한 채소를 직접 뽑아 장바구니에 담는다.

폴 PAUL

Map
P.369-K

Google Map 25.036019, 121.566572
Add. 台北市信義區松壽路9號 Tel. 02-2722-0700
Open 월~금요일 11:00~21:30, 토~일요일 11:00~22:00
Access MRT 스정푸市政府 역 3번 출구에서 도보로 5분. 신광싼웨新光三越 신이신텐디信義新天地 A9관 2층에 있다.
Price 에클레어 NT$85, 타르트 NT$175 URL www.paul-international.com

★★

타이베이에서 만나는 프랑스식 디저트

1889년 프랑스에서 시작되어 100여 년 역사를 자랑하는 베이커리. 가족 경영을 통해 전수한 비법과 유기농 밀가루, 천일염 등 질 좋은 재료를 엄선해서 만든 빵 맛으로 전 세계에 체인을 거느리고 있다. 특히 모든 재료를 프랑스에서 공수해 와 본토와 비교해도 뒤처지지 않는 맛으로 인기를 끌고 있다. 실내는 프랑스의 우아한 살롱처럼 꾸며져 있어 마치 파리지앵이 된 것 같은 기분을 느낄 수 있다. 식사빵과 프랑스 디저트 등 다양한 메뉴를 선보이는데 손님이 많아 쉴 새 없이 팔린다. 에클레어, 마카롱, 밀푀유가 대표적인 인기 메뉴이며, 오후 2시부터 6시까지 애프터눈 티를 운영한다. 요금은 2인 NT$790. 시간 여유가 있다면 차와 함께 브런치나 애프터눈 티를 즐겨보자.

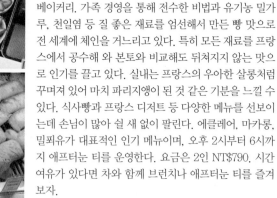

1 갓 구워 낸 빵과 달콤한 디저트가 먹음직스럽게 진열되어 있다. 2 에클레어는 폴의 대표적인 인기 메뉴 3 달콤한 생과일 타르트가 먹음직스럽다. 4 유기농 재료로 만든 건강한 식사빵

춘수이탕 春水堂 _{춘수당}

Google Map 25.036019, 121.566572
Add. 台北市信義區松壽路9號B1樓 Tel. 02-2723-9913
Open 일~목요일 11:00~21:30, 금~토요일 11:00~22:00
Access MRT 스정푸市政府 역 3번 출구에서 도보로 5분. 신광싼웨新光三越
신이신텐디信義新天地 A9관 지하 1층에 있다.
Price 전주나이차 NT$80, 뉴러우몐 NT$190 URL www.chunshuitang.com.tw ★★★

전주나이차의 원조집

춘수이탕은 타이완 사람들이 가장 즐겨 마시는 전주나
이차珍珠奶茶를 최초로 만든 원조로 1983년 타이중台
中에 처음 문을 열었다. 전주나이차는 타이완 곳곳에서
흔히 볼 수 있는 음료지만 오리지널의 맛을 보기 위해 춘
수이탕을 찾는 사람이 많다. 오리지널 전주나이차를 비
롯해 100여 가지에 달하는 다양한 음료 메뉴와
타이완 사람들이 좋아하는 딤섬, 위핀뉴러우몐
御品牛肉麵과 같은 간단한 식사 메뉴가 있다. 원
하는 메뉴에 표시하고 직접 카운터에 가서 계산
을 하면 테이블로 가져다주는 시스템으로 운영
한다. 전주나이차는 다른 곳과 비교해 조금 더 깊은
맛이 나고 타피오카로 만든 펄도 훨씬 쫄깃하다.

1 항상 손님이 많은 춘수이탕의 내부 모습 **2** 전주나이차珍珠奶茶와 함께 먹기 좋은 딤섬 메뉴도 있다. **3** 차와 다기를 파는 코너도 한
쪽에 마련되어 있다. **4** 흑설탕을 넣고 만든 타이완식 디저트 헤이탕가오黑糖糕는 촉촉하고 달콤하다.

카페 룸 QAFE Room

Google Map 25.035284, 121.568072
Add. 台北市信義區松仁路90號一樓 Tel. 02-8789-6838
Open 일~목요일 11:00~23:00, 금~토요일 11:00~02:00
Access MRT 타이베이101/스마오台北101/世貿 역 4번 출구에서 도보로 10분.
홈 호텔Home Hotel 1층에 있다.
Price 샌드위치 NT$200~, 커피 NT$90~, 맥주 NT$150~

Map
P.369-K

★

트렌드세터들의 아지트

빈티지한 분위기가 멋스러운 카페로 홈 호텔Home Hotel 1층에 자리한다. NEO19, ATT 4 FUN, 타이베이 101과 이웃하며, 젊은 취향의 쇼핑몰, 영화관 등이 밀집되어 있는 신이 상권의 중심에 위치해 트렌드세터들의 아지트 역할을 톡톡히 하고 있다. 커피, 주스 등 음료부터 샐러드, 샌드위치, 토스트 등 다양한 메뉴를 갖추고 있다. 특히 로스트 덕, 새우튀김 등 한 끼 식사로 거뜬한 재료로 만든 샌드위치가 눈길을 끌며 맛도 좋다. 저녁에는 주변의 클럽을 가기 전에 가볍게 맥주나 와인을 마시면서 워밍업하는 장소로도 인기가 많다.

1 테라스석은 저녁에 인기가 있다. **2** 감각적이면서 편안한 분위기의 카페 내부 **3** 출출할 때 먹기 좋은 샌드위치 메뉴가 다양하다. **4** 커피와 차 등 마실 거리도 예쁘게 차려진다.

우바 WOOBAR

Google Map 25.040669, 121.565972
Add. 台北市信義區忠孝東路五段10號 **Tel.** 02-7703-8887
Open 일~목요일 10:00~02:00, 금~토요일 10:00~03:00
Access MRT 스정푸市政府 역에서 바로 연결되는 W 호텔 로비 옆에 있다.
Price 칵테일 NT$390~, 맥주 NT$200~(SC 10%)
URL www.woobartaipei.com

★★

칵테일 라운지 겸 클럽

전 세계적으로 가장 트렌디한 W 호텔 타이베이에는 나
이트라이프를 마음껏 즐길 수 있는 바들이 공존한다. 호
텔 로비에 자리한 우바에 들어서면 핑크와 레드 컬러가
믹스된 인테리어와 조명이 강렬하고 매혹적이다. 쿨한
하우스 음악이 더해져 타이베이의 트렌드세터가 모이는
핫 플레이스로 인기가 높다. 우바만의 창의적이고 다양
한 칵테일 메뉴를 갖추고 있다. 타이베이 W 호텔에서 론
칭한 맥주 브랜드 '5BEER'는 병에 핑크색 라벨이 붙어
있어 W만의 개성을 표현하며, 일반 맥주보다 알코올 도
수가 높아 더 짜릿한 맛을 즐길 수 있다. 같은 층에 자리
한 웨트 바Wet Bar는 수영장 옆 오픈된 공간에 위치해 캐
주얼한 분위기이며, 31층의 옌 바YEN Bar는 멋진 야경을
감상할 수 있다.

1 트렌디하고 매혹적인 분위기의 우바 내부 **2** W에서 론칭한 맥주 브랜드 '5BEER' **3** 우바의 시그너처 칵테일 **4** 정기적으로 유명 DJ나
가수를 초청해서 이벤트를 연다.

마르코 폴로 **Marco Polo**

Map
P.363-K

Google Map 25.026610, 121.549492
Add. 台北市大安區敦化南路二段201號 Tel. 02-2378-8888
Open 월요일 18:00~01:00, 화~일요일 14:30~01:00
Access MRT 류장리六張犁 역에서 도보로 5분. 샹그릴라 파 이스턴 플라자 호텔 38층에 있다.
Price 1인당 NT$500~(SC 10%)

2017 New

최고의 전망을 감상할 수 있는 라운지

멋진 야경으로 유명한 라운지 바로 샹그릴라 파 이스턴 플라자 호텔 38층에 위치해 있다. 한쪽 벽이 전면 유리로 되어 있어 창 너머로 타이베이 101을 비롯해 타이베이 도심의 풍경을 마음껏 누릴 수 있다. 화~일요일 오후 (14:30~17:00)에는 애프터눈 티를 운영해 여유롭게 한낮 풍경을 즐기고, 저녁에는 가벼운 칵테일을 마시며 근사한 야경을 감상할 수 있다. 사람이 많은 전망대를 피해 여유롭게 전망을 감상하고 싶은 여행자에게 추천한다. 금~토요일 밤 9시 30분~12시 30분에는 DJ의 음악과 함께 흥겨운 클럽 분위기로 변신한다.

1 전면 유리 너머로 보이는 타이베이의 전망이 무척 아름답다. **2** 저녁에는 타이베이 101을 배경으로 멋진 야경을 감상할 수 있다. **3** 달콤한 디저트를 먹으며 전망을 감상할 수 있는 애프터눈 티

진써싼마이 金色三麥 Le Blé d'or 금색산맥

Google Map 25.039548, 121.565118
Add. 台北市信義區松高路11號 Tel. 02-8789-5911
Open 일~목요일 12:00~24:00, 금~토요일 12:00~01:00
Access MRT 스정푸市政府 역 2번 출구에서 도보로 3분. 청핀 서점誠品書店
지하 1층에 있다. Price 맥주 NT$150~, 피자 NT$320(신용카드 결제 시 SC 10%)
URL www.lebledor.com.tw

★★

양조장을 갖춘 독일식 비어홀

책으로 꽉 차 있는 청핀 서점 지하에 거대한 양조장
Brewery을 갖춘 비어홀이 숨어 있다. 타이완 전역에 체인
이 있는 퍼브로, 100% 맥아를 사용한 독일식 생맥주를
맛볼 수 있다. 500명을 수용할 수 있는 넓은 공간은 붉
은색 벽돌, 통나무를 개조한 의자로 꾸며져 있으며, 독
특한 전통 의상을 입은 직원들이 서빙한다. 3가지 맥주
를 조금씩 맛볼 수 있는 맥주 테이스팅 메뉴는 취향에
맞는 맥주를 고르기에 안성맞춤이다. 벌꿀이 들어간 벌
꿀 맥주Craft Brewed Honey Lager, 蜂蜜啤酒는 달콤하고 향
긋한 벌꿀이 맥주에 녹아 있어 독특한 풍미가 있다. 패
밀리 레스토랑처럼 안주는 물론 식사 메뉴도 다양하게
갖추고 있으며 맛도 괜찮다.

1 유럽풍 퍼브로 꾸며진 내부에는 거대한 양조장Brewery이 있다. **2** 편안하고 아늑하게 꾸며진 분위기로 여럿이 술을 마시기 좋다.
3 3가지 맥주를 조금씩 맛볼 수 있는 맥주 테이스팅 메뉴 **4** 안주 삼아 먹기 좋은 가벼운 메뉴

빈티지한 매력이 물씬
풍기는 굿 초의 외관

굿 초 good cho's 好丘

secret

Google Map 25.031308, 121.561779
Add. 台北市信義區松勤街54號 Tel. 02-2758-2609
Open 월~금요일 10:00~20:00, 토~일요일 09:00~18:30
Access MRT 타이베이101/스마오台北101/世貿 역 2번 출구에서 도보로 6분.
쓰쓰난춘四四南村 내에 있다.
Price 도시락 NT$100~, 베이글 NT$40~

낡은 건물 안에 숨은 보석 같은 숍 & 카페

오래된 군인촌을 변신시킨 쓰쓰난춘四四南村에서 단연
돋보이는 숍이다. 타이완 각 지역의 특산물과 핸드메이
드 공예품, 아기자기한 잡화를 파는 상점과 카페가 함께
있다. 상점 곳곳에는 아날로그 감성을 자극하는 오래된
냉장고와 선풍기, 촌스러운 포스터 등이 있어 눈길을 끈
다. 카페에서는 간단한 음료와 베이글, 타이완 가정식으
로 만든 도시락을 선보인다. 특히 20여 가지의 베이글은
맛이 좋아 인기만점이다. 카페에서 만드는 모든 재료는
타이완에서 생산한 식재료만을 사용해 지역 농가의 발
전에 기여하고 있다. 소소한 아이템 쇼핑을 즐긴 후 맛
있는 베이글을 먹으며 쉬어 가자.

1 타이완 각 지역의 특산품을 비롯해 공예품, 소품 등 다양한 상품을 판매한다. **2** 카페 내부에는 다양한 스타일의 테이블이 마련되어 있다. **3** 20여 가지에 달하는 베이글은 이곳의 인기 메뉴

신광싼웨 신이신톈디 新光三越 信義新天地 신광삼월 신이신천지

Google Map 25.036578, 121.567230
Add. 台北市信義區松高路12號
Tel. 02-8789-5599
Open 11:00~21:30
Access MRT 스정푸市政府 역 3번 출구에서 도보로 3분.
URL www.skm.com.tw

Map
P.369-K

★★★

4개의 백화점이 연결된 쇼핑 천국

타이베이 101을 비롯해 고층 빌딩, 고급 호텔들이 밀집되어 있는 신이 지역의 중심에 자리한 신광싼웨 백화점. A4, A8, A9, A11 총 4개의 건물이 거대한 쇼핑존을 형성하고 있으며, '신이신톈디信義新天地'라고도 부른다. A9관에는 프라다, 카르티에, 클로에 등 해외 명품 브랜드가 대거 입점해 있어 명품 쇼핑을 하기에 제격이다. 쇼핑뿐 아니라 식도락을 책임지는 인기 카페와 레스토랑, 푸드코트 등이 있다. A11관 지하의 슈퍼마켓에는 타이완 특산물을 비롯해 다양한 수입 식료품을 갖추고 있어차, 커피, 쿠키 등 기념품 쇼핑을 하기에 좋다. 각 관마다콘셉트가 조금씩 다르므로 취향에 맞는 곳에서 쇼핑을즐기면 된다. 지하 통로와 스카이워크가 각 관을 연결해이동이 편리하다.

1 A9관에는 명품 브랜드 매장이 많아 명품 쇼핑의 메카로 통한다. **2** 명품 브랜드 샤넬, 구찌, 발렌시아가 등이 있는 A4관 **3** 4개의 백화점에 다양한 브랜드가 입점해 있어 취향대로 쇼핑이 가능하다. **4** A11관 지하의 슈퍼마켓에는 수입 식품과 차, 과자 등이 많고 일본 유명 티 브랜드 루피시아Lupicia도 있다.

슈가 & 스파이스 Sugar & Spice 糖村

Google Map 25.033701, 121.564016
Add. 台北市信義區市府路45號B1樓 Tel. 02-8101-7758 Open 11:00~21:30
Access MRT 타이베이101/스마오台北101/世貿 역 4번 출구에서 바로 연결되는
타이베이 101 지하 1층에 있다. URL www.sugar.com.tw

★★★

중독성 강한 마성의 누가

슈가 & 스파이스의 누가는 다른 누가와는 차원이 다른
맛으로, 중독성이 강하다. 여행자는 물론 현지인들도 많
이 구입할 정도로 폭발적인 인기를 끌고 있다. 펑리쑤
와 레몬케이크도 갖추고 있지만 베스트셀러 메뉴는 단
연 누가. 기계를 사용하지 않고 하나하나 손수 만든다
고 한다. 가장 인기 있는 프랑스식 누가
法式牛軋糖는 아몬드의 고소한 맛과
누가의 달콤한 맛이 적절하게 조화를
이루고 있으며 토피Toffee를 넣은 영
국식 토피 캔디英式太妃酥糖도 많
이 구입한다.

가장 찾아가기 쉬운 매장은 타이
베이 101 빌딩 지하에 있다.

개별 포장된 누가는 예쁜 박스
에 담겨 있어 지인들을 위한 선
물로도 좋다. 1박스에 NT$252

야오양차싱 嶢陽茶行 <small>교양차행</small>

Google Map 25.033701, 121.564016
Add. 台北市信義區市府路45號B1樓 Tel. 02-8101-7653 Open 11:00~21:30
Access MRT 타이베이101/스마오台北101/世貿 역 4번 출구에서 바로 연결되는
타이베이 101 지하 1층에 있다. URL www.geowyongtea.com.tw

★★

꽃 무늬의 틴 케이스로 유명한 차 브랜드

1842년에 설립된 100년 전통의 중국차 브랜드로 6대째
이어오고 있다. 로맨틱한 꽃 프린트의 틴 케이스로 여성
여행자들 사이에서 인기를 끌고 있다. 아리산우롱阿里
山烏龍, 둥팡메이런東方美人, 톄관인鐵觀音, 아리산진
관阿里山金萱 등이 인기 상품이다. 간편하게 마시기 좋
은 티백 상품도 준비되어 있다. 꽃 프린트의 틴 케이스에
담긴 차는 NT$340.

포장 케이스가 예쁘다.

ATT 4 FUN의 외관, 타이베이 101과 스카이브리지로 연결된다.

ATT 4 FUN GOURMET

이름난 인기 맛집과 카페가 가득해 다이닝까지 책임져준다.

ATT 4 FUN

Google Map 25.035095, 121.566026

Add. 台北市信義區松壽路12號 **Tel.** 02-8780-8111

Open 10:00~22:00(가게마다 다름)

Access MRT 스정푸市政府 역 2번 출구에서 도보로 10분. 또는 MRT 타이베이101/
스마오台北101/贺質 역 4번 출구에서 도보로 10분. 타이베이 101 대각선 방향에 있다.

URL www.att4fun.com.tw

★★★

쇼핑과 식도락을 책임지는 쇼핑몰

최근 신이 지역에서 가장 뜨고 있는 쇼핑몰로 젊은 층이
즐겨 찾는다. 건물 안에는 다양한 숍은 물론 소문난 맛
집 30여 곳이 입점해 있어 쇼핑과 식도락을 동시에 즐길
수 있다. 지하 1층에는 디자이너 브랜드, 1층과 2층에는
Pull & Bear, Forever 21, GAP, ABC 마트, Bershka
등 패션 브랜드가 집중적으로 모여 있다. 3~4층은 패
션 잡화, 5층은 라이프스타일 브랜드, 6층은 레스토랑
이 있으며, 7~8층은 극장으로 운영하고 있다. 9층에는
나이트라이프를 즐기기 좋은 클럽 미스트Club Myst가 있
고, 10층에는 스카이 뷰 레스토랑과 바가 있다.

ATT 4 FUN의
인기 숍 & 레스토랑

자라 홈 ZARA HOME 🛒
Open 10:00~22:00
Access 지하 1층~1층
자라에서 선보이는 리빙 브랜드
로 감각적인 디자인의 인테리어
용품을 합리적인 가격에 쇼핑할
수 있다. 1~2층으로 나누어져
있는데 1층에는 주방용품과 아동
복이고, 2층은 홈 인테리어 소
품과 캔들, 디퓨저, 침구, 쿠션 등
소품들이 주를 이룬다.

샹.스텐탕 饗.食天堂 🍴
Open 11:00~22:00
Access 6층
뜨거운 인기를 끌고 있는 부티크
콘셉트의 뷔페. 온갖 종류의 타
이완 현지 음식부터 신선한 해산
물과 초밥, 스테이크, 디저트까지
풀코스로 맛볼 수 있다. 음식의
맛도 특급 호텔 뷔페가 부럽지
않을만큼 탁월하다. 열대 과일과
하겐다즈 아이스크림, 캔 맥주
를 비롯해 각종 음료를 무제한으
로 즐길 수 있으니 한번에 다양
한 맛을 보고 싶은 여행자들에게
강력 추천한다. 요금은 평일 런
치 NT$698, 디너 NT$798, 주말
런치 NT$798, 디너 NT$8980이며
서비스 차지가 10% 추가된다.

다양한 의류 브랜드와 패션 잡화 등을 만나볼 수 있다.

청핀 서점 誠品書店 ◀€ 청핀수뎬

Google Map 25.039626, 121.565760
Add. 台北市信義區松高路11號
Tel. 02-8789-3388
Open 일~목요일 11:00~22:00, 금~토요일 11:00~23:00
Access MRT 스정푸市政府 역 2번 출구에서 도보로 3분. W 호텔 맞은편에 있다.
URL www.eslitecorp.com

Map
P.369-G

★★

타이완을 대표하는 서점

2004년 뉴욕 타임즈에서 아시아 최고의 서점으로 꼽힌 청핀 서점은 서점뿐 아니라 카페, 레스토랑, 펍, 상점 등이 모여 있는 복합 문화 공간이다. 6층 규모로 1층은 아네스베 카페와 감각적인 인테리어 소품을 파는 매장이 있고, 2층은 디자인, 여행, 패션, 인테리어 전문 서적을, 3층은 종합 도서를 다루고 있다. 4층에는 여행자들에게 인기 있는 사천 음식점인 키키KIKI와 여행자들이 타이베이 기념품으로 많이 사는 오르골을 파는 우더풀 라이프Wooderful Life 매장이 있다. 5층은 키즈 용품과 어린이 서적을 판매하며, 6층은 인기 레스토랑과 전시관이 있다. 지하 2층은 거대한 푸드코트를 비롯해 각종 먹거리가 풍부하다.

1 신이에서 최고의 노른자 자리에 위치하고 있어 더 많은 사람들이 찾고 있다. **2** 책들이 가득하며 수입 서적도 다양하다. **3** 4층 음반 코너에서는 타이완의 대표적인 인기 영화 DVD도 살 수 있다. **4** 여행자들에게 인기가 높은 우더풀 라이프의 오르골

벨라비타 BELLAVITA

Google Map 25.039423, 121.568009
Add. 台北市信義區松仁路28號
Tel. 02-8729-2771
Open 일~목요일 10:30~22:00, 금~토요일 10:30~22:30
Access MRT 스정푸市政府 역 2번 출구에서 도보로 3분.
URL www.bellavita.com.tw

★★

명품족을 위한 럭셔리 쇼핑몰

쟁쟁한 백화점이 많은 신이 지역에서도 럭셔리함으로
는 벨라비타를 따라올 곳이 없다. 유럽풍의 클래식한 외
관이 남다른 아우라를 내뿜는다. 내부도 우아한 부티
크 콘셉트로 꾸며져 있는데 특히 1층 메인 홀은 천장이
7m에 달해 웅장한 분위기를 풍기며, 2층과 3층은 발코
니가 있어 1층을 내려다 보는 구조다. 지하 1층부터 3층
까지는 BOTTEGA VENETA, GIORGIO ARMANI,
HERMÈS, John Lobb, Sergio Rossi, Tiffany & Co.,
Tod's, Van Cleef & Arpels, VERA WANG 등이 입점
해 있다. 4층은 고급 레스토랑이 있고 지하 2층은 고급
베이커리부터 이탈리아, 태국, 일본 등 각국 요리를 선보
이는 레스토랑이 있어 식도락을 즐길 수 있다.

1 고풍스러운 분위기가 넘쳐흐르는 벨라비타의 외관. 조명이 커지는 저녁이면 더 멋스럽게 변신한다. **2, 3** 내부도 클래식하게 꾸며져 있다. 매 시즌마다 내부를 다양한 콘셉트로 장식하는 것으로 유명하다. **4** 고급 브랜드들이 대거 입점해 있다.

신둥양 新東陽 신동양

Google Map 25.033701, 121.564016
Add. 台北市信義區市府路45號
Tel. 02-2396-3933 Open 09:00~22:00
Access MRT 타이베이101/스마오台北101/世貿 역 4번 출구에서 바로 연결되는
타이베이 101 지하 1층에 있다.
URL www.hty.com.tw

★★

타이완을 대표하는 간식거리가 가득

타이완 전역에서 만나볼 수 있는 기념품 상점으로, 다양한 식료품과 가볍게 먹기 좋은 주전부리를 구입하기 좋다. 타이완 사람들이 즐겨 먹는 간식이 많아 호기심을 자극한다. 여행자들이 필수로 구매하는 아이템은 펑리쑤이며, 맥주 안주로 좋은 육포, 두부나 밥 위에 고슬고슬하게 뿌려 먹는 러우쑹위위쑹肉鬆與魚鬆도 별미다. 그 밖에 차, 전통 과자, 사탕 등 다양한 상품을 갖추고 있다. 가격이 합리적이며 포장도 예뻐 선물용으로 제격이다. 타이베이 101 지하에 위치하고 있으므로 전망을 감상한 후 떠나기 전에 둘러보자. 시먼딩, 국부기념관, 중샤오푸싱 등에도 매장이 있다.

1 펑리쑤를 비롯해 중국 과자, 사탕, 육포 등 타이완표 주전부리가 다양하다. **2, 3** 간식으로 먹기 좋고 선물로도 제격이다. **4** 가장 많이 팔리는 인기 아이템은 펑리쑤. 가격도 부담 없고 맛도 좋다.

톈런밍차 天人名茶 천인명차

Google Map 25.033701, 121.564016
Add. 台北市信義區市府路45號
Tel. 02-8101-7718 **Open** 09:00~22:00
Access MRT 타이베이101/스마오台北101/世貿 역 4번 출구에서 바로 연결되는
타이베이 101 지하 1층에 있다.
URL www.tenren.com.tw

★★

타이완에서 가장 대중적인 차 브랜드

타이완에서 가장 대중적인 차 브랜드 중 하나로 타이베
이 곳곳에 지점이 있어 어디서든 쉽게 찾아볼 수 있다.
1961년 문을 열었으며 중국에서는 톈푸밍차天福名茶라
는 이름으로 진출하기도 했다. 차로 유명한 타이완에서
좋은 차를 구입하고 싶은데 너무 고가의 차는 부담스럽
거나 가볍게 마실 차를 원하는 이들에게 제격이다. 타이
완 명차를 격식 없이 즐길 수 있는 티백부터 격식을 차려
즐기는 엽차까지 고루 갖추고 있다. 티백 타입이나 파우
더 같은 경우 NT$100 정도면 살 수 있고 패키지 구성도
다양해서 지인들을 위한 선물로도 안성맞춤이다. 타이
베이 곳곳에 테이크아웃 매장도 많으니 시원하게 또는
따뜻하게 차를 즐기면서 재충전하자.

1, 2 다양한 구성의 패키지들 **3** 타이베이 곳곳에 테이크아웃 매장이 있다. **4** 실용적인 티백 타입부터 고가의 타이완 명차까지 두루
갖추고 있다.

타이베이와 한국을 오가는
유학생 리이치李憶琦의
시크릿 타이베이

Secret >> **타이베이 근교 여행지 중 추천하고 싶은 곳은 어디인가요?**

Local>> 많은 한국인 여행자들이 예류, 진과스, 주펀으로 가는 여정에서 지룽은 단지 버스를 타기 위해 거쳐간다는 이야기를 들었어요. 사실 지룽은 가오슝 다음으로 발전한 항구 도시이고, 먹거리가 유명해서 현지인들이 일부러 찾아가는 곳이에요. 그중에서도 먀오커우 야시장廟口夜市은 지룽의 명물 야시장이에요. 노점들이 이어지는 거리 양쪽에는 노란 등이 줄줄이 달려 있고 뎬지궁奠濟宮이라는 사원까지 연결되죠. 사원도 둘러보고 맛있는 샤오츠小吃도 맛볼 수 있어요. 먀오커우 야시장에서 제가 추천하는 샤오츠는 영양 샌드위치라고 부르는 싼밍즈營養三明治에요. 기름에 튀긴 빵 안에 토마토, 삶은 달걀, 햄, 마요네즈 등을 듬뿍 넣은 타이완식 샌드위치에요. 또 타이완의 쌀국수 미펀탕米粉湯은 구수하고 시원한 국물 맛이 끝내준답니다. 항구 도시이다 보니 해산물이 많고, 커다란 오징어구이 등도 별미에요. 부드러운 빙수 같은 아이스크림 파오파오빙泡泡冰은 더운 날씨에 먹으면 정말 맛있어요. 땅콩, 생과일 등의 재료로 만드는데 슬러시랑 비슷한 맛에 시원하고 부드러워서 디저트로 먹기 좋아요. 일정에 2~3일의 여유가 있다면 타이중台中이나 컨딩墾丁을 가 보세요. 타이중은 타이완 중부 지역의 대표 도시로 타이베이에서 버스로 3시간 정도 걸려요. 역사적인 건축물이 많고, 맛있는 식당과 다예관이 모여 있어 차를 좋아하는 이들에게는 천국과도 같아요. 춘수이탕春水堂의 본점도 이곳에 있어요. 컨딩은 타이완의 최남단에 위치한 휴양지인데 여름 휴가지로 인기가 높아요.

235

Secret >> 타이베이에서 쇼핑할 때 어디로 가요?

Local>> 둥취 거리는 멋진 셀렉트숍과 빈티지숍, 브랜드숍들이 모여 있어서 쇼핑하기 정말 좋아요. 가격대는 조금 비싼 편이지만 가장 트렌디하고 예쁜 옷들이 많아 좋아하는 곳이에요. 알뜰 쇼핑을 하고 싶다면 우펀푸五分埔에 가 보세요. 한국의 동대문 시장과 비슷한 곳인데 저렴한 가격에 보세 의류를 판매하는 도매 시장이에요. 남녀 의류를 파는 상점들이 밀집되어 있고 흥정을 하면 가격도 깎아 줘서 저렴하게 옷을 살 수 있어요. 이곳은 타이베이에서 두 번째로 큰 야시장인 라오허제 야시장과도 가까워서 두 곳을 묶어서 쇼핑과 야식을 즐기곤 한답니다.

Secret >> 타이베이를 색다르게 여행하는 방법이 있다면요?

Local>> 요즘 타이완에서는 자전거, 마라톤, 하이킹 같은 건강 스포츠가 대유행이에요. 특히 자전거의 인기가 대단한데 타이베이 곳곳에 유바이크 대여소가 있어 누구나 자전거를 이용할 수 있어 편리해요. 다안썬린 공원大安森林公園 같은 곳도 좋고 단수이의 바리八里도 자전거 타기에 정말 좋은 곳이에요. 자전거를 타고 타이베이를 돌아보면 걸을 때와는 또 다른 기분을 느낄 수 있을 거예요.

Secret >> 타이베이 여행에서 추천하고 싶은 팁이 있다면?

Local>> 타이완은 곳곳에 티숍이 정말 많고, 가격도 한화로 1,000~2,000원이면 맛있는 차 음료나 전주나이차를 마실 수 있어요. 더위에 지칠 때는 시원한 음료를 테이크아웃해서 자주 드셔보세요. 티숍 마니아들은 스마트폰에 '다자라이자오차大家來找茶'라는 앱을 필수로 갖고 있어요. 인기 티숍, 가까운 매장 위치, 음료의 인기 순위 등을 볼 수 있는 유용한 앱이에요. 저도 항상 이 앱을 보면서 어디에서 무슨 음료를 마실까 고민하곤 해요. 칭위清玉의 페이추이닝멍차翡翠檸檬茶와 차탕후이茶湯會의 관인나톄觀音拿鐵를 추천해요.

Secret >> 리이치의 단골 맛집을 추천해 주세요.

Local>> 타이완 사람들은 아침부터 저녁까지 외식을 많이 하는 편이에요. 더 저렴하고 편리하니까요. 훙예한바오弘爺漢堡는 타이완식 햄버거가 정말 맛있는 곳이에요. 햄버거는 물론 샌드위치나 충좌빙蔥抓餅 등 가볍게 먹을 수 있는 음식 종류가 다양하고 가격도 NT$100 이하로 저렴해요. 주로 아침 식사로 즐겨 먹고 출출할 때 간식으로 먹기 좋아요. 맛있는 만두를 먹고 싶을 때는 MRT 솽롄 역 근처의 솽롄가오지수이자오뎬雙連高記水餃店을 가요. 가게는 작지만 촉촉한 만두 맛만큼은 정말 최고예요. 물만두 10개에 단돈 NT$50으로 가격도 저렴해요. 제가 뉴러우몐이나 국수 등을 먹고 싶을 때는 마젠도 Mazendo, 麻膳堂를 즐겨 가요. 타이완식 만두와 국수, 볶음밥 등을 파는 곳인데 모던한 인테리어에 가격, 맛, 서비스 모두 만족스러워요. 여럿이 기분을 내면서 제대로된 만찬을 즐기고 싶을 때는 쏭만러우 松滿樓를 가요. 양상추에 싸 먹는 볶음밥, 빵에 끼워 먹는 둥포러우 등 재미있는 메뉴들이 많아요. 가족이나 친구들과 함께 가서 원탁 테이블 가득 요리를 시켜서 먹으면 행복해요.

리이치의 추천 맛집

훙예한바오 弘爺漢堡
타이완식 햄버거를 비롯해 샌드위치, 뤄보가오蘿蔔糕, 충좌빙蔥抓餅, 단빙蛋餅 등 다양한 메뉴들을 판매하는 체인점으로 타이완 스타일의 분식집이라고 할 수 있다. 타이완의 간식들을 두루두루 맛볼 수 있고, 메뉴 가격이 대부분 NT$50 이하여서 부담이 없다. 주로 아침 식사를 위해 찾아가는 곳이라 일찍 문을 닫는다는 점에 유의하자.

Google Map 25.027777, 121.521633
Map P.362-J
Add. 台北市中正區羅斯福路二段56號
Tel. 02-2358-2132 Open 05:00~13:00
Access MRT 구팅古亭 역 7번 출구에서 바로

솽롄가오지수이자오뎬 雙連高記水餃店
저렴한 가격에 맛있는 물만두를 맛볼 수 있는 서민적인 맛집. 물기를 머금은 촉촉한 물만두 안에는 고소한 육즙이 가득하다. 가게가 무척 작고 자리가 협소한 편이라 테이크아웃 하는 것이 낫다.

Google Map 25.057898, 121.521487
Map P.362-F
Add. 台北市中山區民生西路11號
Tel. 02-2511-6018
Open 월~금요일 16:15~23:00
Close 토~일요일
Access MRT 솽롄雙連 역 2번 출구에서 왼쪽으로 도보 2분.

우펀푸 五分埔

동대문 시장처럼 저렴한 옷과 액세서리 도매 상가들이 밀집되어 있는 시장이다. 수백 개의 가게들이 모여 있으며 옷, 액세서리, 가방 등 종류도 다양해서 보물찾기하듯 잘 찾아보면 싼 가격에 득템할 수 있다.

Google Map 25.046721, 121.579072
Add. 台北市信義區永吉路517巷
Open 12:00~21:00(토 · 일요일은 23:00까지)
Access MRT 허우산피後山埤 역 4번 출구에서 도보로 5분.

쏭만러우 松滿樓

뜨내기 관광객이 아닌 진짜 타이베이 사람들이 추천하는 맛집. 타이완 정통 요리는 물론 독특한 조합의 메뉴가 이 집의 인기 비결이다. 보들보들한 둥포러우는 햄버거처럼 빵 사이에 끼워 먹고 볶음밥은 아삭한 양상추에 싸서 먹는 등 여행자들의 호기심을 자극하는 메뉴가 많다.

Google Map 25.040031, 121.534956
Map P.362-J
Add. 台北市大安區濟南路三段26號
Tel. 02-2751-8479
Open 11:30~14:00, 17:30~21:00
Access MRT 중샤오신성忠孝新生 역 6번 출구에서 도보로 3분.

먀오커우 야시장 廟口夜市

지룽의 대표 야시장. 노점들이 좌우로 깔끔하게 정렬되어 있으며 노란 등이 가득 달려 있어 이색적인 분위기가 물씬 풍긴다. 저렴한 가격에 맛있는 샤오츠들이 줄줄이 사탕처럼 이어진다. 윤기가 잘잘 흐르는 찰밥 유판油飯, 타이완식 어묵튀김 텐푸뤄天婦羅 등이 대표적인 메뉴이며 바다가 있는 특성 덕분에 해산물 먹거리도 풍부하다. 야시장 안에 청나라 때 지어진 사원 뎬지궁奠濟宮도 함께 볼 수 있다.

Google Map 25.128368, 121.743085
Add. 基隆市仁愛區仁三路
Access 지룽 기차역基隆火車站에서 도보로 10분.

마젠도 Mazendo 麻膳堂

타이완 스타일의 다양한 국수와 만두, 볶음밥 등을 맛볼 수 있다. 이곳의 간판 메뉴는 마라뉴러우몐麻辣牛肉麵으로 매콤한 국물 맛이 일품이다. 여기에 바삭하게 구워진 군만두 셴러우젠자오鮮肉煎餃까지 곁들이면 환상의 궁합이다.

Google Map 25.039861, 121.556510
Map P.368-F
Add. 台北市大安區光復南路280巷24號
Tel. 02-2773-5559
Open 월~금요일 11:00~14:30, 17:00~22:00, 토~일요일 11:00~22:00
Access MRT 궈푸지녠관國父紀念館 역 2번 출구에서 도보로 3분.

Area 6
SONGSHAN & NANJING EAST ROAD

쑹산 & 난징둥루
松山 & 南京東路

● 쑹산 지역은 쑹산 공항과 가까운 한적한 주택가로 유명 관광 명소는 없지만 운치 있는 가로수 길을 따라 보석 같은 카페와 잡화점 등이 숨어 있는 매력적인 동네다. 복잡한 도심과는 사뭇 다른 분위기로 타이베이 사람들의 일상을 엿볼 수 있다. 소박한 동네를 산책하며 아담한 카페에서 커피 한잔의 여유를 즐기거나 여행자가 아닌 현지인처럼 타이베이를 느껴 보고 싶은 이들에게 적합한 곳이다. 난징둥루 일대는 비즈니스 상권이 형성된 지역으로 1만 5,000명을 수용할 수 있는 공연장인 타이베이 아레나가 있으며 호텔과 식당, 편의 시설 등이 밀집되어 있다.

Access
가는 방법

난징푸싱南京復興 역
방향 잡기 난징푸싱 역 출구에서 브라더 호텔Brother Hotel 방향으로 이어지는 대로변을 따라 번화가가 형성되어 있다. 이 길을 따라가다 선월드 다이너스티 호텔Sunworld Dynasty Hotel에서 왼쪽으로 가면 이케아IKEA가 나오고 오른쪽으로 가면 타이베이 아레나Taipei Arena가 나온다.

쑹산지창松山機場 역
방향 잡기 공항이 연결되는 MRT 역으로, 서니 힐스Sunny Hills나 푸진제富錦街로 가려면 3번 출구에서 택시나 도보로 이동하도록 하자.

Check List

멋스러운 카페와 상점이 모여 있는 푸진제富錦街는 MRT 역에서 다소 먼 거리라 중산궈중中山國中 역이나 쑹산지창松山機場 역 근처에서 택시나 버스를 타는 것이 좋다. 한적하고 여유로운 분위기여서 자전거를 타기에도 제격이다. 유 바이크를 대여해 동네를 돌아보거나 마음에 드는 카페에서 쉬어 가며 동네 주민처럼 마을을 둘러보자.

쑹산지창
松山機場

원후센文湖線   2분

중산궈중
中山國中

2분

난징푸싱
南京復興

단수이-신이센
淡水─信義線
2분

타이베이
아레나
台北小巨蛋

Plan
추천 루트
쑹산 & 난징둥루
하루 산책 코스

싱톈궁行天宮 10:00
삼국시대의 명장인 관우를 주신으로
모시는 도교 사원. 주로 부를 기원하는
이들이 많이 찾는 사원이다.

도보 + 택시 5분

12:00 **상인수이찬上引水産**
수산 시장의 고급 버전으로
신선한 해산물을 파는 시장이자
스시 바, 와인 바, 델리 숍 등이
공존하고 있는 멀티 플레이스.

도보 + 택시 12분

13:30 **서니 힐스Sunny Hills**
타이베이 여행 시 필수로 구매하는
펑리쑤의 투톱 중 하나.
지인들을 위한 선물을 구입해 보자.

도보 2분

올 데이 로스팅 컴퍼니 14:30
All Day Roasting Company
커피가 맛있기로 소문난 카페에서 진한
커피 한잔을 마시며 쉬어 가자.

도보 4분

16:00 **푸진제富錦街 산책**
영화 〈타이베이 카페 스토리〉의 배경이 된
푸진제를 산책하며 상점을 구경해 보자.

택시 10분

딩왕마라궈鼎王麻辣鍋 18:30
타이완에서 꼭 먹어 봐야 할 음식으로
꼽히는 훠궈를 품격 있게
즐길 수 있는 곳. 특급 서비스를
받으면서 훠궈 만찬을 즐겨 보자.

싱톈궁 行天宮 ^{행천궁}

Google Map 25.063111, 121.533872
Add. 台北市中山區民權東路二段109號 Tel. 02-2502-7924
Open 06:00~22:00
Access MRT 싱톈궁行天宮 역 3번 출구에서 도보로 3분.
Admission Fee 무료
URL www.ht.org.tw

★★

부를 기원하는 도교 사당

〈삼국지〉에 등장하는 관우를 관성제군關聖帝君이라 칭
하고 주신으로 모시는 도교 사찰. 타이베이에서 방문객
이 가장 많은 사찰로도 유명하다. 예로부터 중국인들은
의리를 중시하던 삼국시대의 명장인 관우를 무척 좋아
한다. 또한 관우가 중국에서 전쟁의 신이자 재무 관리나
회계 등에도 탁월한 상업의 신으로 알려져 있어 성공이
나 부를 기원하는 사람들이 많이 찾는다. 사당 내부에는
하늘색 도복을 입은 효노생들이 사람들을 돕고 있으며
갈색의 기다란 나무 탁자 위의 붉은 쟁반에는 쌀, 꽃, 국
수 등 정성스레 준비한 공물들이 가득하다. 자욱하게 피
어오르는 향내 사이로 붉은색의 반달 모양인 '즈자오擲
茭'를 바닥에 던지며 점을 치거나 신에게 기원을 드리는
사람들을 볼 수 있다.

1 처마 장식이 정교하고 아름다운 싱톈궁 **2** 아침부터 저녁까지 수많은 사람들이 사원을 찾는다. **3** 간절하게 기도를 드리는 사람들
4 즈자오擲茭를 바닥에 던져 자신의 운을 점친다.

라오허제 야시장 饒河街夜市 라오허제예스

Google Map 25.050913, 121.577547
Add. 台北市松山區饒河街
Open 17:00~23:00
Access MRT 쑹산松山 역 5번 출구에서 도보로 1분.
URL www.raohestreet.com.tw

2017 New

매일 밤 불야성을 이루는 야시장

쑹산 지역을 대표하는 야시장으로 타이베이에서 스린 야시장 다음으로 규모가 크다. 1987년에 문을 열었으며 과거 이 일대는 화물을 운반하는 선박들이 오가던 항구였다. 선박의 안전을 기원했던 마조 사원인 쑹산츠유궁 松山慈祐宮도 야시장 초입에 위치하고 있어 함께 둘러보면 된다. 600m 정도의 거리 양쪽으로 각종 먹거리를 파는 노점과 기념품을 파는 상점 등이 줄줄이 이어져 구경하는 재미가 쏠쏠하다.

Tip
라오허제 야시장에서 가장 유명한 길거리 맛집은 쑹산츠유궁 松山慈祐宮 부근에 있는 푸저우스쭈후자오빙福州世祖胡椒餅. 큼직한 왕만두처럼 생겼는데 안에는 고기소가 듬뿍 들어 있고 후추 맛이 강하다. 한약재를 넣고 끓인 타이완 스타일의 갈비탕인 야오둔파이구藥燉排骨를 파는 진린싼슝디야오둔파이구金林三兄弟藥燉排骨도 인기 있다.

1 야시장 입구에 위치한 쑹산츠유궁松山慈祐宮 **2** 라오허제 야시장 입구 **3** 불티나게 팔리는 후추빵 푸저우스쭈후자오빙福州世祖胡椒餅 **4** 우리의 갈비탕과 비슷한 야오둔파이구藥燉排骨

훠궈 육수는 무제한으로
리필해 준다.

딩왕마라궈 鼎王麻辣鍋 정왕마랄과

Map P.368-B

Google Map 25.050662, 121.557993
Add. 台北市松山區光復北路89號
Tel. 02-2742-1199 Open 11:30~04:00
Access MRT 타이베이 아레나台北小巨蛋 역 4번 출구에서 도보로 8분.
Price 1인당 약 NT$700(테이블당 미니멈 차지 NT$650)
URL www.tripodking.com.tw

★★★

타이중에서 온 훠궈의 제왕

현지인들에게 최고의 훠궈 맛집이 어디냐고 물었을 때
상당수가 딩왕마라궈를 꼽았다. 타이완 남부 타이중에
서 처음 식당을 오픈해 현재는 타이완 전역에 9개의 매
장을 운영하고 있다. 고급스러운 분위기에서 친절한 직
원들의 서비스를 받으며 식사할 수 있는 훠궈 레스토랑
이다. 육수는 두 가지 육수가 반씩 담겨 나오는 위안양
궈鴛鴦鍋를 추천한다. 펄펄 끓는 육수에 소고기, 해산
물, 채소, 만두, 국수 등 다양한 재료를 넣어 먹으면 되
고, 기본 재료는 추가 주문이 가능하다. 오리 선지를 넣
은 마라궈麻辣鍋는 매콤하고, 절인 배추인 쏸차이酸菜
가 들어간 둥베이쏸차이궈東北酸菜鍋는 맛이 깔끔하
다. 테이블당 미니멈 차지는 NT$650이며, 워낙 인기가
많아 사전 예약은 필수다.

1 다양한 재료를 입맛대로 골라 주문할 수 있다. 2 동양적인 분위기가 멋스러운 딩왕마라궈의 모습 3 두 가지 육수가 반씩 담겨 있는 위안양궈鴛鴦鍋 4 딩왕마라궈는 직원들이 친절하기로 유명하다.

상인수이찬 上引水産 ^{상인수산}

Google Map 25,066700, 121,537013
Add. 台北市中山區民族東路410巷2弄18號 Tel. 02-2508-1268
Open 수산 시장 06:00~24:00, 스시 바 외 음식점 10:30~24:00
Access MRT 중산궈중中山國中 역에서 택시로 약 5분. 또는 버스 紅50번을 타고 第二果菜市場에 하차하거나 542번을 타고 台北魚市에서 하차하면 바로 앞에 있다.
Price 스시 바 스시 세트 NT$600~ URL www.addiction.com.tw

Map
P.362-B

★★★

수산 시장의 화려한 변신

오래된 수산 시장에 트렌디한 감성을 입혀 세상 어디에도 없는 멋진 시장으로 만들었다. 산지에서 직송한 싱싱한 해산물을 파는 시장을 시작으로 신선한 채소와 고기 등을 파는 델리 숍, 스시 바, 반찬 가게, 베이커리, 와인 바, 휘귀 레스토랑까지 10개의 각기 다른 테마가 공존하는 곳이다. 현지인들 사이에서는 좋은 재료의 해산물 요리를 거품 뺀 가격에 먹을 수 있고 유기농 채소와 과일, 반찬거리를 쇼핑하기 좋은 시장으로 통한다. 가장 손님이 많은 곳은 마켓 중앙에 위치한 스탠딩 스시 바. 신선한 해산물을 손질하는 모습을 감상하며 맛있는 스시를 먹을 수 있다. 테이크아웃하기 좋게 도시락에 담아 놓은 상품도 많은데 초밥 세트는 NT$200 정도면 살 수 있다. 시장 안에서는 현금 결제만 가능하니 유의하자.

1 신선한 해산물들을 판매하고 있는 수산 시장의 모습 **2** 바닷가재, 새우, 생선, 조개 등 다양한 종류의 해산물과 식자재를 한자리에서 구입할 수 있다. **3** 부담 없이 먹을 수 있는 도시락용 스시 **4** 서서 먹는 스시 바

톈샹러우 天香樓 천향루

Google Map 25.062765, 121.529822
Add. 台北市中山區民權東路二段41號 Tel. 02-2597-1234
Open 12:00~14:30, 18:00~21:30 Access MRT 중산궈샤오中山國小 역 4번
출구에서 도보로 4분. 랜디스 타이베이 호텔 지하 1층에 있다.
Price 1인당 약 NT$1,000~(SC 10%)
URL http://taipei.landishotelsresorts.com

★★

항저우 요리의 진수

랜디스 타이베이 호텔 지하에 있는 중국 레스토랑으로
중국의 항저우杭州 지역 요리를 선보이는 곳이다. 수준
높은 요리와 동양적이면서도 고급스러운 분위기가 탁
월해 유명 인사와 미식가들 사이에서 호평을 받고 있다.
이곳의 시그너처 메뉴는 오랫동안 푹 고아 낸 둥포러우
東坡肉로 입안에서 사르르 녹는 맛이 일품이다. 부드러
운 생선 살과 완두콩을 넣고 끓인 어죽 쏭싸오위겅宋嫂
魚羹도 담백하고 맛이 좋다. 점심에는 다양한 종류의 딤
섬과 타이완식 누들 등 가벼운 메뉴를 선보인다. 시간과
비용을 투자할 여유가 있다면 코스로 주문해서 항저우
본토의 제대로 된 맛을 경험해 볼 것을 추천한다.

1 동양적이고 차분한 분위기의 식당 입구 2 대표 메뉴인 둥포러우는 부드럽고 진한 맛이 일품이다. 3 새우, 생선 등 해산물을 이용한
요리도 다양하다. 4 생선 살을 넣고 부드럽게 끓인 어죽 쏭싸오위겅宋嫂魚羹

텐와이텐 天外天 천외천

Google Map 25.062912, 121.525479
Add. 台北市中山區民權東路一段67號 Tel. 02-2592-3400
Open 11:30~04:00
Access MRT 중산궈샤오中山國小 역 1번 출구에서 도보로 6분.
Price 런치 NT$569~, 디너 NT$659(SC 10%)
URL www.tianwaitian.com.tw

Map
P.362-B

★★★

훠궈와 바비큐를 무제한으로 즐기는 뷔페

텐와이텐은 훠궈를 무제한으로 즐길 수 있는 훠궈 체인점으로 타이베이 시내 곳곳에 매장이 있다. 이 지점은 다소 동떨어진 위치에 자리하고 있음에도 불구하고 인기가 많은데 그 이유는 훠궈뿐 아니라 바비큐까지 무제한으로 먹을 수 있기 때문이다. 훠궈는 두 가지 육수를 선택할 수 있고, 메뉴 바에 준비된 고기, 채소, 해산물 등을 직접 가져다 먹으면 된다. 바비큐 메뉴로는 각종 육류와 생선, 새우, 조개, 꼬치 등이 있으며, 메뉴판을 보고 주문하면 직원이 가져다준다. 그 밖에 샐러드, 밥, 과일, 주스, 하겐다즈 아이스크림이 준비되어 있어 푸짐하게 먹을 수 있다. 오후 4시 전후로 런치와 디너 요금이 달라지므로 저렴하게 즐기고 싶다면 점심시간을 공략해보자.

1 MRT 중산궈샤오中山國小 역 1번 출구 정면에 있다. 2 육수는 두 가지를 고를 수 있고, 원하는 재료들을 가져다 익혀 먹으면 된다.
3 바비큐 메뉴가 다양하며 메뉴판을 보고 주문해서 무제한으로 먹을 수 있다. 4 후식으로 하겐다즈 아이스크림을 맛보자.

궈바솬솬궈 鍋爸涮涮鍋 과파쇄쇄과

Google Map 25.054484, 121.543357
Add. 台北市中山區長春路382號
Tel. 02-2545-2588 Open 11:30~01:30(마지막 입장은 23:30)
Access MRT 난징푸싱南京復興 역 8번 출구에서 도보로 4분.
Price 런치 NT$450, 디너·공휴일 NT$500, 어린이 NT$200(SC 10%)
URL www.gobar.com.tw

2017 New

가성비가 탁월한 훠궈 뷔페

타이베이에는 뷔페식으로 푸짐하게 즐길 수 있는 훠궈 레스토랑이 많다. 그중에서도 궈바솬솬궈는 조금 더 합리적인 가격에 훠궈를 먹을 수 있어 인기가 높은 곳이다. 테이블마다 1인용 핫포트가 설치되어 있어 혼자 방문해도 부담스럽지 않게 식사할 수 있다. 소고기, 돼지고기, 양고기를 비롯해 각종 해산물과 채소, 버섯 등이 있으며 과일, 아이스크림, 탄산음료 등 디저트까지 다양하게 진열되어 있다. 각종 재료를 육수에 넣어 끓여 먹으면 되고, 소스는 직접 입맛에 맞게 만들어 먹는다. 밥과 국수도 준비되어 있다. 융캉제, 시먼딩 등에도 매장이 있다.

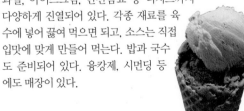

1 메뉴바에 준비된 재료를 갖다가 보글보글 끓는 육수에 넣어 먹는다. **2** 테이블마다 1인용 핫포트가 설치되어 있다. **3** 신선한 재료들이 깔끔하게 진열되어 있다. **4** 과일과 디저트, 아이스크림도 준비되어 있다.

소넨토르 카페 Sonnentor Cafe 日光大道健康廚坊

Google Map 25.060861, 121.561102
Add. 台北市松山區富錦街421號
Tel. 02-2767-6211
Open 11:30~21:30
Access MRT 쑹산지창松山機場 역 3번 출구에서 도보로 16분.
Price 런치 NT$509, 디너 NT$599(SC10%)

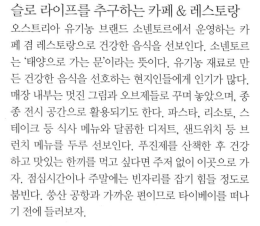

슬로 라이프를 추구하는 카페 & 레스토랑

오스트리아 유기농 브랜드 소넨토르에서 운영하는 카페 겸 레스토랑으로 건강한 음식을 선보인다. 소넨토르는 '태양으로 가는 문'이라는 뜻이다. 유기농 재료로 만든 건강한 음식을 선호하는 현지인들에게 인기가 많다. 매장 내부는 멋진 그림과 오브제들로 꾸며 놓았으며, 종종 전시 공간으로 활용되기도 한다. 파스타, 리소토, 스테이크 등 식사 메뉴와 달콤한 디저트, 샌드위치 등 브런치 메뉴를 두루 선보인다. 푸진제를 산책한 후 건강하고 맛있는 한끼를 먹고 싶다면 주저 없이 이곳으로 가자. 점심시간이나 주말에는 빈자리를 잡기 힘들 정도로 붐빈다. 쑹산 공항과 가까운 편이므로 타이베이를 떠나기 전에 들러보자.

1 독특한 오브제가 반겨 주는 소넨토르 카페의 외관 **2** 카페 내부에서는 다양한 문화 전시 브로슈어와 유기농 브랜드인 소넨토르Sonnentor의 상품들도 만나볼 수 있다. **3** 좋은 재료로 만든 건강하고 맛있는 음식을 선보인다.

Map
P.362-F

로코 푸드 LOCO FOOD 樂口福

Google Map 25,052656, 121.538842
Add. 台北市中山區南京東路三段89巷5-4號
Tel. 02-2506-8917
Open 06:00~14:00
Access MRT 난징푸싱南京復興 역 8번 출구에서 도보로 8분.
Price 단빙 NT$55~, 샌드위치 NT$45~

2017 New

트렌디하게 즐기는 타이완식 브런치

타이완에서 흔히 접할 수 있는 아침 식당의 메뉴를 새로
운 감각으로 풀어 낸 곳이다. 단빙蛋餅을 비롯해 샌드위
치, 햄버거 등의 메뉴를 판매한다. 음식이 무쇠 팬에 담
겨 나와 따뜻하게 먹을 수 있고 치즈, 버섯, 소시지 등 다
양한 맛 중에서 골라 먹을 수 있다. 아침을 든든하게 먹
고 싶을 때 찾아가 보자. 앉아서 먹을 수 있는 테이블은
몇 개 없다.

무쇠 팬에 담아 주는 단빙과 샌드위치

푸진 트리 353 Fujin Tree 353 Cafe by Simple Kaffa

Map
P.372-B

Google Map 25,060667, 121.557779
Add. 台北市松山區富錦街353號
Tel. 02-2749-5225
Open 월~금요일 11:30~18:30, 토~일요일 11:30~19:30
Access MRT 쑹산지창松山機場 역 3번 출구에서 도보로 12분.
Price 커피 NT$130~, 샌드위치 NT$180

★★

꽃과 나무와 함께 즐기는 커피

운치 있는 푸진제에는 멋스러운 카페들이 많이 모여 있
는데 그중에서도 최근 인기몰이를 하고 있는 곳이다. 안
으로 들어가면 따뜻한 원목 가구들 사이로 곳곳에 꽃과
나무들로 꾸며져 있어 마치 화사한 정원에서 커피를 즐
기는 기분이 든다. 에티오피아, 멕시코, 콜롬비아, 볼리
비아 등 세계 각국의 원두로 내린 커피와 차를 맛볼 수
있다. 하나씩 구워 나오는 홈메이드 카스텔라를 비롯해
롤케이크, 샌드위치도 맛있다.

여유가 느껴지는 푸진 트리 353

올 데이 로스팅 컴퍼니 All Day Roasting Company

Google Map 25.056830, 121.560248
Add. 台北市松山區延壽街329號 Tel. 02-8787-4468
Open 월~금요일 10:00~23:00, 토~일요일 08:00~23:00
Access MRT 쑹산지창松山機場 역에서 택시로 5분 또는 도보로 15분.
서니 힐스에서 도보로 2분.
Price 에스프레소 NT$130, 카푸치노 NT$150

2017 New

비오는 날에 더욱 운치 있는 카페

카페가 많은 쑹산 지역에서 가장 커피 맛이 좋기로 소문난 카페다. 이름처럼 매장에서 직접 로스팅한 커피를 마실 수 있어 커피 애호가들이 즐겨 찾는다. 널찍한 카페에는 편안한 소파, 넓은 테이블, 혼자 앉아도 좋은 바 등 좌석이 다양해 자리마다 독특한 분위기를 느낄 수 있다. 카페 입구 쪽 좌석은 천장이 유리로 되어 있어 탁 트인 기분이 든다. 비가 오는 날 천장으로 떨어지는 빗방울 소리를 들으며 마시는 커피 한잔은 몸과 마음을 따뜻하게 녹여준다. 커피 외에 달콤한 디저트와 샐러드, 샌드위치 등 가벼운 브런치 메뉴도 갖추고 있다. 여유가 넘치는 쑹산 지역을 산책한 후 향긋한 커피를 마시며 쉬어 가자.

1 무채색의 심플한 인테리어가 시크한 분위기를 풍긴다. **2** 매장 분위기와 어울리는 진열장에는 커피 관련 용품이 비치되어 있다. **3** 라테 아트가 훌륭한 커피는 맛도 좋다. **4** 직접 만든 디저트, 샌드위치와 같은 메뉴도 준비되어 있다.

록초메 카페 六丁目 Café

Google Map 25.058398, 121.560874
Add. 台北市松山區新中街6巷7號
Tel. 02-2761-5510
Open 12:00~21:00
Access MRT 쑹산지창松山機場 역에서 택시로 5분. 또는 서니 힐스에서 도보로 5분.
Price 커피 NT$110~

일본 분위기가 풍기는 카페

쑹산 지역에는 골목마다 아담한 카페들이 숨어 있어 보
물찾기 하는 기분으로 카페를 찾아다니는 재미가 있다.
록초메 카페도 좁은 골목 안에 자리하고 있는 곳으로 주
인이 2년 정도 일본에 살면서 일본 특유의 아기자기하고
따스한 카페 분위기를 좋아하게 되었고 타이베이에 돌
아와 일본 분위기가 물씬 느껴지는 카페를 열게 되었다.
카페 이름은 물론 곳곳에 자리한 소품들까지 일본의 동
네 카페를 그대로 옮겨온 듯하다. 향긋한 커피와 차, 달
콤한 디저트 메뉴가 있는데 그중 귀여운 동물 모양의 라
테 아트를 그려주는 카페 라테와 녹차 라테가 인기 메뉴
다. 벽에는 여행 사진이 가득 붙어 있고, 한쪽에는 여행
책과 잡지가 쌓여있다. 혼자서도 편하게 방문할 수 있는
분위기다.

1 아기자기하고 따뜻한 분위기가 감도는 카페 내부 **2** 편안하게 앉아서 시간을 보낼 수 있는 좌식 공간 **3** 귀여운 라떼 아트가 그려진 카페 라떼 **4** 달콤한 디저트도 다양하게 준비되어 있다.

우루무루 Woolloomooloo

Google Map 25.059927, 121.552444
Add. 台北市松山區富錦街95號 Tel. 02-2546-8318
Open 화~금요일 10:00~18:00, 토~일요일 09:00~18:00 Close 월요일
Access MRT 쑹산지창松山機場 역 3번 출구에서 광푸베이루復北路를 따라
걷다가 왼쪽의 푸진제富錦街로 가면 왼쪽에 있다. 도보로 10분.
Price 런치 세트 NT$300~, 카페 라테 NT$130, 치즈케이크 NT$150

★★

시크함 속에 편안함이 묻어나는 카페

앙증맞은 의자와 테이블이 놓여 있는 입구를 지나 카페
안으로 들어가면 무채색 바탕에 심플한 가구로 꾸며진
공간이 나온다. 한쪽 벽에는 세계 각국의 책들이 꽂혀
있고, 다른 한쪽 벽에는 카페에서 자체 제작한 텀블러와
수입 맥주, 차 등이 전시되어 있다. 메뉴는 파스타, 피자,
샌드위치, 디저트 등을 갖추고 있다. 특히 이곳의 디저트
는 집에서 구운 것 같은 투박한 비주얼이 특징으로, 레
몬 케이크, 티라미수, 제철 과일을 곁들인 타르트가 맛이
좋다. 평일에는 낮 12시부터 2시 30분까지 런치 메뉴를,
주말에는 올데이 브런치 메뉴를 선보인다. 메뉴는 주로
파스타와 샌드위치 메뉴에 커피가 포함된 구성이다.

1 군더더기없이 깔끔하게 꾸며진 카페 내부 2 색색의 앙증맞은 의자들이 카페 입구에 놓여 있다 3 흰색 접시에 내오는 파스타 4 제철
과일을 곁들인 홈메이드 스타일의 타르트

섬타임스 빈스 Sometimes Beans 有時候紅豆餅

Google Map 25.056478, 121.557306
Add. 台北市松山區延壽街399號
Tel. 02-2760-0810 Open 12:00~18:30 Close 월요일
Access MRT 쑹산지창松山機場 역에서 택시로 5분 또는 도보로 15분.
서니 힐스에서 도보로 2분.
Price 홍더우빙 NT$18, 홍차 NT$30

2017 New

우리의 붕어빵과 같은 홍더우빙 가게

홍더우빙紅豆餅은 틀에 밀가루 반죽과 팥, 커스터드 크림 등의 소를 넣어 굽는 빵으로 우리의 붕어빵과 비슷한 맛이다. 섬타임스 빈스는 타이완 사람들의 소박한 길거리 음식으로 여겨지는 홍더우빙을 카페 분위기에서 맛볼 수 있는 곳이다. 빵 안에 들어가는 앙금은 3가지 종류로 팥, 커스터드, 치즈 포테이토가 있다. 가장 기본 메뉴는 팥이 들어간 홍더우빙이다. 부드러운 팥이 듬뿍 들어있는데 단맛을 최대한 줄여 팥 고유의 담백한 맛을 느낄 수 있다. 달콤한 맛을 원한다면 커스터드 크림이 들어간 홍더우빙을 추천한다. 매장에서 먹고 갈 수 있는 테이블이 마련되어 있으니 시원한 홍차와 함께 타이완 국민 간식을 즐겨 보자.

1 작고 귀여운 섬타임스 빈스의 외관 **2** 홍더우빙은 홍차와 함께 먹으면 더 맛있다. **3** 홍콩 스타일의 진한 밀크티와도 잘 어울린다.
4 부드러운 팥이 듬뿍 들어있는 홍더우빙

치아더 ChiaTe 佳德糕餅 ^{가덕고병}

Map P.363-H

Google Map 25,051283, 121,561514
Add. 台北市松山區南京東路五段88號 Tel. 02-8787-8186
Open 07:30~21:30 Access MRT 난징싼민南京三民 역 2번 출구에서 타이베이
아레나 방향으로 도보로 3분. 또는 MRT 타이베이 아레나台北小巨蛋 역 4번 출구에서
도보로 11분.
Price 펑리쑤 1개 NT$30~, 6개 NT$180 URL www.chiate88.com

★★★

펑리쑤의 레전드라 불리는 베이커리

치아더는 타이베이에서 여행자들이 꼭 사는 아이템인 펑
리쑤의 전설로 통하는 곳이다. 여행자는 물론 현지인들
에게도 인기가 높은 베이커리로 파인애플 펑리쑤는 물
론 딸기, 크랜베리, 호두 등 다양한 맛의 펑리쑤를 판매
한다. 그중 파인애플과 크랜베리 펑리쑤가 가장 인기 있
다. 종류에 상관없이 6개, 12개들이 박스에 취향대로 골
라 담을 수 있는 것이 장점이다. 펑리쑤 외에 케이크, 빵,
타르트 등의 메뉴를 갖추고 있으며 대체로 맛있다. 여행
을 마치고 돌아가는 공항에서 치아더의 빨간 쇼핑백을
든 여행자를 심심치 않게 마주하게 된다.

1 빨간 간판의 치아더 **2** 포장이 고급스러운 치아더의 펑리쑤 **3** 오리지널 펑리쑤를 박스로 사려면 주문서에 체크한 후 바로 계산대에
가서 구입하면 된다. **4** 크랜베리, 호두 등 펑리쑤 종류가 다양해서 입맛대로 고를 수 있다.

서니 힐스 Sunny Hills 微熱山丘

Google Map 25.057819, 121.557187
Add. 台北市民生東路五段36巷4弄1號 Tel. 02-2760-0508
Open 10:00~20:00 Access MRT 쑹산지창松山機場 역에서 택시로 약 5분. 또는 12,
63, 225, 248, 254, 262, 505, 518, 521, 612, 652, 905번 버스를 타고 제서우궈중介壽國中
정류장에서 하차 후 도보로 3분. 민성 공원民生公園 앞에 있다.
Price 10개 세트 NT$420, 15개 세트 NT$630 URL www.sunnyhills.com.tw

파인애플이 듬뿍 들어 있는 펑리쑤

서니 힐스는 타이베이의 여느 펑리쑤 가게와는 사뭇 다
른 감각적인 분위기의 인테리어가 돋보이는 곳이다. 쑹
산 공항과 가까워 접근성이 좋은 편은 아니지만 오직 서
니 힐스의 펑리쑤를 사기 위해 찾아오는 사람이 있을 정
도로 인기가 많다. 서니 힐스의 펑리쑤는 다른 곳에 비해
파인애플 과육이 풍부하고, 새콤한 맛이 강한 편이다.
현지인들은 진짜 파인애플이 든 펑리쑤는 이곳뿐이라고
평가한다. 오직 파인애플 펑리쑤만 판매하며 유통기한
은 2주로 짧은 편이다. 인기에 힘입어 쑹산 공항 제2터
미널 2층에 분점을 오픈했다. 타이베이를 떠나기 전 공
항에서 구입할 수 있어 더욱 편리하다(공항점 영업 시간
07:00~20:00). 세트로 사면 예쁜 에코백에 넣어준다.

1 마치 카페처럼 보이는 감각적인 외관의 서니 힐스 **2** 방문하는 손님에게 시식용으로 내주는 펑리쑤와 차 한 잔 **3** 파인애플 펑리쑤만
판매하며 10개, 15개, 20개 단위로 담긴 3가지 박스 중에 고를 수 있다. 100% 파인애플 착즙주스도 판매한다. **4** 에코백에 담아줘 선물
용으로 구입하기 좋다.

디아 카페 de'A Cafe

Map P.372-B

Google Map 25.060505, 121.557479
Add. 台北市松山區富錦街348號
Tel. 02-2747-7276 Open 12:00~20:00
Access MRT 쑹산지창松山機場 역 3번 출구에서 광푸베이루光復北路를 따라
걷다가 왼쪽의 푸진제富錦街로 가면 오른쪽에 있다. 도보로 12분.

카페 겸 가방 가게

가게 입구에 사슴 모양의 오브제가 발길을 멈추게 한다.
가방을 비롯해 잡화를 판매하며 카페로도 운영하는 멀
티숍이다. 매장에 진열된 가방 종류가 다양한데 질 좋은
가죽 제품은 외국에서 수입해 온 것이 대부분이고, 유행
을 타지 않는 디자인의 가방, 아기자기한 소품과 문구류
를 판매한다. 카페는 세련된 가구가 비치되어 있으며 자
리마다 각기 다른 콘셉트로 꾸며져 있다. 카페의 기본 메
뉴인 커피와 차 종류를 갖추고 있으며, 달콤한 와플이
인기가 많다.

클래식한 디자인의 가방을 판다.

빔스 BEAMS

Map P.372-B

Google Map 25.060422, 121.557098
Add. 台北市松山區富錦街340號 Tel. 02-2767-2716
Open 월~금요일 12:00~20:30, 토~일요일 11:30~20:30
Access MRT 쑹산지창松山機場 역 3번 출구에서 광푸베이루光復北路를 따라
걷다가 왼쪽의 푸진제富錦街로 가면 오른쪽에 있다. 도보로 10분.

일본에서 유명한 의류 브랜드

일본뿐 아니라 국내에서도 인기 있는 일본 의류 브랜드
빔스의 타이베이 1호 매장. 빔스만의 개성이 돋보이는 캐
주얼 의류와 잡화를 선보인다. 베이식한 디자인에 빈티
지한 감성을 더한 남성, 여성, 아동 의류를 주로 다룬다.
귀여운 캐릭터 티셔츠, 체크무늬 셔츠, 야구 점퍼, 플라
워 프린트 원피스와 어울리는 신발, 가방 등을 판매하며
때때로 다른 브랜드와 컬래버레이션한 제품도 만나볼
수 있다.

빈티지한 감성이 녹아 있는 일본의 인기
브랜드 빔스

저널 스탠더드 퍼니처 Journal Standard Furniture

Google Map 25.060422, 121.557098
Add. 台北市松山區富錦街352號1樓
Tel. 02-2767-5196
Open 월~금요일 12:00~20:30, 토~일요일 11:30~20:30
Access MRT 쑹산지창松山機場 역 3번 출구에서 광푸베이루光復北路를 따라
걷다가 왼쪽의 푸진제富錦街로 가면 오른쪽에 있다. 도보로 12분.

저널 스탠더드의 편집 숍

일본 브랜드인 저널 스탠더드 퍼니처의 팝업 스토어가
푸진제에 있다. 자체 브랜드와 국내·외 브랜드를 함께
선보이는 편집 숍으로, 일본 디자이너가 제작한 아메리
칸 빈티지 스타일의 가구와 텍스타일 아이템, 잡화, 의
류 등을 선보인다. 인테리어 잡지에서 막 튀어나온 듯하
게 진열해 놓아 구경하는 것만으로도 감각을 키울 수 있
다. 가구 외에 쿠션, 시계, 액자, 머그잔, 앞치마 등 빈티
지한 소품이 많아 여성들의 구매욕구를 자극한다.

빈티지한 감각의 가구와 패브릭 아이템,
의류, 소품 등을 판매한다.

푸진 트리 355 Fujin Tree 355

Google Map 25.060650, 121.557868
Add. 台北市松山區富錦街355號 Tel. 02-2765-2705
Open 월~금요일 12:00~20:30, 토~일요일 11:30~20:30
Access MRT 쑹산지창松山機場 역 3번 출구에서 광푸베이루光復北路를 따라
걷다가 왼쪽의 푸진제富錦街로 가면 왼쪽에 있다. 도보로 15분.
URL www.fujintree355.com

내추럴한 멋의 편집 숍

자연 소재로 만든 의류를 중심으로 액세서리, 에코백,
그릇, 소품, 아리 산에서 재배한 커피 등을 판매하는 편
집 숍이다. 자체 브랜드는 물론 일본, 미국 등에서 수입
한 아이템을 두루 갖추고 있다. 유행을 타는 상품보다
는 하나 장만해두면 오래 사용할 수 있는 아이템이 많아
마니아층을 형성하고 있다. 전체적으로 화려함보다는
자연스럽고 은은한 멋이 배어 나오는 것이 이곳의 색깔
이다.

은은한 멋이 느껴지는 아이템을 전시 판매
한다.

차향 가득한
마오쿵貓空 산책

세계적인 명차 생산지로 유명한 타이완의 차를 조금 더 가깝게 느껴 보고 싶다면 마오쿵으로 떠나자. MRT를 타고 갈 수 있는 지역임에도 불구하고 도심과는 180도 다른 싱그러운 자연을 만날 수 있으며 스릴 넘치는 곤돌라도 탈 수 있어 여행자들 사이에서도 인기가 높다. 마오쿵에 가려면 곤돌라를 타야 한다. 타이베이 시립동물원台北市立動物園에서 출발해 마오쿵貓空 지구까지 총 4개의 역으로 이루어져 있으며 4km에 달하는 긴 코스를 지나면 푸른 마오쿵에 도착한다. 긴 거리의 울창한 숲 위를 타고 올라가는 곤돌라가 스릴 넘치는 재미를 선사한다. 마오쿵까지 가는 동안 원하는 역에서 내렸다 탈 수 있으며 교통 카드인 이지 카드로 편리하게 이용할 수 있다. 차의 마을 마오쿵은 오래전부터 차를 생산한 곳으로 특히 톄관인 종류의 생산지로 유명하다. 직접 차를 마시며 다도를 경험할 수 있는 다예관도 있으니 고즈넉한 분위기 속에서 차 한잔의 여유를 즐겨 보자. 시간이 허락한다면 타이베이 시립동물원台北市立動物園과 즈난궁指南宮까지 함께 둘러보자.

Google Map 24.968973, 121.588249
Add. 台北市文山區新光路二段30號 Tel. 02-2937-8563
Open 09:00~21:00 Close 월요일
Access MRT 둥우위안動物園 역 2번 출구에서 맥도날드를 지나면 곤돌라 매표소가 있다. 곤돌라를 타고 종착역 마오쿵역에서 하차. Admission Fee 곤돌라 1구간 NT$70(평일에 이지 카드로 결제 시 NT$20 할인)
URL www.gondola.taipei

탁월한 전망을 자랑하는 도교 사원
즈난궁 指南宮

1891년에 세워진 즈난궁은 타이베이의 대표적인 도교 성지이다. 도교 8선八仙 중의 하나인 여동빈呂洞賓 신선을 모시는 곳으로, 커플이 방문하면 여동빈의 질투를 받아 헤어지게 된다는 속설이 있다. 날씨가 좋은 날에는 이곳에서 바라보는 전망이 탁월해 야경을 보기 위해 찾아오는 이들도 많다.

Google Map 24.979812, 121.586600
Add. 台北市文山區萬壽路115號
Tel. 02-2939-9920
Open 06:00~22:20
Access 곤돌라를 타고 두 정거장을 지나 즈난궁指南宮 역에서 하차.
Admission Fee 무료
URL www.chih-nan-temple.org

타이완 최대 규모의 동물원
타이베이 시립동물원 台北市立動物園

타이완은 물론 아시아에서 가장 큰 규모를 자랑하는 동물원으로 165만㎡의 광활한 대지에 약 300여 종의 동물들이 서식하고 있다. 동물의 습성과 종류에 따라 타이완 동물관, 아시아 열대 우림 동물관, 아프리카 동물관, 펭귄 하우스, 팬더 하우스, 곤충관 등으로 나뉘어 있다. 가장 인기가 높은 동물은 역시 팬더로 귀여운 팬더 가족들을 실제로 볼 수 있는 팬더 하우스는 항상 사람들로 붐빈다.

Google Map 24.998920, 121.581158
Add. 台北市文山區新光路二段30號
Tel. 02-2938-2300 Open 09:00~17:00(입장마감 16:00) Access MRT 둥우위안動物園 역 1번 출구에서 2분 정도 걸으면 오른쪽에 있다.
Admission Fee NT$60(12세 미만 NT$30)
URL www.zoo.taipei.gov.tw

건강한 차와 요리를 즐긴다
룽먼커잔 龍門客棧

차로 유명한 마오쿵에서 차와 식사를 함께 즐기고 싶다면 이곳으로 가자. 2대에 걸쳐 내려온 전통 음식점으로, 원목으로 꾸민 내부는 아늑하고 편안한 분위기며 테라스 자리는 탁 트인 전망을 감상하며 식사를 즐기기에 안성맞춤이다. 마오쿵에서 재배된 톄관인차鐵觀音茶를 이용한 새우 요리, 찻잎 가루를 넣은 볶음밥茶葉炒飯, 차를 넣고 우려낸 육수를 이용한 국수茶油麵線, 기름을 쏙 빼고 구운 통닭구이桶仔雞 등 건강하고 맛있는 음식들을 맛볼 수 있다.

Google Map 24.967135, 121.586776
Add. 台北市文山區指南路三段38巷22之2號
Tel. 02-2939-8865
Open 11:00~01:00
Access 마오쿵 역에서 나와 오른쪽 방향으로 도보 3분.
Price 1인당 NT$300~

귀여운 트럭 카페에서 쉬어 가기
마오쿵셴 貓空間

마오쿵을 산책하다 보면 길가에 자리 잡은 귀여운 트럭과 하얀 파라솔의 노천카페를 마주하게 될 것이다. 싱그러운 차밭과 그 너머로 타이베이 도심의 타이베이 101까지 보일 정도로 전망이 탁월하다. 커피 종류가 다양하며 차, 주스를 비롯해 베이글, 와플 등 간단한 간식거리도 준비되어 있다. 단 1인당 NT$80 이상 주문해야 한다. 길 건너 계단을 따라 올라가면 야외 자리가 있으니 마음에 드는 자리에 앉아 차를 마셔보자.

Google Map 24.967924, 121.591840
Add. 台北市文山區指南路三段38巷34號
Tel. 0953-304-776
Open 일~목요일 12:00~24:00, 금~토요일 11:00~03:00
Access 마오쿵 역에서 나와 역을 등지고 왼쪽 방향으로 도보 6분.
Price 카페 라테 NT$120~, 허브티 NT$120~

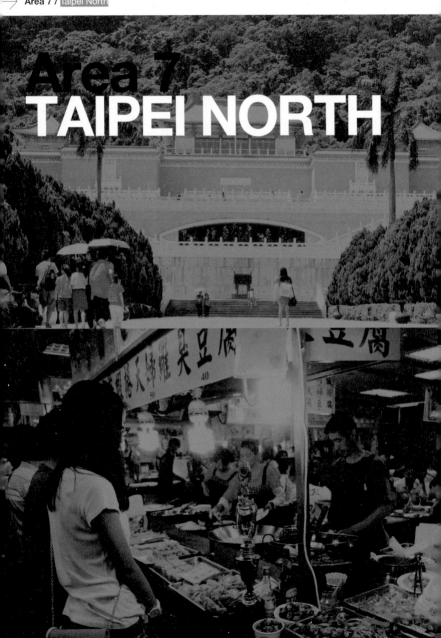

Area 7
TAIPEI NORTH

타이베이 북부(스린 & 위안산)
台北 北部(士林 & 圓山)

● MRT 단수이셴淡水線을 따라 스린士林 역, 젠
탄劍潭 역, 위안산圓山 역으로 이어지는 이 일대를 타이베
이 북부라고 부른다. 중국 5천 년 역사를 대변하는 타이완
최고의 박물관인 고궁박물원을 필두로 호국 선열들의 넋을
기리는 중례츠, 의학의 신을 모시는 바오안궁, 중국 역사상
가장 위대한 성인聖人으로 추앙받는 공자를 모시는 타이베
이 공묘 등 타이베이에서 손꼽히는 굵직한 관광 명소가 집
중적으로 모여 있다. 낮에는 타이완의 역사와 문화유산을
느낄 수 있는 관광 명소를 둘러보고 저녁에는 타이베이에서
가장 큰 야시장인 스린 야시장에서 신나게 야식을 즐기면서
마무리하면 완벽한 북부 지역의 하루 코스가 완성된다.

Access
가는 방법

위안산圓山 역
방향 잡기 1번 출구로 나오면 타이베이 시립미술관과 타이베이구스관이 연결되고, 2번 출구로 나오면 바오안궁, 타이베이 공묘가 연결된다.

젠탄劍潭 역
방향 잡기 타이베이에서 가장 유명한 야시장인 스린 야시장에 가기 위해서는 젠탄 역 1번 출구에서 횡단보도를 건넌 후 왼쪽으로 가면 된다. 미라마 엔터테인먼트 파크로 가는 무료 셔틀버스 정류장도 젠탄 역 1번 출구로 나오면 오른쪽에 있다. 셔틀버스를 타고 미라마 엔터테인먼트 파크를 다녀온 후 젠탄 역에 다시 내려 스린 야시장으로 넘어가는 것이 일반적인 코스다.

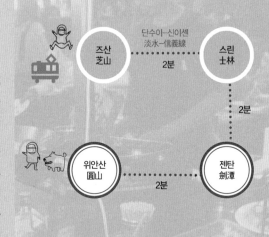

단수이–신이센
淡水–信義線

즈산　　　　2분　　　　스린
芝山　　　　　　　　　　士林

　　　　　　　　　　　　2분

위안산　　　2분　　　　젠탄
圓山　　　　　　　　　　劍潭

Check Point
● 타이베이 북부 지역은 관광 명소가 집중적으로 모여 있고 관광하는데 시간도 많이 소요되므로 어디를 갈 것인지 미리 선별하고 계획적으로 움직이는 것이 좋다. 고궁박물원故宮博物院이 가장 핵심 명소로 규모가 엄청 크기 때문에 시간 분배를 잘해야 한다.

● MRT 단수이센에 단수이淡水와 신베이터우新北投와 연결되는 역이 있기 때문에 꽉 찬 일정을 짜고 싶다면 함께 둘러보는 것도 좋다. 특히 단수이 지역은 일몰이 아름답기로 유명한 만큼 북부 지역을 둘러본 후 단수이로 이동해서 노을을 감상하는 코스를 추천한다.

Plan
추천 루트

유명 관광지를 집중적으로 돌아보는
타이베이 북부 하루 코스

09:00 바오안궁保安宮
명의로 알려진 실존 인물
보생대제保生大帝를 모시는 사원.
전국 각지에서 병자들과 시민들이
찾아와 건강과 안위를 기원한다.

도보 3분

타이베이 공묘台北市孔廟 **10:30**
중국의 위대한 사상가 공자를 경배하는
사원으로 1879년에 세워졌다. 시험을
앞둔 수험생이나 학부모들이 많이 찾아와
합격을 기원하는 곳으로도 유명하다.

도보 + 택시 15분

중례츠忠烈祠 **12:00**
내전과 항일 운동 당시 전사한
호국 위병들을 추모하는 기념 사당.
위병 교대식은 중례츠의 하이라이트로
매시 정각에 약 20분간 진행된다.

도보 + 택시 15분

14:30 고궁박물원故宮博物院
중국 5천 년 역사의 보고라 불리는 박물관으로
타이완 최고의 자랑거리다. 65만 점에 달하는
방대한 유물을 보유하고 있다.

택시 + 셔틀버스
30분

미라마 엔터테인먼트 파크 **19:00**
Miramar Entertainment Park
쇼핑과 미식, 영화까지 즐길 수 있는 복합
엔터테인먼트 파크로 여행자들에게는
대관람차가 인기 만점. 천천히 돌아가는
대관람차에서 반짝이는 타이베이의
야경을 감상해 보자.

도보 + 셔틀버스
25분

21:00 스린 야시장士林夜市

타이베이 최대 규모의 야시장으로 매일 밤
야시장을 찾는 인파들로 불야성을 이룬다.
온갖 샤오츠小吃가 가득한 음식 천국에서
신나게 식도락을 즐겨 보자.

중국 본토보다 전시품이 많은 고궁박물원은 아시아 제일의 박물관으로 손꼽힌다.

고궁박물원 故宮博物院 ^{발음} 구궁보우위안

Google Map 25.102357, 121.548462
Add. 台北市士林區至善路二段221號 Tel. 02-2881-2021
Open 일~목요일 08:30~18:30, 금~토요일 08:30~21:00
Access MRT 스린士林 역 1번 출구로 나와 오른쪽의 왓슨스Watsons 앞 정류장에서
紅30·255·304·344·815·小18·小19번 버스를 타고 약 10분.
Admission Fee 성인 NT$250, 학생 NT$150 URL www.npm.gov.tw   ★★★

5천 년의 중국 역사를 집대성한 박물관

고궁박물원은 타이완을 대표하는 박물관이자 세계 5대
박물관 중 하나로 손꼽히는 아시아 최고의 박물관이다.
중국 송대와 원대, 명대, 청대 네 왕조 대대로 내려오는
보물 65만여 점을 소장하고 있다. 특히 천 년 이상된 초
기 송나라 황실의 국보급 보물을 소장하고 있어 5천 년
중국 역사를 대변하는 곳이기도 하다. 중국 황실 컬렉션
중 가장 귀한 최고급 보물은 모두 고궁박물원에 있다고
해도 과언이 아닐 정도라고 한다. 워낙 방대한 유물을
보유하고 있다보니 한 번에 전시하기가 어려워 박물관
을 대표하는 인기 문화재는 항상 전시하고 옥, 회화, 청
동, 도자기 등은 양밍 산 자락에 보관하고 있다가 3~6
개월 단위로 교체 전시한다. 방문하는 시기에 따라 다른
소장품을 감상할 수 있는 게 특징이다.

1층은 고대 문명 시기의 문헌과 갑골문자, 청동기 유물
을 집중적으로 전시하고 있으며, 2층은 예술적 가치가
높은 중국 도자기, 서예, 회화 등을 전시하고 있다. 3층
에서는 옥기, 복식, 조각 등 중국 고대 황실의 보물들을
감상할 수 있는데 특히 옥으로 조각한 배추 '취옥백채翠
玉白菜'와 옥을 둥포러우東坡肉처럼 만든 '육형석肉形
石'은 절대 놓쳐서는 안 된다. 한국어 오디오 가이드를
대여할 수 있으니 자세한 설명을 들으면서 감상해 보자.

1, 2 중국 본토보다 전시품이 많은 고궁박물원은 아시아 제일의 박물관으로 손꼽힌다. 중국 5천 년 역사의 65만 점이 넘는 유물들을 소장하고 있다. 3 고궁박물원에서 가장 유명한 소장품으로 꼽히는 '취옥백채翠玉白菜', 정교한 조각이 돋보인다.

중례츠 忠烈祠 충렬사

Map P.373-C

Google Map 25.079147, 121.533045
Add. 台北市中山區北安路139號 **Tel.** 02-2885-4162 **Open** 09:00~17:00
Close 3월 28일, 9월 2일(3월 29일과 9월 3일은 반나절만 개방)
Access MRT 젠탄劍潭 역에서 도보로 20분, 택시로 약 5분. 또는 MRT 위안산圓山 역에서 紅21·21·208·248·287번 버스로 약 15분.
Admission Fee 무료

★★★

절도 있는 위병 교대식을 볼 수 있는 사당

중례츠는 오랫동안 내전과 일제시대 항일운동으로 순절한 33만 호국 선열들의 영령을 추모하는 사당으로 우리의 현충사와 같은 곳이다. 1969년에 세워졌으며 웅장한 건축물이 시선을 압도한다. 건물 안으로 들어가면 불당이 있고 조국을 위해 순국한 열사들의 위패가 전시되어 있다. 중례츠가 관광객들에게 인기를 끄는 이유는 위병 교대식 때문이다. 정문에서 본관까지 100m 정도의 거리를 의장병들이 절도 있게 행진하는 모습을 볼 수 있다. 매일 오전 9시부터 매시 정각에 20분가량 진행하며 마지막 교대식은 오후 4시 40분에 진행한다. 중례츠의 하이라이트이자 흔히 볼 수 없는 명장면이므로 시간에 맞춰 방문해 반드시 감상하도록 하자.

1 본관은 자금성 태화전을 본떠 만들었다. **2, 3** 각 잡힌 위병 교대식의 모습은 꼭 봐야 할 하이라이트 **4** 웅장한 모습의 중례츠

바오안궁 保安宮 ^{보안궁}

Google Map 25,073205, 121,515536
Add. 台北市大同區哈密街61號 **Tel.** 02-2595-1676
Open 06:30~22:00
Access MRT 위안산圓山 역 2번 출구에서 쿠룬제庫倫街를 따라 도보로 10분.
Admission Fee 무료
URL www.baoan.org.tw

★★

의신醫神에게 건강을 기원하는 도교 사원

바오안궁은 의학의 신으로 불리는 보생대제保生大帝를 모시는 도교 사원이다. 1805년에 지어져 200년 역사를 자랑하며 룽산쓰龍山寺, 칭수이옌쭈스먀오清水巖祖師廟와 함께 타이베이 3대 사원으로 손꼽힌다. 보생대제는 실존 인물이며 본명은 '우번吳本'이라 한다. 979년에 태어난 그는 학문을 열심히 닦은 후 곤륜산으로 올라가 서왕모와 함께 7일을 지내면서 사악한 마귀들을 몰아내는 '구마축사驅魔逐邪'의 비술을 전수받았다고 한다. 그후 뛰어난 의술로 사람들의 난치병을 고쳐 주며 의학의 신으로 칭송받았다. 바오안궁은 전국 각지에서 몸이 불편한 환자들이 찾아와 건강과 안위를 기원한다. 매년 보생대제의 생일인 음력 3월 15일을 기준으로 약 2달간 보생문화제保生文化祭가 열리는데 타이완 3대 축제로 꼽힐 만큼 유명하다.

1 웅장하고 화려한 장식의 바오안궁 **2** 제물을 바치며 건강과 안위를 기원한다. **3** 간절히 기도하는 사람들

타이베이 공묘 台北市孔廟 타이베이스쿵먀오

Google Map 25.072763, 121.516172
Add. 台北市大同區大龍街275號
Tel. 02-2592-3934
Open 08:30~21:00 Close 월요일
Access MRT 위안산圓山 역 2번 출구에서 쿠룬제庫倫街를 따라 도보로 10분.
Admission Fee 무료 URL www.ct.taipei.gov.tw

★★

위대한 성인聖人 공자를 경배하는 사원

중국 춘추 시대의 위대한 사상가 공자를 기리는 사원으로 광서 5년(1879년)에 지어졌다. 1894년 청일전쟁 후 타이완을 점령한 일본군이 공묘에 주둔하면서 상당한 손실을 입었고, 일본어 학교를 세운다는 이유로 크게 훼손되었다. 그 후 1925년 이 지역 유지들이 토지를 사들이고 모금 운동을 벌여 타이완 최고의 건축가인 왕이순王益順에 의해 총면적 4,168평, 건물 면적 약 1,600평의 공묘를 건설했다. 평소 검소함을 중시했던 공자의 뜻에 따라 화려함은 찾아보기 힘들고 차분한 분위기가 감돈다. 공자는 선현이자 성인으로 비종교적인 존재이기 때문에 사원에서 흔히 볼 수 있는 신상은 볼 수 없다. 대학 입학시험이나 중요한 시험을 앞둔 시기에 전국의 학부모들과 학생들이 공묘 앞에서 기도를 드리고 기운을 얻어 간다.

1, 2 가품이 넘치는 타이베이 공묘의 모습 3 공묘 입구 왼쪽에 있는 명륜당. 강습 프로그램과 문화 행사를 통해 여전히 가르침을 전하고 있다. 4 대성전의 정문인 영성문欞星門

타이베이 시립미술관 台北市立美術館 타이베이스리메이수관

Google Map 25.071904, 121.524385
Add. 台北市中山區中山北路三段181號 **Tel.** 02-2595-7656
Open 화~금 · 일요일 09:30~17:30, 토요일 09:30~20:30 **Close** 월요일
Access MRT 위안산圓山 역 1번 출구에서 화훼박람회 공원을 따라 걷다가
중산베이루中山北路에서 왼쪽으로 가면 보인다. 도보로 7분.
Admission Fee NT$30 **URL** www.tfam.museum

★

타이완 최대 규모의 미술관

6만여 평 부지에 지어진 타이완 최대 규모의 미술관이
다. 현대미술 전시를 목적으로 1983년에 문을 열었다.
콘크리트를 이용한 기하학적 구조의 현대식 건축물과
잘 꾸며진 조경 시설은 복잡한 도심 속에서도 아늑한 문
화 공간으로서의 역할을 충실히 해내고 있다. 1~3층까
지는 국내외 작가들의 다양한 예술 작품들을 전시하는
전시관이 있고, 지하에는 휴식 공간, 디자인 숍, 타이베
이 파인 아트 뮤지엄 등이 자리하고 있다.

국내외 유명 작가들의 작품을 전시한다.

타이베이구스관 台北故事館 **Taipei Story House**

Map
P.362-B

Google Map 25.073119, 121.524535 **Add.** 台北市中山區中山北路三段181之1號
Tel. 02-2587-5565 **Open** 10:00~17:30 **Close** 월요일
Access MRT 위안산圓山 역 1번 출구에서 화훼박람회 공원을 따라 걷다가
중산베이루中山北路에서 왼쪽으로 가면 보인다. 도보로 10분. 타이베이 시립미술관을
지나야 한다.
Admission Fee 성인 NT$50, 학생 NT$40 **URL** www.storyhouse.com.tw

★

1950~60년대를 재현해 놓은 박물관

80여 평 규모의 아담한 박물관은 타이완에서 보기 드문
영국 튜더 건축양식으로 지어졌다. 1914년 부유한 차茶
무역상 천차오쥔陳朝駿이 영국에서 직접 공수해 온 자
재로 지은 주택이다. 1층은 벽돌을 이용해 골조를 올리
고, 2층은 나무로 지어져 상당히 희소가치가 있는 양식
으로 평가받고 있다. 당시 상류층의 사교장으로 이름을
떨쳤으며, 1979년부터 타이베이 정부에서 인수하여 직
접 관리하고 있다. 1998년에 타이완 문화유산으로 등재
되었고, 연중 한 가지씩 테마를 정해 전시하고 있다.

동화 속에 나올 법한 모습의 외관

미라마 엔터테인먼트 파크 **Miramar Entertainment Park**

Google Map 25.082940, 121.557152
Add. 台北市中山區敬業三路20號 **Tel.** 02-2175-3456
Open 11:00~22:00(대관람차 일~목요일 11:00~23:00, 금~토요일 11:00~24:00)
Access MRT 젠탄劍潭 역 1번 출구에서 오른쪽에 있는 정류장에서 셔틀버스를
타고 20분. 또는 MRT 젠난루劍南路 역 3번 출구에서 도보로 2분.
URL www.miramar.com.tw

★★

위치가 다소 동떨어져 있지만 MRT
젠탄劍潭 역 1번 출구로 나오면 오
른쪽에 무료 셔틀버스 정류장이 있
어 편하게 이동할 수 있다. 관광을
마친 후에는 셔틀버스를 타고 젠탄
역으로 다시 돌아와 건너편에 위치
한 스린 야시장을 둘러보자.

대관람차가 돌아가는 복합 쇼핑몰

타이베이의 새로운 명소로 자리 잡은 복합 엔터테인먼
트 파크이다. 다양한 브랜드숍과 레스토랑, IMAX 영화
관 등이 입점해 있어 남녀노소 누구나 즐거운 시간을 보
낼 수 있는 곳이다. 타이완 드라마와 TV 프로그램의 촬
영지로도 알려져 있다. 이곳의 하이라이트는 대관람차
로 100m 높이에서 20분가량 한 바퀴를 도는데 약간의
흔들림이 있어 스릴이 넘친다. 타이베이 시내의 화려한
야경을 감상할 수 있는 즐길 거리로 인기가 많아 젊은
층의 데이트 명소로도 각광받고 있다. 천천히 돌아가는
대관람차 안에서 특별한 야경을 감상해 보자. 대관람차
요금은 평일 NT$150, 주말 NT$200이다.

1 쇼핑몰 내부 모습 **2** 대관람차를 타고 야경을 감상해 보자. **3** 입점된 쇼핑 브랜드도 다양한 편이다.

스린 야시장 士林夜市 ◀┇ 스린예스

Google Map 25.088119, 121.525200
Add. 台北市士林區士林夜市
Open 16:30~24:00
Access MRT 젠탄劍潭 역 1번 출구에서 횡단보도를 건넌 후 왼쪽 길을 따라 도보로 3분.
URL www.shilin-night-market.com ★★★

타이베이를 대표하는 야시장

100년 전통을 자랑하는 야시장으로 1909년 처음 문을 열었다. 야시장이 많은 타이베이에서 규모로 보나 유명세로 보나 스린 야시장을 따라올 곳이 없다. 특히 타이완의 모든 길거리 음식을 모아 놨다고 해도 과언이 아닐 정도로 먹거리가 다양하다. 특히 지하에 위치한 미식구 美食區에는 수십 개의 식당들이 모여 있어 마치 흥겨운 잔치집에 온 것 같은 분위기를 느낄 수 있다. 코를 찌르는 처우더우푸臭豆腐, 해산물튀김, 철판요리, 열대 과일 등이 식욕을 자극한다. 그중 손님이 가장 많은 가게는 'Hot Star'라는 간판을 내건 하오다다지파이豪大大鷄排. 타이완식 닭튀김으로 유명하며, 짭짤한 맛이 맥주와 환상궁합을 자랑한다. 건물 밖에 있는 왕쯔치스마링수 王子起士馬鈴薯도 인기가 많다. 바삭하게 튀긴 감자에 옥수수, 햄 등을 올린 후 치즈 소스를 듬뿍 뿌려 주는데 여성들이 좋아하는 맛이다. 46년 전통의 신파팅辛發亭 빙수는 NT$60~100 정도로 가격이 저렴하며 입 안에서 사르르 녹는 빙질이 남다르다. 망고 등 열대 과일로 만든 빙수 맛도 좋지만 땅콩 빙수가 인기 메뉴로 시장 음식을 배부르게 먹은 후 디저트로 제격이다. 호기심을 자극하는 먹거리를 즐기며 야시장 분위기를 만끽해 보자.

1 매일 밤 불야성을 이루는 스린 야시장의 분주한 모습 **2, 3** 먹거리가 가득해 골라 먹는 재미가 있다. **4** 맛있는 지파이로 인기가 높은 하오다다지파이豪大大鷄排

더 톱 The Top 屋頂上

Google Map 25.133645, 121.539400
Add. 台北市士林區凱旋路61巷4弄33號 Tel. 02-2862-2255
Open 월~목요일 17:00~03:00, 금요일 17:00~05:00, 토요일 12:00~05:00, 일요일 12:00~03:00 Access MRT 젠탄劍潭 역이나 스린士林 역에서 택시로 약 25분(택시 요금 약 NT$250~300). Price 맥주 NT$150~, 칵테일 NT$240~, 하이 티 세트(4인) NT$1,680 URL www.compei.com

secret

발 아래로 펼쳐지는 환상적인 야경

타이베이에서 잊지 못할 로맨틱한 밤을 보내고 싶다면 이곳만 한 곳이 없다. '더 톱'이라는 이름처럼 꼭대기에 자리 잡고 있어 타이베이의 반짝이는 야경을 내려다볼 수 있다. 특히 테이블 옆에 야자수가 한그루씩 놓여 있는 좌석은 이국적인 남국의 리조트에 온 듯한 기분을 느낄 수 있어 인기가 많다. 메뉴는 스테이크, 해산물 그릴 등 식사 메뉴부터 꼬치구이, 오징어 링 등 안주 메뉴까지 다양하게 갖추고 있다. 단, 가격에 비해 음식 맛은 만족도가 떨어진다는 것이 일반적인 평가다. 맛있는 식당에서 저녁을 먹은 후 가볍게 시원한 맥주나 달콤한 칵테일을 한잔 마시러 간다면 만족스러운 것이다. 시내에서 다소 접근성이 떨어져 택시를 이용해야 하고, 요금도 많이 나오지만 이를 감수하고 갈 만한 가치는 충분한 곳이다.

좌석이 계단식으로 나뉘어 있고 자리마다 분위기와 미니멈 차지도 다르므로 홈페이지에서 미리 좌석을 확인해 두는 것이 좋다. 1인당 주문해야 하는 미니멈 차지는 야외 좌석 기준 NT$350이다. 또한 신용카드 사용이 불가하다. 찾아갈 때는 MRT 젠탄 역에서 택시를 타고 가면 되고, 나올 때는 직원에게 콜택시를 요청해서 타고 내려오면 된다. 택시 요금은 NT$250~300 정도.

1 달콤한 칵테일을 비롯해 커피, 티, 맥주, 와인 등 다채로운 음료 메뉴가 있다. **2** 낮에는 청명하고 시원스러운 전망을 감상할 수 있다. **3** 황홀한 타이베이의 야경을 만끽해 보자.

자그마한 회전목마도
볼 수 있다.

마지마지 스퀘어 Maji Maji Square 集食行樂

Google Map 25.069458, 121.522814
Add. 台北市中山區玉門街1號 Tel. 02-2597-7112
Open 월~금요일 12:00~21:00, 토~일요일 12:00~20:00
Access MRT 위안산圓山 역 1번 출구로 나오면 보이는 엑스포 공원圓山花博公園 내에 있다.
URL www.majisquare.com

secret

어른들을 위한 놀이터

타이완풍 기념품을 파는 아트 마켓, 손때 묻은 아이템을 파는 빈티지 상점, 유기농 식자재를 판매하는 마지 푸드 & 델리, 복고풍으로 꾸며진 야외 푸드코트, 수제 아이스크림 가게, 빙글빙글 돌아가는 회전목마 등 이 모든 것이 한자리에 모여 있는 멀티 플레이스. 넓은 야외 공간에 자리 잡고 있어 피크닉 기분을 만끽할 수 있다. 주말에는 종종 플리마켓이 열리며 저녁에는 야외 플라자에서 뮤지션들의 흥겨운 공연이 열리기도 한다. 스퀘어 중간에는 예쁜 회전목마가 있어 어린시절의 추억을 떠올리게 한다. 엑스포 공원과 타이베이 시립미술관, 타이베이구스관과 이웃해 있으니 가는 길에 함께 둘러보자.

1, 2 빈티지한 아이템부터 타이완 전통 기념품까지 다양한 아이템을 판매하는 아트 마켓 **3** 야외에는 푸드코트가 있어 식도락을 즐길 수 있다. **4** 마지마지 스퀘어로 향하는 입구

복고풍 테마로 꾸며진
푸드 리퍼블릭의 내부

푸드 리퍼블릭 Food Republic 大食代@大直旗艦店

Google Map 25.082446, 121.558042
Add. 台北市中山區樂群三路218號 Tel. 02-8502-0621
Open 11:00~22:00
Access MRT 젠난루劍南路 역 3번 출구에서 도보로 4분. 미라마 엔터테인먼트 파크
옆 까르푸 1층에 있다.
Price 1인당 약 NT$100 URL www.foodrepublic.com.tw

★★

올드 타이완 스타일로 꾸며진 푸드코트

싱가포르의 인기 푸드코트인 푸드 리퍼블릭이 타이베이
에도 있다. 미라마 엔터테인먼트 파크 바로 옆 까르푸 1층
에 위치한 푸드 리퍼블릭은 단순한 푸드코트가 아닌 독
특한 테마가 있는 공간으로 꾸며 놓았다. 오래된 자전
거, 우체통, 수레 등으로 타이완의 옛 거리를 재현하고
있어 아날로그 감성을 자극한다. 타이완 로컬 음식은 물
론 한국, 태국, 베트남, 일본, 네팔, 웨스턴 등 세계 각국
음식이 총망라되어 있어 무엇을 먹어야 할지 행복한 고
민에 빠지게 된다. 가격도 저렴해 부담 없이 즐길 수 있
다. 까르푸와 같은 건물에 있어 식사 전후로 펑리쑤, 밀
크 티, 생필품 등을 쇼핑하기 좋다.

1 원하는 재료를 고르면 육수에 조려 나오는 루웨이滷味 가게 2 좌석 바로 앞에서 고기와 채소들을 구워 주는 철판요리 전문점
3, 4 저렴한 가격에 맛있는 한 끼 식사를 골라 먹을 수 있다.

패션 방콕 비스트로 Fashion Bangkok Bistro 食尚曼谷

Google Map 25.089746, 121.525473
Add. 台北市士林區大東路54號
Tel. 02-2883-0013
Open 월~금요일 17:00~24:00, 토~일요일 12:00~24:00
Access MRT 스린士林 역 2번 출구에서 도보로 8분.
Price 샐러드 NT$220~, 똠얌꿍 NT$280

2017 New

고택을 개조한 타이 레스토랑

스린 야시장 근처에 위치한 타이 레스토랑으로 바로크 건축 양식의 낡은 주택을 개조해서 독특한 스타일의 공간으로 꾸며 놓았다. 레스토랑 안으로 들어가면 작은 뜰에 테이블을 배치한 공간이 나오는데, 저녁이면 조명이 켜져 분위기가 한층 로맨틱해진다. 주 메뉴는 태국 요리로 신선한 해산물을 이용한 요리를 맛볼 수 있다. 바질과 고기를 볶은 요리 카오팟打拋豬, 새콤한 파파야 샐러드 솜땀青木瓜沙拉, 볶음 국수 팟타이招牌炒河粉 등이 인기 메뉴. 태국 맥주 싱하와 곁들이면 더욱 맛있게 즐길 수 있다. 스린 야시장과 가까운 편이라 이곳에서 저녁을 먹은 후 스린 야시장으로 넘어가는 코스를 추천한다.

1 오래된 고택을 개조한 레스토랑 내부 **2** 새콤한 맛이 매력적인 똠얌꿍 **3** 바질과 고기를 볶아 낸 요리 카오팟打拋豬은 한국인의 입맛에 잘 맞는다. **4** 금요일과 토요일에는 벼룩시장이 열리기도 한다.

바팡윈지 八方雲集 팔빵운집

Google Map 25.094704, 121.525419
Add. 台北市士林區美德街34號1樓 **Tel.** 02-2882-2589 **Open** 10:30～21:00
Access MRT 스린士林 역 1번 출구에서 도보로 2분.
URL www.8way.com.tw **Price** 만두 NT$5～

★★

타이완 내 만두 체인점

타이완에 400여 개의 매장을 거느리고 있는 만두 체인
점으로 저렴한 가격에 맛있는 만두를 먹을 수 있다. 테
이블에 마련된 주문서에 원하는 메뉴를 체크한 후 주
문하면 된다. 만두 가격은 개당 NT$55부터 시작한다.
만두는 군만두鍋貼와 물만두水餃 두 종류로, 물만두
보다는 군만두가 맛있다는 평이다. 속 재료로는 고기
招牌, 부추韭菜, 한국식 김치韓式辣味, 카레咖哩 등이
있다. 추천 메뉴는 부추군만두韭菜鍋貼와 김치군만두
韓式辣味鍋貼이며, 중국식 수프인 쏸라탕, 뉴러우탕
같은 국물 메뉴도 있다.

바삭하게 구운 부추군만두韭菜鍋貼

린총좌빙 林蔥抓餅 림총조병

Google Map 25.094836, 121.525836
Add. 台北市士林區中正路235巷8號
Tel. 02-2881-0958 **Open** 11:00～23:00
Access MRT 스린士林 역 1번 출구에서 도보로 2분.
Price 총좌빙 NT$30～

2017 New

고소한 충좌빙 맛집

총좌빙蔥抓餅은 우리의 호떡처럼 타이완 사람들이 즐
겨 먹는 길거리 음식이다. 파를 넣은 밀가루 반죽을 손
이 보이지 않을 만큼 빠르게 구워낸다. 고소한 맛이 살
아 있으며, 마치 쫄깃한 파전을 먹는 것과 비슷한 맛을
느낄 수 있다. 기본 메뉴에 달걀이나 치즈를 추가해서
먹으면 더욱 맛있다. MRT 스린 역 1번 출구로 나오면
바로 보이므로 고궁박물원으로 가는 길에 간식으로
사 먹으면 좋다.

쫄깃한 식감과 고소한 맛의 충좌빙

리젠트 타이베이 호텔 카렌Karen의 시크릿 타이베이

Secret >> **타이베이에서 가장 좋아하는 지역이 어디인가요?**

Local>> 제가 리젠트 타이베이 호텔 근처에서 근무해서 그런 것도 있지만 중산 지역은 소박한 로컬 밥집부터 럭셔리한 호텔 레스토랑까지 미식의 스펙트럼이 넓어서 무엇이든 즐길 수 있어요. 특히 타이베이 필름 하우스 뒷골목은 아기자기한 잡화점, 예쁜 카페, 헤어 살롱 등이 이어져 여성들에게 사랑받는 거리예요. 중산 지역의 진짜 맛집과 멋집은 뒷골목에 숨어 있다고 볼 수 있어요.

Secret >> **타이베이에서 꼭 먹어 봐야 할 음식이 있다면 추천해주세요.**

Local>> 뉴러우몐牛肉麵은 타이완 사람들이 가장 좋아하는 국수예요. 국수인데도 고기가 듬뿍 들어 있어 몸이 허하다 싶을 때 먹으면 속이 든든해져요. 뉴러우몐 가게 중에는 린둥팡뉴러우몐林東芳牛肉麵을 가장 좋아해요. 또 타이완 사람들이 즐겨 마시는 전주나이차珍珠奶茶도 꼭 먹어 보세요. 길거리 어디서나 전주나이차를 파는 작은 티 숍을 발견할 수 있는데 가격도 무척 저렴하고 종류도 다양해서 항상 즐겨 마셔요. 한국으로 여행을 갔을 때 공차Gong Cha나 차타임Chatime을 봤는데 타이베이보다 가격이 2배는 비쌌어요. 타이베이를 여행할 때 원 없이 즐기세요. 제가 추천하는 티 숍 체인은 '차탕후이茶湯會'로 요즘 가장 뜨고 있는 티 숍이에요.

Secret >> **타이베이 여행자들에게 추천하고 싶은 명소는요?**

Local>> 타이베이는 야시장의 천국이에요. 해가 지면 친구들과 함께 야시장으로 나가 맛있는 음식을 먹고 수다를 떨며 스트레스를 풀어요. 그중에서도 제가 가장 좋아하는 야시장은 스다 야시장師大夜市이에요. 단순히 먹을 것만 있는 것이 아니라 옷 가게, 액세서리 가게 등 살 거리가 많아요. 대학가라 물가도 저렴하고, 맛있는 한국 음식점도 있어서 자주 가요. 볼거리로는 린제화위안林家花園을 추천해요. '임가 집안의 집과 정원'이라는 뜻으로, 가장 고전적인 중국식 정원을 엿볼 수 있는 개인 정원이에요. 개인 정원이라는 것이 믿기지 않을 만큼 규모가 크고 무척 아름다워요. 울창한 나무와 예쁜 꽃이 핀 정원을 산책할 수 있고 사진 찍기에도 좋아요. 또 한 곳은 상인수이찬上引水産을 추천해요. 타이베이의 수산 시장이라고 할 수 있는데 흔히 생각하는 수산 시장하고는 차원이 다른 곳이죠. 한마디로 말하면 세련되게 업그레이드된 수산 시장이라고 할까요. 10개의 테마로 나뉘어 있는데 신선한 해산물은 물론 유기농 식재료도 살 수 있고 와인도 즐길 수 있는 멋진 공간이에요.

Secret >> **휴가 때는 타이베이를 벗어나 어디로 가나요?**

Local>> 온천을 좋아해서 휴가 때는 온천을 즐겨 가요. 시간이 별로 없을 때는 베이터우에 가장 많이 가죠. MRT를 타고 갈 수 있어서 가벼운 마음으로 떠나 힐링하고 올 수 있어요. 여름에는 이란宜蘭 지역으로 떠나는 것을 좋아해요. 온천도 있고 아름다운 바다도 있어 제가 가장 좋아하는 휴가지예요.

카렌의 추천 플레이스

린둥팡뉴러우몐 林東芳牛肉麵

가게는 소박하지만 맛있는 뉴러우몐 하나로 현지인과 여행자들의 입맛을 모두 사로잡은 가게다. 매운 육수의 뉴러우몐이 없고 맑은 탕의 뉴러우몐만 파는 것이 특징이다. 담백한 국물, 부드러운 고기, 쫄깃한 면발이 어우러져 앙상블을 이룬다.

Google Map 25.046824, 121.541341 Map P.370-A
Add. 台北市中山區八德路二段274號
Tel. 02-2752-2556
Open 11:00~04:00 Close 일요일
Access MRT 중샤오푸싱忠孝復興 역 1번 출구에서 도보로 10분. Price 뉴러우몐 NT$150~

상인수이찬 上引水産

수산 시장을 개조해 멋진 레스토랑, 와인 바, 델리 숍을 겸하고 있는 곳. 신선하고 질 좋은 해산물과 식자재를 구입할 수 있어 타이베이의 새로운 명소로 뜨고 있다.

Google Map 25.066700, 121.537013
Map P.362-B
Add. 台北市中山區民族東路410巷2弄18號
Tel. 02-2508-1268
Open 수산 시장 06:00~24:00, 스시 바 외 음식점 10:30~24:00
Access MRT 중산궈중中山國中 역에서 택시로 약 5분.
URL www.addiction.com.tw

린제화위안 林家花園

이름 그대로 '임가 집안의 집과 정원'이라는 뜻으로 청나라 때 중국 푸젠 성에서 타이완으로 건너온 임씨들이 동치제와 광서제 시대에 걸쳐 조성했다. 현재는 타이완 국가 고적으로 지정되어 있으며 1만 8,117㎡ 규모에 싱그러운 정원과 연못, 고택 등이 한 폭의 동양화처럼 아름답게 꾸며져 있다.

Google Map 25.011143, 121.454600
Add. 新北市板橋區西門街9號
Tel. 02-2965-3061
Open 09:00~17:00 Close 월요일
Access MRT 푸중府中 역 2·3번 출구에서 시장을 지나 도보로 10분. Admission Fee 무료
URL www.linfamily.ntpc.gov.tw

Area 8
XINBEITOU

신베이터우
新北投

● MRT를 타고 갈 수 있는 가까운 거리에 유명 온천 관광지가 있다는 것은 타이베이 여행의 큰 즐거움 중 하나다. 타이베이 북서부에 위치한 신베이터우는 1905년 일본 총독의 지시로 개발되기 시작한 타이완 최초의 온천 관광지다. 신베이터우 온천이 더욱 유명한 이유는 지명과 이름이 같은 북투석北投石 때문이다. 일본 학자에 의해 발견된 북투석은 미량의 방사성 라듐이 함유되어 있어 건강에 좋다고 알려져 있다. 흐르는 물줄기를 따라 언덕을 오르면 온천을 즐길 수 있는 고급 호텔과 부담 없이 이용할 수 있는 대중탕이 곳곳에 자리한다. 물 좋기로 소문난 신베이터우 온천에서 뜨끈한 온천욕을 즐기며 쌓인 여독을 풀어 보자.

Access
가는 방법

신베이터우新北投 역
방향 잡기 단수이셴淡水線을 타고 베이터우北投 역에서 환승한 후 한 정거장 더 가면 신베이터우新北投 역에 도착한다. 출구는 하나이며 바로 앞으로 연결되는 중산루中山路를 따라 걸어가면 베이터우 온천박물관北投溫泉博物館, 베이터우 시립도서관北投市立圖書館이 자연스럽게 이어진다.

베이터우
北投

신베이터우셴北投線   2분

신베이터우
新北投

Check Point

● 디러구地熱谷, 베이터우 온천박물관北投溫泉博物館, 베이터우원우관北投文物館 등 신베이터우의 주요 명소는 월요일에 휴무인 곳이 많다. 휴무일을 확인한 후 일정을 짜는 것이 좋다.

● 신베이터우에서 온천을 즐길 계획이라면 수영복과 수건, 세면도구 등 온천 이용 규정에 맞게 필요한 준비물을 미리 챙겨 가도록 하자.

Plan
추천 루트
몸도 마음도 힐링되는
반나절 온천 코스

10:00

베이터우 시립도서관北投市立圖書館
푸른 녹음 속에 자리 잡고 있는 친환경
도서관으로 타이베이에서 가장 아름다운
도서관으로 손꼽힌다.

도보 3분

베이터우 온천박물관北投溫泉博物館 **10:40**
1913년 일본인에 의해 지어진 목조 건축물.
과거에는 공중목욕탕으로 사용되던 곳이
현재는 베이터우의 온천 역사를 보여 주는
박물관으로 변신했다.

도보 8분

12:00

디러구地熱谷
베이터우 온천의 진원지로 짙은 유황
냄새와 펄펄 끓는 열기가 압도한다.
뜨끈한 온천수가 계곡을 따라 흐르고
있어 발을 담그고 족욕을 즐기는
이들도 볼 수 있다.

도보 6분

13:00

온천 즐기기
베이터우친수이루텐취안北投親水露天溫泉,
수이메이원취안후이관水美溫泉會館 같은
베이터우의 대표 인기 온천에서
뜨끈한 온천욕을 즐기며 여독을 풀어 보자.

디러구 地熱谷 _{지열곡}

Google Map 25.138125, 121.512003
Add. 台北市北投區中山路
Open 09:00~17:00 Close 월요일
Access MRT 신베이터우新北投 역에서 베이터우 온천박물관北投溫泉博物館을 지나 중산루中山路를 따라가다 보면 왼쪽에 있다. 도보로 15분.
Admission Fee 무료

Map
P.375-B

★★★

유황 온천의 근원지

신베이터우 온천의 근원지로 온천수를 따라 올라가다 보면 길 끝자락에 숨어 있는 디러구를 만날 수 있다. 가까이 가기 전부터 특유의 유황 냄새가 후각을 자극하고 뜨겁게 뿜어 오르는 열기를 느낄 수 있다. 용암이 식어 생겨난 지면 위로는 여전히 온천수가 펄펄 끓고 있다. 온천수의 온도는 80~100℃로 여름에는 가까이 가기조차 힘들 정도로 열기가 대단하다. 과거에는 달걀을 물에 담가 삶아 먹기도 했으나 뜨거운 온천에 빠지는 사고가 난 후로 현재는 금지하고 있다. 대신 주변 상점에서 삶은 달걀을 팔고 있다. 아래로 흐르는 계곡을 따라 산책로가 조성되어 있는데 이 계곡으로 디러구의 온천수가 흘러들어 색깔도 뿌옇고 온도도 따뜻하다. 온천을 하는 대신 계곡에서 족욕을 즐기는 여행자들을 볼 수 있다.

1, 2 하얀 김을 뿜으며 펄펄 끓고 있는 디러구의 모습 3 한여름에는 가까이 가기 힘들 정도로 열기가 대단하다. 4 디러구의 입구

베이터우 온천박물관 北投溫泉博物館 ◀ 베이터우원취안보우관

Google Map 25.136572, 121.507151
Add. 台北市北投區中山路2號
Tel. 02-2893-9981
Open 09:00~17:00 Close 월요일
Access MRT 신베이터우新北投 역에서 중산루中山路를 따라 도보로 7분.
Admission Fee 무료 URL beitoumuseum.taipei.gov.tw

★★

베이터우 온천의 역사 이해하기

신베이터우 온천에 대한 상세한 설명과 사진들을 전시하고 있는 박물관. 베이터우 온천의 발전사를 비롯해 북투석北投石에 관한 자료와 영상 등을 통해 베이터우 지역의 이해를 돕고 있다. 박물관 건물은 과거에 공용목욕탕으로 사용하던 곳이었다. 전쟁 후 계속 방치되다가 지역 주민들의 노력 끝에 온천박물관으로 재탄생했다. 건물 외관은 영국 빅토리아 양식으로 지어졌으며, 내부는 일본풍으로 꾸며져 있다. 2층에는 일본식 다다미가 깔려 있는데 옛날에 목욕을 마친 후 차를 마시며 쉬던 공간이었다고 한다. 현재는 여행자들이 편히 앉아 쉬어가는 장소로 사용하고 있다. 신베이터우 온천을 유명하게 만든 베이터우 유황석을 볼 수 있다.

1 영국 빅토리아 양식으로 지어진 베이터우 온천박물관 **2** 붉은색 벽돌 건물 **3** 일본풍으로 꾸며진 내부. 다다미 자리에 앉아 편안하게 쉬어 갈 수 있다. **4** 베이터우 온천에 대한 다양한 자료가 전시되어 있다.

베이터우 시립도서관 北投市立圖書館 🔊 베이터우스리투수관

Map P.375-A

Google Map 25.136397, 121.506386
Add. 台北市北投區光明路251號 Tel. 02-2897-7682
Open 일~월요일 09:00~17:00, 화~토요일 08:30~21:00
Access MRT 신베이터우新北投 역에서 중산루中山路를 도보로 5분.
Admission Fee 무료

★

머물고 싶은 친환경 도서관

베이터우 역에서 나와 중산루를 따라 걸으면 오른쪽에 나무로 둘러싸인 멋진 건물이 눈에 들어온다. 그린 건축 계획에 따라 목조로 건축된 도서관이자 타이완 최초의 친환경 도서관이다. 주변에는 온천수가 흐르는 냇가와 싱그러운 녹음으로 둘러싸여 있다. 커다란 창을 통해 들어오는 태양열과 빗물을 대체 에너지로 사용하고 있어 더욱 의미가 깊다. 여유롭게 머물며 책을 읽고 싶은 생각이 절로 드는 편안한 분위기가 매력적이다.

싱그러운 녹음으로 둘러싸인 도서관

베이터우원우관 北投文物館 베이터우원물관

Map P.375-B

Google Map 25.138128, 121.514710 Add. 台北市北投區幽雅路32號
Tel. 02-2891-2318 Open 10:00~18:00 Close 월요일
Access MRT 신베이터우新北投 역에서 중산루中山路를 따라 도보로 20분.
그랜드 뷰 리조트Grand View Resort 옆에 있다. 또는 MRT 신베이터우新北投 역
맞은편의 광밍 파출소光明派出所 앞 정류장에서 230번 버스를 타고 약 10분.
Admission Fee NT$120 Price 티 세트 NT$500(SC 10%)
URL www.beitoumuseum.org.tw

★★

역사가 녹아 있는 박물관

1921년에 지은 일본식 목조건물로 과거에는 '자산루관 佳山旅館'이라는 이름의 고급 료칸으로 사용되었다. 제2차 세계대전 당시 소위 자살 특공대로 불렸던 '가미카제 특공대'가 마지막 밤을 보낸 장소로도 유명하다. 현재는 사설 박물관으로 운영하고 있다. 과거의 모습이 그대로 보존되어 있으며 레스토랑에서는 정통 일식풍의 가이세키懷石 요리나 차를 마시며 쉬어갈 수 있다. 2층에는 대연회장이 있으며 원주민들이 사용했던 문물 4,000여 점을 전시하고 있다.

일본의 료칸에 초대된 듯한 고즈넉한 정취를 경험할 수 있다.

사오솨이찬위안 少帥禪園 ^{소사선원}

Google Map 25.138545, 121.513751
Add. 台北市北投區幽雅路34號 Tel. 02-2893-5336
Open 10:00~21:00
Access 베이터우원우관에서 도보로 1분.
※ 미리 요청 시 MRT 베이터우北投 역에서 무료 셔틀버스를 운행한다.
Price 코스 NT$1,500~(SC 10%) URL www.sgarden.com.tw

온천과 미식을 함께 즐기며 진정한 힐링

일제강점기에 유명 인사들의 연회와 온천을 즐기던 장소로 유명한 고급 숙소였으며, 서안사변을 일으킨 장쉐량張學良이 감금되었던 역사적인 장소이기도 하다. 파란만장한 역사를 품은 채 현재는 온천 겸 레스토랑으로 현지인들에게 사랑받고 있다. 온천 내에 있는 한칭메이좐漢卿美饌 레스토랑은 건강한 재료로 만든 10여 가지의 요리를 선보인다. 코스 요리는 가격이 비싼 편이지만 맛이 탁월하고 식사를 즐긴 후에는 무료로 족욕도 할 수 있어 만족도가 높다. 고택 주변에는 아름다운 정원이 조성되어 있어 산책삼아 둘러보기 좋다. 관인 산觀音山 풍광을 감상하며 온천을 즐길 수 있는 룸이 마련되어 있으며 요금은 NT$1,200부터다.

1 운치가 넘치는 건축물과 아름다운 정원이 있어 구석구석 둘러보는 즐거움이 있다. **2** 코스 요리 중 하나인 황화위黃花魚(참조기)튀김 요리 **3** 고즈넉한 정취를 느끼며 정갈한 음식과 차를 즐길 수 있다. **4** 레스토랑 한칭메이좐 실내 모습

신베이터우에서 호젓하게 온천 즐기기

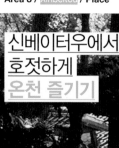

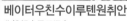

베이터우친수이루톈원취안

北投親水露天溫泉

신베이터우 온천 단지에서 가장 사랑받는 대표 온천으로 단돈 NT$40에 온천을 경험할 수 있다. 시설은 다소 허름하지만 2시간마다 물을 갈 정도로 엄격하게 수질 관리를 하고 있어 온천수만큼은 가격 대비 최고라는 평이다. 현지인과 관광객 모두에게 인기가 높으며 TV 예능 〈꽃보다 할배〉에 등장해 한국인 여행자들에게 더욱 유명해졌다. 열린 공간에서 노천욕을 즐길 수 있다. 남녀 공용이므로 수영복 착용은 필수. 수건, 세면도구, 음료수 등을 챙겨 가면 좋다.

Google Map 25.137003, 121.508531
Map P.375-A
Add. 台北市北投區中山路6號
Tel. 02-2897-2260 Open 05:30〜07:00, 08:00〜10:00, 10:30〜13:00, 13:30〜16:00, 16:30〜19:00, 19:30〜22:00
Access MRT 신베이터우新北投 역에서 중산루中山路를 따라 도보로 10분.
Price NT$40(보관료 NT$20)

사오솨이찬위안 少帥禪園

프라이빗하고 럭셔리한 온천을 즐기고 싶다면 이곳으로 가자. 일제강점기에 지어진 고급 료칸으로, 아름다운 건축물과 고즈넉한 정원이 멋진 곳이다. 백황천에 속하는 온천수는 피부를 매끈하게 해 주는 효능으로 유명하다. 대중탕이 아닌 15개의 온천 룸이 마련되어 있어 오붓하게 온천을 즐길 수 있다. 온천을 즐기면서 환상적인 관인 산觀音山 풍광도 감상할 수 있으므로 온전한 힐링의 시간을 즐겨 보자.

Google Map 25.138545, 121.513751
Map P.375-B
Add. 台北市北投區幽雅路34號
Tel. 02-2893-5336
Open 10:00~21:00
Access 베이터우원우관에서 도보로 1분.
※미리 요청 시 MRT 베이터우北投 역에서 무료 셔틀버스를 운행한다.
Price 디럭스 룸 NT$1,200(단독, 2인, 1시간 기준) URL www.sgarden.com.tw

골든 핫 스프링 온천

Golden Hot Spring 金都精緻溫泉飯店

깔끔한 시설과 합리적인 요금의 대중적인 온천이다. 개인 온천탕에서 프라이빗하게 온천을 즐길 수 있으며 간단한 세면도구와 수건 등이 준비되어 있어 편리하다. 온천 객실에 따라 요금 차이가 있으며, 그중 히노키 탕이 가장 인기가 높다.

Google Map 25.136307, 121.507647
Map P.375-A
Add. 台北市北投區光明路240號
Tel. 02-2891-1228 Open 05:00~22:00
Access MRT 신베이터우新北投 역에서 도보로 10분. 베이터우 시립도서관 뒤쪽에 있다.
Price NT$1,080~, 얼리버드 할인 요금 NT$899~
URL www.springhotel.tw

수이메이원취안후이관 水美溫泉會館

가격은 조금 비싸도 쾌적한 환경에서 온천을 즐기고 싶다면 이곳으로 가자. 현대적인 시설을 갖춘 대형 온천 호텔로 한국인 여행자들 사이에서 입소문이 자자하다. 우리의 목욕탕과 비슷한 대중탕, 독립적으로 즐길 수 있는 가족탕, 객실 내에서 즐기는 스파 등 원하는 스타일을 고를 수 있고 숙박도 가능하다.

Google Map 25.136089, 121.504986
Map P.375-A
Add. 台北市北投區光明路224號
Tel. 02-2898-3838
Open 대중탕 토~목요일 09:00~23:00, 금요일 12:00~23:00
Access MRT 신베이터우新北投 역에서 나오면 오른쪽에 있다. 도보로 3분.
Price 대중탕 NT$600~, 스파 NT$840
URL www.sweetme.com.tw

Area 9
DANSHUI

단수이
淡水

● 　　　타이베이 북서쪽에 위치하고 있는 단수이는 지리적인 장점으로 오래전부터 외국 상인이 드나들던 무역의 중심지였다. 19세기 후반까지 번영을 누렸던 항구 도시로 과거 스페인과 네덜란드 식민 시대의 건축물이 남아 있어 이국적인 분위기가 물씬 풍긴다. 강변의 운치까지 더해져 연인들에게는 로맨틱한 데이트 코스로, 여행자들에게는 타이베이 도심과는 또 다른 여유를 느낄 수 있는 여행지로 인기를 끌고 있다. 한국에서도 인기를 끈 영화 〈말할 수 없는 비밀〉의 촬영지로도 유명해 영화 팬들의 필수 관광 코스로 꼽힌다. 단수이 여행의 하이라이트는 아름다운 석양이다. 해 질 무렵에 붉게 물드는 노을을 감상하려는 이들로 더욱 붐빈다. 여유와 낭만이 가득한 단수이로 반나절 여행을 떠나 보자.

Access
가는 방법

단수이淡水 역
방향 잡기 단수이셴淡水線을 타고 종점인 단수이 역까지 가면 된다. 단수이 역에는 두 개의 출구가 있는데 2번 출구로 나오면 단수이의 핵심 노선인 紅26번 버스를 비롯해 다양한 버스들을 탈 수 있다. 단수이라오제淡水老街나 다두후이광창大都會廣場 백화점으로 바로 가고 싶다면 1번 출구로 나오면 된다.

훙수린
紅樹林

단수이–신이셴
淡水–信義線
2분

단수이
淡水

Check Point

● 단수이의 주요 관광지를 돌아 볼 때는 紅26번 버스를 이용하자. 샤오바이궁小白宮, 훙마오청紅毛城을 거쳐 낭만적인 부두 위런마터우漁人碼頭까지 운행하니 일단 단수이淡水 역에 도착하면 2번 출구로 나가 紅26번 버스에 몸을 싣자. 요금은 NT$15.

● 강변이 아름다운 단수이는 자전거를 타며 돌아보면 그 즐거움이 배가된다. 자전거를 타기 좋은 환경이고 위런마터우까지 1시간 정도면 다녀올 수 있다. 특히 건너편 바리八里 섬은 자전거 도로가 잘 되어 있어 더욱 인기다. 단수이淡水 역 인포메이션 센터에서 빌릴 수 있으며 바리에도 곳곳에 자전거 대여소가 있다. 요금은 시간당 NT$30~50이며, 신분증을 지참하는 것이 좋다.

Plan
추천 루트
낭만이 넘치는 단수이 반나절 코스

14:00

홍마오청紅毛城
스페인에 의해 지어진 붉은색 건축물로 네덜란드가 이 지역을 점유하면서 홍마오청이라 불리기 시작했다. 타이완의 굴곡 많았던 역사를 엿볼 수 있는 곳으로 단수이의 대표적인 관광 명소다.

도보 5분

15:20

단장 고등학교淡江高級中學 & 전리 대학眞理大學
영화 〈말할 수 없는 비밀〉의 배경으로 등장한 단장 고등학교淡江高級中學는 주인공이자 감독인 주걸륜周杰倫의 모교로도 유명하다.

도보 10분

16:50

수이완水灣
강변에 위치한 수이완이나 스타벅스에 앉아서 낭만적인 단수이의 풍경에 빠져 보자. 바리에 가지 않는다면 노을이 질 때까지 기다리면서 여유로운 시간을 갖는다.

도보 + 페리 15분

18:00

바리八里
단수이 건너편에 있는 작은 섬 바리는 페리를 타고 훌쩍 떠나기 좋다. 산책로를 둘러보고 원조 대왕오징어도 맛보며 단수이보다 더 소박한 바리를 느껴 보자.

도보 + 페리 10분

19:30

단수이라오제淡水老街
단수이의 명물 아게이阿給, 위완탕魚丸湯, 테단鐵蛋 등 맛있는 먹거리들이 즐비하다. 단수이 여행의 피날레를 장식해 준다.

훙마오청 紅毛城 홍모성

Google Map 25.175396, 121.432911
Add. 新北市淡水區中正路28巷 Tel. 02-2623-1001
Open 월~목요일 09:30~17:00, 토~일요일 09:30~18:00
Close 매월 첫째 주 월요일
Access MRT 단수이淡水 역 2번 출구 앞에서 紅26번 버스를 타고 약 5분.
훙마오청紅毛城에서 하차. Admission Fee NT$80

★★★

스페인에 의해 지어진 이국적인 건축물

단수이의 가장 대표적인 관광 명소인 훙마오청은 17세기 초 타이완 북부를 점령했던 스페인에 의해 1628년 세워졌다. 당시에는 'Fort Santo Domingo'라고 불렸는데 1642년부터 네덜란드의 지배를 받게 되면서 '붉은 머리'를 뜻하는 훙마오紅毛에서 유래한 훙마오청으로 불리기 시작했다. 1868년부터는 영국 영사관으로 사용되다가 1980년이 되어서야 중화민국 정부에 반환되었다. 7개의 나라가 거쳐 간 사연 많은 건축물로 타이완의 굴곡진 역사를 엿볼 수 있는 곳이기도 하다. 감옥과 오래된 대포, 전시탑으로 사용되었던 건물들이 남아 있다. 건물 주변으로 푸른 정원이 잘 가꾸어져 있어 여행자들에게는 포토 스폿으로 애용되고 있다.

1 붉은 벽돌로 지어진 이국적인 모습의 훙마오청 **2** 훙마오청은 영국 영사관으로 이용되었던 빨간 벽돌 건물과 전시탑, 감옥으로 사용되었던 건물로 나뉜다. **3** 스페인, 네덜란드, 영국 등 이곳을 거쳐 간 나라들의 국기가 펄럭이고 있다.

전리 대학 眞理大學 ◀:전리다쉐

Google Map 25.175245, 121.434037
Add. 新北市淡水區真理街32號 Tel. 02-2621-2121
Access MRT 단수이淡水 역 2번 출구에서 紅26, 紅36, 紅38, 836, 837번 버스를
타고 약 17분. 전리 대학眞理大學 또는 홍마오청紅毛城에서 하차.
Admission Fee 무료 URL www.au.edu.tw

타이완 최초의 서양식 대학교

홍마오청에서 이어지는 오르막길을 따라 올라가면 타이
완 최초의 서양식 대학교 전리 대학과 연결된다. 1882년
매카이Mackay 박사가 설립했으며 영국 옥스퍼드 대학을
모델로 해 '옥스퍼드 칼리지'라고도 불린다. 건축학적으
로 가치를 인정받아 타이완 국가 유적으로 지정되었다.
또한 영화 〈말할 수 없는 비밀〉의 배경으로 등장해 관광
명소로 인기를 얻고 있다. 교정에는 아름다운 정원과 연
못이 있고, 이국적인 분위기가 흐르는 캠퍼스를 산책 삼
아 둘러보자.

옥스퍼드 칼리지라는 별칭이 있다.

담강 고등학교 淡江高級中學 ◀:단장가오지중쉐

Google Map 25.175642, 121.435656
Add. 新北市淡水區真理街26號 Tel. 02-2620-3850
Open 토요일 09:00~15:30
Access MRT 단수이淡水 역 2번 출구에서 紅26, 紅36, 紅38, 836, 837번 버스를
타고 약 17분. 전리 대학眞理大學 또는 홍마오청紅毛城에서 하차 후 언덕길을 따라
도보로 5분. Admission Fee 무료(여권 지참)

영화 〈말할 수 없는 비밀〉의 촬영지

평범한 학교가 여행자들이 줄을 잇는 관광 명소가 되었
다. 이 학교는 국내에서도 인기를 끈 영화 〈말할 수 없는
비밀不能說的秘密〉의 배경으로 등장했으며 감독이자
배우로 나온 주걸륜周杰倫의 모교로 알려지면서 방문객
들이 찾아온다. 두 주인공인 샹룬과 샤오위가 함께 걷던
복도와 싱그러운 교정, 쭉 뻗은 야자수를 보고 있노라면
어디선가 피아노 선율이 흐를 것만 같다. 학교 입구 왼
쪽에는 운치 있는 카페가 있어 잠시 쉬어 가기 좋다.

잔디밭이 깔려 있는 교정

위런마터우 漁人碼頭 어인마두

Map
P.373-C

Google Map 25.183247, 121.410790
Add. 新北市淡水區沙崙里觀海路199號
Access MRT 단수이淡水 역 2번 출구에서 紅26번 버스를 타고 약 25분.
종점인 위런마터우漁人碼頭에서 하차.

★★

붉은 노을을 감상하기 좋은 부두

단수이가 항구 도시임을 실감하게 하는 위런마터우는
과거에 어선이 드나들던 항구였다. 현재는 하얀 요트가
정박해 있고 주변으로 이국적인 리조트가 자리한 부둣
가다. 현지인들에게는 로맨틱한 데이트 코스로, 여행자
들에게는 이국적인 풍경과 근사한 일몰을 감상할 수 있
는 관광 코스로 통한다. 아치형으로 쭉 뻗은 칭런차오
情人橋는 '연인의 다리'라 불리며 해가 질 무렵이면 붉게
물드는 노을을 보려는 이들로 북적인다. 입구에 위치한
스타벅스에서 커피를 테이크아웃하거나 다리 근처에서
간식과 음료를 사서 자리를 잡고 일몰을 감상해 보자.
선착장에서 배를 타고 단수이라오제淡水老街의 선착장
으로 넘어가 석양을 감상하는 방법도 있다.

1 유럽의 항구 도시 같은 모습의 위런마터우 2 항구에는 보트가 정박해 있어 더욱 이국적이다. 3 '연인의 다리'라 불리는 칭런차오情
人橋

바리 八里 ^{팔리}

Google Map 25.183247, 121.410790
Add. 新北市八里區觀海大道

★★

1

2

3

단수이 여행의 보너스

바리는 단수이 바로 건너편에 자리한 작은 섬마을로 단수이 여행의 보너스와도 같은 곳이다. 배를 타고 가야 하는 섬이지만 10분 남짓이면 도착해 옆 동네 마실 가듯 가볍게 다녀올 수 있다. 배에서 내리면 바로 앞에 기념품을 파는 상점과 각종 길거리 음식을 파는 가게가 보인다. 맛있는 냄새가 코를 자극해 저절로 발걸음을 옮기게 된다. 바리의 명물 맛집인 바오나이나이화즈샤오寶奶奶花枝燒(P.307)는 대왕오징어튀김의 원조로 오직 오징어튀김을 먹기 위해 바리를 찾아오는 여행자들이 있을 정도로 인기가 많다. 바리는 단수이에 비해 차가 별로 없고 한적해 자전거를 빌려 타고 구석구석 돌아볼 것을 추천한다. 시간을 잘 맞추면 페리 위에서 가슴 뭉클한 단수이의 일몰을 감상할 수 있다.

바리 부두로 가려면 단수이 해안가에 'Lattea'라고 적힌 건물 앞에 위치한 단수이두촨터우淡水渡船頭(단수이 선착장)에서 페리를 타면 된다. 편도 요금은 NT$230이며 이지카드로도 탑승 가능하다. 돌아올 때는 하차했던 바리 선착장에서 다시 타면 된다.

1 단수이보다 아담하고 소박한 분위기의 바리 **2** 단수이에서 배로 10분 남짓이면 도착할 수 있는 가까운 거리다. **3** 선착장 앞에 기념품과 간식거리를 파는 상점이 있다.

단수이라오제 淡水老街 _{담가노가}

Map
P.375-D

Google Map 25.170109, 121.439768
Add. 新北市淡水區中正路
Access MRT 단수이淡水 역 1번 출구에서 중정루中正路를 따라 도보로 11분.
※단수이라오제의 맛집은 P.304 참고.

★★★

단수이의 와자지껄한 먹자골목

단수이 역에서 해안 공원을 지나 산책로 방향으로 난 중
정루中正路를 따라 걸으면 인파들로 시끌벅적한 단수이
라오제와 만난다. 단수이를 대표하는 먹자골목이라 할
수 있는데, 단수이의 명물로 불리는 아게이阿給(유부 요
리)를 비롯해 위완탕魚丸湯(어묵탕), 톄단鐵蛋(간장에
조린 달걀), 위쑤魚酥(튀김과자) 등 호기심을 자극하는
각종 먹거리가 가득하다. 주전부리를 사 먹으면
서 거리를 구경하다 보면 어느새 배가 든든해
진다. 타이완의 1960~70년대 물건들을 파는
가게도 있다. 향수를 불러일으키는 소품과
선물용으로 좋은 기념품을 구경하는 재미
가 쏠쏠하다.

1 단수이라오제는 늘 사람들로 북적인다. 2, 3 각종 주전부리와 기념품 가게들이 줄줄이 이어지는 단수이라오제 4 아기자기한 기념
품을 파는 상점도 많다.

단수이훙러우 淡水紅樓 담수홍루

Google Map 25.171411, 121.439385
Add. 新北市淡水區三民街2巷6號 Tel. 02-8631-1168
Open 11:00~22:00
Access MRT 단수이淡水 역 1번 출구에서 왼쪽의 중정루中正路를 따라
도보로 13분.
Price 파스타 NT$350~, 맥주 NT$140~ URL www.redcastle-taiwan.com

★★

클래식한 건축물에서 낭만을 즐기다

1899년에 지어진 단수이훙러우는 100년이 훌쩍 넘는 역
사적인 건축물로 현재는 레스토랑 겸 카페로 사용하고
있다. 일부러 찾아가지 않고는 발견하기가 힘든 곳에 숨
어 있다. 계단을 따라 힘겹게 올라가야 하지만 서양식으
로 지어진 고풍스러운 건물을 발견하는 순간 멋진 첫인
상에 고단함이 싹 가신다. 1층과 2층은 해산물을 비롯
한 다양한 산해진미를 맛볼 수 있는 중식 레스토랑이며
3층은 파스타, 리소토와 같은 식사메뉴와 커피, 차를 즐
길 수 있는 카페로 운영하고 있다. 낮에 가는 것도 좋지
만 조명이 켜져 낭만적인 분위기로 몰드는 저녁에 갈 것
을 추천한다. 특히 3층의 테라스 자리는 석양이 지는 풍
경이나 야경을 감상하기에 좋아 연인들의 데이트 코스
로 사랑받고 있다.

1 붉은 벽돌로 지은 클래식한 건축물이 근사하다. **2, 3** 다채로운 중식 메뉴를 선보이고 있으며 세트 구성도 다양하다. **4** 노을 질 무렵
에는 테라스 자리가 인기가 있다.

단수이라오제淡水老街의
명물 맛집

아포테단 阿婆鐵蛋

단수이에 가면 꼭 사야 하는 명물이 있으니 바로 간장에 조린 달걀, 테단鐵蛋이다. 단수이 곳곳에서 볼 수 있지만 이 집이 원조다. 오랫동안 간장에 조려서 속까지 검게 된 달걀은 약간 짭조름하면서 고소한 맛이 난다. 달걀과 메추리알 두 가지 종류가 있으며 진공포장되어 있어 기념품으로 구입하기 좋다.

Google Map 25.170444, 121.439185
Add. 新北市淡水區中正路135之1號
Tel. 02-2625-1625
Open 09:00~22:00
Access 단수이두찬터우淡水渡船頭(단수이 선착장)에서 단수이라오제로 이어지는 골목을 따라가면 메인 도로와 만나는 지점 왼쪽에 있다. 아마더쏸메이탕阿媽的酸梅湯 옆이다.
Price 테단 NT$100

라테아 Lattea

단수이라오제와 선착장이 교차하는 자리에 위치하고 있는 체인 카페. 이곳의 뤼가이차綠蓋茶는 여행자들 사이에서 최고의 히트 상품으로 꼽힌다. 녹차 위에 풍부한 크림치즈가 듬뿍 올라가 있는데 녹차의 달콤 쌉싸름한 맛과 크림치즈의 짭조름한 맛이 놀랍도록 잘 어울린다. 바삭하게 튀긴 감자튀김과 곁들이면 환상궁합이다. 테라스 자리에서 단수이의 아름다운 석양을 감상할 수 있다.

Google Map 25.170189, 121.439071
Add. 新北市淡水區中正路11巷1號3樓
Tel. 02-2621-3113
Open 일~목요일 11:30~24:00, 금~토요일 11:30~01:00
Access 단수이두찬터우淡水渡船頭(단수이 선착장)에서 단수이라오제로 이어지는 초입의 건물 3층에 있다.
Price 뤼가이차 NT$65, 감자튀김 NT$60

아마더쏸메이탕 阿媽的酸梅湯

쏸메이탕은 타이완 사람들이 더운 여름에 즐겨 마시는 매실 음료다. 정신이 바짝 들 만큼 새콤한 맛에 약간의 한약 맛이 느껴지는데 무더위를 식히는 데 이보다 좋은 음료가 없다. 가격도 단돈 NT$30로 저렴하다.

Google Map 25.170396, 121.439140
Add. 新北市淡水區中正路135之1號
Tel. 02-2629-0107
Open 10:00~22:00
Access 단수이두촨터우淡水渡船頭(단수이 선착장)에서 단수이라오제로 이어지는 골목을 따라가면 메인 도로와 만나는 지점 왼쪽에 있다.
Price NT$30

셴카오단가오 現烤蛋糕

여행자들 사이에서 입소문이 자자한 카스텔라 맛집으로 정식 이름보다 '단수이 카스텔라 가게'로 통한다. 왕카스텔라라고도 불릴 만큼 넉넉한 크기에 한 번 놀라고, 폭신하고 살살 녹는 부드러운 식감에 두 번 놀라게 된다. 갓 구워서 그 자리에서 잘라 주기 때문에 더 맛있다. 순수한 카스텔라 맛을 즐길 수 있는 기본 맛과 풍부한 치즈 맛 중에서 고를 수 있다.

Google Map 25.170574, 121.439227
Add. 新北市淡水區中正路228之2號
Tel. 02-2626-8592 **Open** 10:00~20:00
Access 단수이라오제, 아포톄단阿婆鐵蛋 맞은편 오른쪽에 있다.
Price 카스텔라 NT$90, 치즈 카스텔라 NT$130

아샹샤쥐안 阿香蝦捲

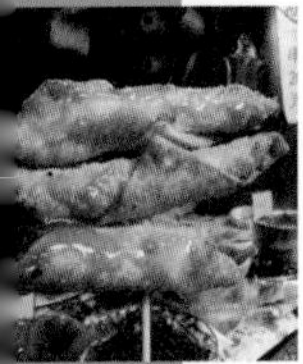

20년 전통의 새우튀김집. 외관은 허름하지만 맛은 으뜸이다. 보통의 새우튀김처럼 생겼지만 안에 고기소가 들어 있어 맛이 더 풍부하다. 그 자리에서 바로바로 튀겨 주고, 칠리와 갈릭 등 3가지 소스 중에서 원하는 소스를 골라서 먹을 수 있다.

Google Map 25.170756, 121.439101
Add. 新北市淡水區中正路230號
Tel. 02-2623-3042
Open 10:30~21:00
Access 단수이라오제, 중정루中正路에 있다. 셴카오단가오現烤蛋糕에서 왼쪽으로 도보 1분.
Price 새우튀김 NT$20

정쭝아게이 正宗阿給

아게이阿給는 유부 안에 당면과 으깬 생선을 넣고 쪄 내는 타이완의 전통 먹거리인데 특히 단수이 지역이 아게이로 유명하다. 주먹만 한 크기의 아게이가 소스에 푹 담겨 나오는데 매콤한 소스를 추가해 먹으면 더 맛있다. 타이완식 어묵탕이라고 할 수 있는 위완탕魚丸湯은 담백한 국물에 탱글탱글한 어묵이 들어 있다.

Google Map 25.170127, 121.438912
Add. 新北市淡水區中正路11巷4號
Tel. 02-2623-3398
Open 08:00~22:30
Access 단수이두촨터우淡水渡船頭(단수이 선착장)에서 단수이라오제로 이어지는 초입에 있다. **Price** 아게이 NT$35, 위완탕 NT$35

수이완 水灣 Waterfront 수만

Map P.375-C

Google Map 25.171795, 121.436678 Add. 新北市淡水區中正路229之9號
Tel. 02-2629-0052 Open 월~금요일 12:00~22:00, 토~일요일 11:30~22:00
Access MRT 단수이淡水 역 2번 출구에서 紅26번 버스를 타고
샤오바이궁小白宮에서 하차 후 도보로 3분.
또는 MRT 단수이淡水 역 1번 출구에서 왼쪽의 중정루中正路를 따라 도보로 12분.
Price 티 NT$170~, 가도가도 NT$380(SC 10%) URL www.waterfront.com.tw

★★

발리의 리조트처럼 이국적인 레스토랑

단수이의 낭만에 제대로 취해 보고 싶다면 이곳으로 가
자. 말랑말랑한 보사노바 음악이 흐르는 가운데 눈앞에
는 단수이 강이 시원스럽게 펼쳐지고, 이국적인 발리 음
식까지 더해져 마치 남국의 리조트에 온 듯한 기분을 만
끽할 수 있다. 규모가 크며 구역별로 좌석 분위기를 조
금씩 다르게 꾸며 놓았다. 명당 자리는 통유리 창 너머
로 단수이 강을 더 가깝게 느낄 수 있는 창가석이다. 발
리식 샐러드 가도가도Gado Gado, 우리 입맛에도 잘 맞
는 꼬치구이 사테Sate 등 발리 전통 요리를 선보인다. 커
피, 허브티, 밀크티, 맥주 등 가벼운 마실 거리도 다양하
다. 신용카드는 사용이 불가하며 1인당 NT$150의 미니
멈 차지가 있다.

1 단수이 강이 눈앞에 펼쳐져 시원스러운 전망을 감상하기 좋다. 2 발리풍으로 꾸며진 수이완의 모습 3 넉넉한 티 포트에 담겨 나오는 블랙 커런트 티Black Currant Tea 4 음료 2잔이 포함된 애프터눈 티 세트

바오나이나이화즈사오 寶奶奶花枝燒 보내내화지소

Google Map 25.158558, 121.434986
Add. 新北市八里區渡船頭街26號 Tel. 02-2610-4071 Open 09:00~22:00
Access 단수이두촨터우淡水渡船頭(단수이 선착장)에서 페리를 탄 후
바리두촨터우八里渡船頭(바리 선착장)에서 내려 직진하면 왼쪽에 있다.
도보로 2분.
Price 대왕오징어튀김 소(小) NT$100, 대(大) NT$150

★★★

대왕오징어튀김의 원조

타이베이 야시장에서 쉽게 볼 수 있는 대왕오징어튀김의
원조집이 바리에 있다. 대왕오징어튀김을 먹기 위해 바
리를 찾는 이들이 많을 정도로 인기가 대단하다. 대왕오
징어를 비롯해 게, 생선, 새우, 고구마 등 여러 종류의 튀
김이 수북하다. 대왕오징어튀김은 바나나 만한 오징어
를 튀겨 먹기 좋게 자른 후 후추, 와사비, 마요네즈, 가
쓰오부시 중 원하는 소스를 뿌려 낸다. 가게 바로 위에
있는 편의점에서 마실 거리를 사 가지고 부두 근처로 가
서 자리를 잡자. 시원한 맥주에 바삭하고 탱탱한 오징
어튀김을 곁들이면 더 이상 설명이 필요 없는 감동적
인 맛이 완성된다.

1 대왕오징어튀김은 물론 각종 튀김들이 수북하게 쌓여 있다. **2** 원조의 맛을 보려는 이들로 문전성시를 이룬다. **3** 탱글탱글하고 바삭한 맛이 일품인 대왕오징어튀김 **4** 맥주까지 곁들이면 금상첨화다.

바이예원저우다훈툰 百葉溫州大餛飩 _{백엽온주대혼돈}

Map P.375-C

Google Map 25.171241, 121.438623
Add. 新北市淡水區中正路177號 **Tel.** 02-2621-7286
Open 월~금요일 10:00~14:00, 16:30~20:30, 토~일요일 10:00~20:30
Access 단수이 중정루, 센카오단가오現烤蛋糕를 지나서 도보로 5분.
Price 완탕 닭다리구이 세트 메뉴 NT$145 **URL** www.wenchou.com.tw

★★★

주걸륜이 즐겨 찾던 단골가게

단수이는 영화 〈말할 수 없는 비밀〉의 촬영지
로 알려져 있는데 이곳은 영화 속 남자 주인공
인 주걸륜周杰倫이 실제 학창시절에 즐겨 찾았
던 단골가게다. TV를 비롯해 각종 매체에 소개
될 정도로 유명한 식당이다. 우리의 만둣국과
비슷한 훈둔탕餛飩湯, 닭다리구이烤雞腿 등의
메뉴를 맛볼 수 있다. 완탕과 닭다리구이가 함
께 나오는 주걸륜 세트周杰倫套餐도 판매하고
있다.

훈둔탕과 닭다리구이가 함께 나오는 주걸륜 세트

P 카페 P Café

Map P.375-D

Google Map 25.169902, 121.440296
Add. 新北市淡水區中正路180號2樓 **Tel.** 02-2626-3866
Open 11:00~21:00 **Close** 월요일
Access MRT 단수이淡水 역 1번 출구에서 중정루中正路를 따라 도보로 8분.
Price 커피 NT$120~, 스무디 NT$150

2017 New

빈티지한 매력의 카페

왁자지껄한 단수이라오제에 위치한 카페로 파
스타, 파니니와 같은 식사 메뉴와 커피와 함께
먹기 좋은 디저트도 준비되어 있다. 단수이라
오제 구경 후 커피를 마시면서 잠깐 쉬어가거
나 간단한 식사를 즐기기 좋은 곳이다. 직접 로
스팅한 커피의 맛도 꽤 좋은 편이다.

세련된 분위기의 카페 내부

스타벅스 Starbucks

Google Map 25.171397, 121.437133
Add. 新北市淡水區中正路205號 Tel. 02-2625-3320
Open 월~금요일 08:00~22:30, 토~일요일 07:30~22:30
Access MRT 단수이淡水 역 2번 출구에서 紅26번 버스를 타고 샤오바이궁小白宮에서
하차 후 도보로 3분. 또는 MRT 단수이淡水 역 1번 출구에서 중정루中正路를 따라
도보로 12분. Price 카페 라테 NT$105

★★

타이베이에서 가장 전망이 좋은 곳

어디서나 쉽게 볼 수 있는 스타벅스지만 이곳이 타이완
에서 가장 아름다운 스타벅스로 손꼽히는 이유는 단수
이의 드라마틱한 노을을 감상하기에 최적의 장소이기
때문이다. 해안 산책로에서 가장 목 좋은 곳에 자리 잡
고 있고, 2층에는 오픈된 야외 자리가 있어 해 질 무렵
이면 노을을 기다리는 사람들로 자리 경쟁이 치열하다.
여행 기념품으로 스타벅스 시티 머그컵이나 텀블러를
구입하는 것도 좋다.

큼직하게 자리 잡고 있는 스타벅스. 2층의
야외 자리가 명당이다.

단수이창디 淡水長堤 담수장제

Google Map 25.172538, 121.435645
Add. 新北市淡水區中正路21巷9號 Tel. 02-2622-2652
Open 월~금요일 11:00~24:00, 토~일요일 10:00~24:00 Access MRT 단수이淡水
역 2번 출구에서 紅26번 버스를 타고 샤오바이궁小白宮에서 하차 후 도보로 3분. 또는
MRT 단수이淡水 역 1번 출구에서 왼쪽의 중정루中正路를 따라 도보로 15분.
Price 커피 NT$130~, 와플 NT$140(SC 10%)

★★

탁 트인 야외석이 멋진 카페

단수이의 산책로에 자리 잡은 카페로, 붉은 벽돌과 앤
티크한 가구들이 조화를 이루어 편안하면서도 운치가
넘친다. 커피와 차 종류가 다양하며 와플, 파스타와 같
은 메뉴도 다루고 있다. 바로 앞에 강이 바라보이는 강
변 자리와 계단을 따라 올라가면 나오는 탁 트인 구조
의 2층 야외석이 명당자리로 붉게 물드는 노을을 생생
하게 감상할 수 있다. 일찌감치 좋은 자리를 잡고 해가
지는 시간을 기다려 보자.

강변에 자리한 야외 좌석에서 일몰을 감상
하기 좋다.

BEYOND
TAIPEI

Access
가는 방법

Check Point

택시 투어
편하게 주변 지역을 둘러보고 싶다면 택시 투어를 추천한다. 보통 오전 10시 정도에 출발해서 약 7시간 동안 예류, 진과스, 주펀을 둘러보거나 여기에 양밍 산陽明山이나 스펀十分을 넣는 식으로 일정을 짠다. 예약은 택시 투어 카페에서 하면 된다. 요금은 업체와 시간에 따라 차이가 있는데 보통 5시간에 NT$2,700, 8시간에 NT$3,700 정도.

●**타이완 택시 투어 카페**
URL cafe.daum.net/taiwantaxi
●**JJ대만 택시 투어**
URL cafe.naver.com/jjtaiwantaxitour
●**택시 투어 1일 추천 코스**
예류→진과스→주펀
양밍 산→예류→진과스→주펀
예류→진과스→주펀→스펀
진과스→주펀→스펀

예류 · 진과스 · 주펀 가는 법

예류
타이베이에서 가기 MRT 타이베이처잔台北車站 역에서 M1 또는 M2 출구로 나오면 궈광커윈 타이베이 터미널國光客運台北車站이 있다. 여기서 진산金山행 1815번 버스를 타면 예류까지 1시간 30분 정도 소요된다. 예류野柳 버스 정류장에서 하차 후 왼쪽의 내리막길을 따라 8분 정도 걸어가면 예류 지질공원野柳地質公園이 나온다. 버스 요금은 NT$96(이지 카드 사용 가능).

진과스
예류에서 가기 예류野柳 버스 정류장 맞은편에서 790번, 862번 버스를 타고 지룽基隆에서 하차 후(약 30분) 다시 육교 건너편 버스 정류장에서 788번 버스를 타고 진과스 황금박물관 앞(종점)에서 하차한다(약 40분).

주펀
진과스에서 가기 진과스 황금박물관 앞 버스 정류장에서 주펀九份행 버스를 타고 약 10분.

타이베이(MRT 중샤오푸싱 역)
주펀에서 가기 주펀 버스 정류장에서 지룽커윈基隆客運의 1062번 버스를 타면 MRT 중샤오푸싱忠孝復興 역까지 갈 수 있다. 주펀에서 타이베이까지는 1시간 30분 정도 소요된다.

Tip
진과스 & 주펀 ↔ 스펀 & 핑시 이동하기
진과스와 주펀을 둘러본 후 천등 날리기로 유명한 스펀, 핑시에 가고 싶다면 루이팡瑞芳 역으로 가자. 주펀이나 진과스 정류장에서 788번, 1062번 버스를 타고 15~20분 정도 가면 루이팡 역에 도착한다. 루이팡 역에서 '핑시센 원데이 패스'를 구입한 후 핑시센 여행을 시작하면 된다. 반대로 핑시센 여행 후 진과스나 주펀으로 이동하려면 루이팡 역 근처 웰컴 마트Wellcome Mart 옆에 있는 버스 정류장에서 788번, 1062번 버스를 타면 된다.

Plan
추천 루트
예류·진과스·주펀을
하루에 둘러보는 코스

09:00 타이베이에서 출발
타이베이처잔 옆에 있는
궈광커윈 타이베이 터미널
國光客運台北車站에서 버스를
타고 예류로 출발!

버스 1시간 30분

10:30 예류
신비로운 기암괴석과 푸른 바다가
아름다운 예류에서 초현실적인
풍경에 흠뻑 빠져 보자.

버스 1시간
20분

진과스 황금박물관 **14:20**
탄광 마을 진과스에서
세계 최대 규모의 금괴를 만져 보고
광부도시락도 맛보자.

도보 2분

891번 버스 관광 **16:00**
진과스의 명물 버스 진수이랑만하오
891번 버스에 몸을 싣고 진과스
구석구석을 탐방해 보자.

버스 10분

17:10 주펀 도착, 지산제
꼬불꼬불 미로처럼 이어지는
지산제에서 맛있는 샤오츠를 먹으며
주펀을 산책해 보자.

도보 10분

18:20 수치루
주펀의 하이라이트! 홍등이 반짝이는
수치루 계단에서 기념사진을 찍어 보자.

도보 1분

다예관 **19:00**
아메이차주관, 주펀차팡 같은
다예관에서 차 한잔의 여유를
누려 보자.

도보 10분

타이베이로 출발 **20:00**
주펀 버스 정류장에서 1062번
버스를 타고 타이베이로 돌아온다.

예류 野柳 ^{야류}

자연이 만들어 낸 아름다운 걸작품

예류 지질공원野柳地質公園은 타이베이 북부 지역을 대표하는 관광 명소로 수많은 기암괴석과 침식된 산호 조각물, 파란 바다가 어우러져 한 폭의 그림 같은 풍광을 선사한다. 신비로운 자연의 위대함을 경험할 수 있는 곳으로 세계 지질학상 중요한 해양 생태계 자원으로 인정받고 있다. 바로 옆에 위치한 예류하이양스제野柳海洋世界는 다양한 해양 생물을 전시하고 있고 스릴 넘치는 다이빙 쇼, 돌고래 등을 볼 수 있어 아이를 동반한 가족 여행자에게 인기가 높다.

Google Map 25.206389, 121.690316
Map P.373-D
Add. 新北市萬里區港東路167之1號
Access **타이베이에서 가는 방법** MRT 타이베이 처잔台北車站 역에서 M1 또는 M2 출구로 나오면 궈광커윈 타이베이 터미널國光客運台北車站이 있다. 여기서 진산金山행 1815번 버스를 타면 예류까지 1시간 30분 정도 소요된다. 버스 요금은 NT$96(이지 카드 사용 가능).

예류의 **추천 관광 명소**

예류 지질공원 野柳地質公園

타이베이 북쪽 해안에 자리한 예류는 자연이 만들어 낸 신비로운 기암괴석이 수없이 많다. 오랜 세월 침식작용과 암석 풍화, 지각운동 등 지질작용을 거쳐 지금의 초현실적인 풍경이 완성되었고, 세계 지질학상 가치가 높은 해양 생태계 자원으로 인정받고 있다. 예류 지질공원은 크게 세 구역으로 나뉘는데 제2구역에서는 버섯바위, 생강바위를 비롯해 예류 지질공원의 상징과도 같은 여왕바위도 볼 수 있다. 틀어 올린 머리와 목선, 코, 입 등이 고대 이집트의 네페르티티 여왕의 모습을 닮아 여왕바위라 불리는데 기념사진을 찍으려는 이들로 인산인해를 이룬다. 대부분의 기념품도 여왕바위를 본떠 만들 정도로 대표적인 아이콘이다. 파란 바다를 배경으로 울퉁불퉁 솟아 있는 기암괴석을 감상하며 대자연의 신비에 빠져 보자.

Google Map 25.206507, 121.690392
Add. 新北市萬里區港東路167之1號
Tel. 02-2492-2016
Open 08:00~17:00(5~9월은 18:00까지)
Access 예류野柳 버스 정류장에서 하차 후 왼쪽 내리막길을 따라 도보로 8분.
Admission Fee 성인 NT$80, 어린이 NT$40
URL www.ylgeopark.org.tw

예류하이양스제 野柳海洋世界

예류 지질공원 옆에 위치한 예류하이양스제는 해양 생물 전시와 돌고래 쇼 등을 볼 수 있는 해양 공원이다. 아찔한 높이에서 과감하게 뛰어내리는 다이빙과 수중 공연, 귀여운 돌고래들을 볼 수 있어 아이를 동반한 가족 여행자들이 즐겨 찾는다. 정해진 시간에 공연을 볼 수 있으며 월요일은 10:30, 13:00, 화~금요일은 10:30, 13:30, 15:30, 토~일요일은 10:30, 13:00, 14:30, 16:00에 관람할 수 있다.

Google Map 25.205196, 121.691341
Add. 新北市萬里區港東路167之3號
Tel. 02-2492-1111
Open 월~금요일 09:00~ 17:00, 토~일요일 09:00~17:30
Access 예류野柳 버스 정류장에서 하차 후 왼쪽 내리막길을 따라 도보로 8분.
Admission Fee 성인 NT$400
URL www.oceanworld.com.tw

진과스 金瓜石

금광이 있던 광부들의 마을

진과스는 일제강점기 때 개발된 탄광 마을이다. 20세기 전반에 금광이 발견되면서 금 채굴 작업이 활발하게 이루어졌으나 20세기 후반 금이 고갈되자 점점 사람들이 떠나면서 쇠락했다. 그 후 타이완 정부가 관광지로 개발하면서 제2의 전성기를 누리고 있다. 대표적인 볼거리로는 세계 최대의 거대한 금괴를 볼 수 있는 황금박물관黃金博物館과 두 가지 색깔이 공존하는 신비로운 바다 인양하이陰陽海, 황금색 바위 너머로 박력 넘치게 흐르는 황금폭포黃金瀑布 등이 있다. 진과스의 명물 버스 진수이랑만하오金水浪漫號 891번이 주요 관광 명소를 운행하므로 버스에 몸을 싣고 진과스 구석구석을 누벼 보자.

Google Map 25.110637, 121.857021

Map P.373-D

Add. 新北市瑞芳區金光路8號

Access **타이베이에서 가는 방법** MRT 중샤오푸싱忠孝復興 역 2번 출구로 나오면 오른쪽에 버스 정류장이 있다. 여기서 지룽커윈基隆客運 회사에서 운행하는 1062번 버스를 타면 주펀九份을 거쳐 종점인 진과스金瓜石까지 갈 수 있다. 1시간 30분 정도 소요되며 버스 요금은 편도 NT$102(이지 카드 사용 가능).

예류에서 가는 방법 예류 버스 정류장에서 790번, 862번 버스를 타고 지룽基隆에서 하차 후(약 30분) 다시 육교 건너편 버스 정류장에서 788번 버스를 타고 50분 정도 가면 진과스에 도착한다.

진과스의 **추천 관광 명소**

황금박물관 黃金博物館

과거 채광 산업으로 영화를 누렸던 진과스에 대해 이해할 수 있도록 꾸며진 박물관. 독특한 철 구조물 형태로 지어진 황금박물관은 진과스 여행의 하이라이트라고 할 수 있다. 1층에는 황금 채굴 작업에 사용된 장비와 방법 등에 관한 전시물이 있어 과거 광부들의 삶을 엿볼 수 있다. 2층에는 황금박물관을 상징하는 보물인 거대한 금괴가 전시되어 있다. 금괴는 순도 99.9%, 220kg이며 세계에서 가장 큰 규모로, 가치는 300억 원에 달한다고 한다. 유리관에 구멍이 뚫려 있어 직접 금괴를 만져볼 수 있으며 금괴를 만진 후 손을 호주머니에 넣으면 부자가 된다는 속설이 있어 금괴를 만지려는 이들로 북적인다. 직접 갱도를 체험해 보는 번산우컹本山五坑 코스도 있는데 요금은 NT$500이다.

Google Map 25.107989, 121.857676
Add. 新北市瑞芳區金光路8號
Tel. 02-2496-2800
Open 월~금요일 09:30~17:00, 토~일요일 09:30~18:00
Close 매월 첫째 주 월요일
Access 788번 버스를 타고 진과스 황금박물관 앞(종점)에서 하차 후 도보로 3분.
Admission Fee NT$80
URL www.gep.ntpc.gov.tw

타이쯔빈관 太子賓館

1922년 일제강점기 때 다나카 광업 주식회사에서 당시 일본의 황태자였던 히로히토의 방문을 위해 지었다. 전형적인 일본 건축양식에 서양 스타일을 섞은 건축물로 현재까지 타이완에서 가장 정교한 일본식 목조 건축물로 손꼽힌다. 안타깝게도 황태자는 방문하지 않았고, 그 후 오랜 세월 닫혀 있다가 2007년 3월에 관광객들에게 일부 개방했다. 실내에는 들어갈 수 없지만 고즈넉한 정원을 산책하며 둘러볼 수 있다.

Open 09:30~17:00
Close 매월 첫째 주 일요일
Access 황금박물관 구역 내에서 표지판을 따라 도보로 5분.

진과스의 **추천 관광 명소**

쾅궁스탕 礦工食堂

진과스에서 꼭 먹어 봐야 하는 명물 먹거리가 있으니 바로 '광부도시락'이다. 과거 광부들이 먹던 도시락을 그대로 재현한 것으로 밥 위에 두툼한 돼지고기튀김이 올려 나온다. 진과스의 지도가 그려진 보자기에 싸고 젓가락을 꽂아 패키지처럼 나오는데 다 먹고 나면 귀여운 도시락 통과 도시락을 싸고 있는 보자기까지 가져갈 수 있다. 광부도시락 외에 얼큰한 국물의 뉴러우몐牛肉面, 파스타와 같은 메뉴도 있고 시원한 커피와 아이스크림 등도 있다. 진과스를 돌아보다 잠시 쉬어 가며 배를 채우고 싶을 때 추천한다.

Tel. 02-2496-1820
Open 월~금요일 09:30~17:00, 토~일요일 09:00~18:00
Access 황금박물관 구역 내에서 표지판을 따라 도보로 5분.
Price 광부도시락 NT$290, 뉴러우몐 NT$180
URL www.funfarm.com.tw

황금폭포 黃金瀑布

이름 그대로 황금빛으로 빛나는 폭포. 황금색 바위들 사이로 하얀 폭포수가 시원스럽게 흘러내리는 장관을 감상할 수 있다. 광산 채굴 후 지반으로 스며든 폐광석이 물에 함유된 성분과 산화작용을 일으켜 바위가 황금색으로 변하게 되었다고 한다. 어디서도 볼 수 없는 황금빛 바위와 폭포를 배경으로 기념사진을 찍어 보자. 물에는 광물이 함유되어 있어 강한 산성을 띠고 있으니 손으로 만지지 않도록 주의하자.

Access 진과스 버스 정류장에서 내리막길을 따라 도보로 15분.

인양하이 陰陽海

인양하이는 '음과 양이 함께하는 바다'라는 뜻으로 두 가지 색의 바다를 볼 수 있는 신비로운 곳이다. 날씨가 맑은 날에는 바다에 경계선이 있는 것처럼 파란색과 황토색으로 나뉘는 진풍경이 펼쳐진다. 진과스의 암석에 황철석 함유량이 높아 황토색으로 보이는 것이라고 한다.

Access 진과스 버스 정류장에서 바다 방향으로 도보로 30분.

Tip **진과스 구석구석을 이어 주는 891번 버스**

진과스에서 황금박물관만 둘러보고 떠나기는 아쉽고 관광지를 걸어서 둘러보기에 체력적으로 무리라고 생각한다면 진수이랑만하오金水浪漫號 891번 버스를 이용하자. 진과스에서 꼭 봐야 하는 인양하이陰陽海, 취안지탕勸濟堂, 황금폭포黃金瀑布, 스싼청이즈十三層遺址 등 주요 관광 명소를 거치는 투어 버스이다. 어느 버스를 타느냐에 따라 복불복이지만 버스 운전사가 가이드처럼 친절하고 재미있게 설명을 해주기도 하고 주요 명소에서는 잠깐 버스를 세워 사진을 찍도록 해주기도 한다. 버스 요금은 NT$15 정도로 저렴하며 50분 정도 소요된다. 황금박물관 앞 버스 정류장에서 정시마다 출발하니 버스에 몸을 싣고 진과스 구석구석을 누벼 보자.

Access 진과스 황금박물관 앞 버스 정류장에서 출발한다.
Time 10:00~18:00 매시 정각마다 1대씩 출발(주말에는 30분마다 출발)
Fee NT$15

주펀 九份

붉은 홍등이 빛나는 도시

1920~30년대에 금광이 발견되면서 영광을 누렸지만 채광 산업이 시들해지면서 쇠락해 갔다. 영화 〈비정성시悲情城市〉의 주 무대로 등장하면서 재조명을 받게 되었다. 우리에게는 드라마 〈온에어〉의 촬영지로도 알려져 있다. 현재는 타이베이 근교 여행지 중에서 가장 인기 있는 여행지로 꼽힌다. 구불구불한 골목길을 따라 온갖 먹거리와 기념품 가게가 이어지며, 붉은 홍등이 주렁주렁 달린 좁은 수치로 계단 길 풍경은 마치 과거로의 시간 여행을 떠나온 듯하다. 낮보다는 해가 진 후 홍등이 켜질 때 진가를 발휘하며, 일몰을 감상하기 좋다. 여름에는 오후 6시 이후, 겨울에는 오후 5시 이후부터 홍등이 켜진다. 거미줄처럼 엮인 골목길을 따라 전망 좋은 다예관들이 즐비하니 적당한 장소에 들어가 향긋한 차 한잔을 즐기며 주펀을 느껴 보자.

Google Map 25.109843, 121.845157
MAP P.373-D
Access **타이베이에서 가는 방법** MRT 중샤오푸싱忠孝復興 역 2번 출구로 나오면 오른쪽에 버스 정류장이 있다. 여기서 지룽커윈基隆客運 회사에서 운행하는 1062번 버스를 타면 진과스金瓜石까지 갈 수 있다. 1시간 30분 정도 소요되며 버스 요금은 편도 NT$102(이지 카드 사용 가능).
예류에서 가는 방법 예류 버스 정류장에서 790번, 862번 버스를 타고 지룽基隆에서 하차 후(약 30분) 다시 육교 건너편 버스 정류장에서 788번 버스를 타고 40분 정도 가면 주펀에 도착한다.

꼬불꼬불 미로처럼 이어지는 **주펀 골목 산책**

지산제 基山街

주펀의 시작이라고 할 수 있는 지산제는 다양한 먹거리를 파는 샤오츠小吃 가게와 독특한 기념품을 파는 상점, 오래된 전통 맛집이 줄줄이 이어진다. 주펀에서 가장 맛있는 먹자골목으로 통하는 만큼 거리에 들어서면 맛있는 음식 냄새가 코를 자극한다. 한 걸음 떼기가 무섭게 주펀의 명물로 통하는 땅콩 아이스크림, 위위안, 꼬치구이 등 한 입 거리 간식 퍼레이드가 시작된다. 대부분 NT$50~100 정도로 가격이 저렴하니 다양하게 맛 보며 지산제를 걸어 보자.

Google Map 25.109875, 121.845172
Map P.374-A, B
Add. 新北市瑞芳區基山街
Access 주펀 버스 정류장에서 하차 후 내리막 길을 따라 걷다보면 왼쪽에 세븐일레븐 편의점이 보인다. 편의점 바로 옆에 지산제 입구가 있다.

수치루 豎崎路

주펀 하면 떠오르는 좁고 가파른 계단, 홍등이 주렁주렁 달린 풍경의 주인공이 바로 수치루다. 영화 〈비정성시〉 촬영지이자 〈센과 치히로의 행방불명〉의 모티브가 된 거리로도 유명하다. 타이베이를 대표하는 한 컷이자 주펀의 꽃이라고 할 수 있는 골목이다 보니 수많은 인파가 몰린다. 특히 해 질 무렵 홍등이 하나둘 켜지기 시작하면 기념사진을 찍으려는 이들로 발 디딜 틈 없이 붐빈다. 좁고 가파른 돌계단을 따라 운치 있는 찻집들이 모여 있는데 아메이차주관阿妹茶酒館도 자리 잡고 있다. 기념사진만 찍고 가기보다는 다예관에서 차 한잔의 여유를 느끼면서 수치루를 만끽해 보자.

Google Map 25.108373, 121.843599
Map P.374-A, B
Add. 新北市瑞芳區豎崎路
Access 지산제를 따라 걷다 보면 155號 상점 앞에 사거리가 나오는데 오른쪽에 보이는 계단 길이 수치루다.

발걸음마다 이어지는
주펀의 샤오츠小吃 맛집

주펀은 거리에 맛집들이 줄줄이 이어지기 때문에 먹는 즐거움을 빼놓고 이야기할 수 없다. 특히 주펀의 시작이라 할 수 있는 지산제는 줄줄이 사탕처럼 다채로운 먹거리의 향연이 이어져 먹방 여행을 제대로 즐길 수 있다.·

위완보짜이 魚丸伯仔

60년 전통의 타이완식 어묵을 맛볼 수 있는 곳. 어묵을 넣고 끓인 위완탕魚丸湯은 담백하고 깔끔한 맛이 좋고, 녹두로 만든 국수 간둥펀乾冬粉는 매콤하다. 가격도 저렴하다.

Google Map 25.109416, 121.845367
Map P.374-B
Add. 新北市瑞芳區基山街17號
Tel. 02-2496-0896
Open 월~금요일 10:00~19:00, 토~일요일 10:00~21:00
Access 주펀 지산제基山街 입구에서 도보로 2분.
Price 위완탕 NT$30, 간둥펀 NT$30

아주쉐짜이사오 阿珠雪在燒

'화성자빙치린花生加冰淇淋'이라는 이름으로 더 잘 알려진 가게. 가장 인기 있는 메뉴는 땅콩 전병 아이스크림으로, 밀전병 위에 땅콩엿을 수북히 깔고, 아이스크림을 올려 감싼 것이다. 달콤하고 고소한 맛이다. 특유의 향이 강한 고수가 싫다면 '부야오팡샹차이不要放香菜(상차이를 넣지 마세요)'라고 말하자.

Google Map 25.108743, 121.845288
Map P.374-B
Add. 新北市瑞芳區基山街20號
Tel. 02-2497-5258
Open 09:00~19:00
Access 주펀 지산제基山街 입구에서 도보로 7분.
Price 땅콩 전병 아이스크림 NT$40

미스디톈덴왕궈 米詩堤甜點王國

지산제 초입에 위치한 베이커리. 다양한 종류의 빵을 판매하며, 그중 대표 메뉴는 퍼프다. 바삭한 파이 안에 달콤하고 크림이 가득 들어 있어 무척 맛있다. 고구마 퍼프와 타로 퍼프가 있는데 타로 퍼프를 추천한다.

Google Map 25.109133, 121.845530 Map P.374-B Add. 新北市瑞芳區基山街29號 Tel. 02-2496-0706 Open 일~목요일 10:00~19:00, 금~토요일 10:00~20:00 Access 주펀 지산제基山街 입구에서 도보로 3분. Price 타로 퍼프 NT$50

아간이위위안 阿柑姨芋圓

토란으로 만든 작은 경단인 위위안芋圓은 타이완 사람들이 사랑하는 디저트다. 겨울철에는 훙더우탕紅豆湯(타이완식 팥죽)으로 따뜻하게 먹고, 여름에는 춰빙剉冰(빙수)으로 차갑게 먹는다. 재료 고유의 맛이 느껴지는 경단이 쫄깃하고 맛있어 한 알도 남기지 않고 다 먹게 된다. 이곳이 특별한 이유는 멋진 전망 때문이다. 백만 불짜리 뷰를 감상할 수 있다.

Google Map 25.107650, 121.843675
Map P.374-B
Add. 新北市瑞芳區豎崎路5號
Tel. 02-2497-6505 Open 월~금요일 09:00~21:00, 토~일요일 09:00~22:00
Access 주펀 지산제基山街와 수치루豎崎路가 만나는 지점에서 왼쪽 언덕 방향의 계단을 따라 올라가면 오른쪽에 있다. Price 위위안 NT$40

카오페이추이뤄 烤翡翠螺

즉석에서 왕소라구이와 오징어를 구워주는 가게. 잘 구운 소라에 특유의 양념을 더해 담아 준다. 한 컵에 왕소라 3개를 담아 주며 가격은 NT$100. 바로 옆에서 구워 주는 오징어구이도 별미다.

Google Map 25.108397, 121.844896
Map P.374-B
Add. 新北市瑞芳區
基山街79號
Tel. 02-2497-0868
Open 09:00~20:00
Access 주펀 지산제
基山街의 우디상창 맞
은편에 있다.
Price NT$100

아란 阿蘭

주펀을 구경하다 보면 아주머니들이 모여 쉴 새 없이 떡을 만들고 있는 떡집이 눈에 들어온다. 특히 현지인들에게 사랑받고 있는 곳으로 녹두, 단팥, 토란, 말린 무 등의 재료로 만든 쫄깃한 떡을 판매한다. 가격이 하나에 NT$10으로 저렴하다.

Google Map 25.108747, 121.844374
Map P.374-B
Add. 新北市瑞芳區基山街90號
Tel. 02-2496-7795
Open 08:00~20:00
Access 주펀 지
산제基山街 입구
에서 도보로 6분.
Price 1개당
NT$10

주펀의 추천 **다예관 & 숍**

아메이차주관 阿妹茶酒館
수치루에서 가장 눈에 띄는 자리에 있는 아메이차주관은 영화 〈비정성시〉의 촬영지로 유명한 다예관이다. 주렁주렁 달린 홍등이 화려하게 빛나는 모습을 담으려는 여행자들로 아메이차주관 앞은 항상 붐빈다. 이곳의 진짜 매력을 느껴 보고 싶다면 계단을 따라 야외 공간으로 올라가자. 탁 트인 자리에 앉아 주펀을 내려다보면서 호젓하게 차를 즐길 수 있다.

Google Map 25.108626, 121.843607
Map P.374-B
Add. 新北市瑞芳區崇文里市下巷20號
Tel. 02-2496-0833
Open 일~목요일 08:30~24:00, 금요일 08:30~01:00, 토요일 08:30~02:00
Access 수치루竪崎路 중턱에 있다.

주펀차팡 九份茶坊
100년이 넘은 고택을 재정비해 문을 연 다예관. 차를 마실 수 있는 공간은 물론 갤러리와 아트워크 숍도 함께 있어 차를 마시지 않더라도 멋진 다구들을 구경하며 둘러보기 좋다. 테이블 가운데는 화로가 있어 따뜻하게 차를 즐길 수 있다. 차에 대한 상세한 설명도 들을 수 있다. 남은 차는 포장해서 가져갈 수 있다.

Google Map 25.108226, 121.843549
Map P.374-A
Add. 新北市瑞芳區基山街142號
Tel. 02-2496-9056
Open 09:00~21:00
Access 지산제基山街 입구에서 도보로 10분.
Price 우롱차 NT$500(1인당 테이블 차지 NT$100) URL www.jioufen-teahouse.com.tw

No. 55 누가 크래커 九份游記手工牛軋糖 Joufunyouki `2017 New`
최근 여행자들 사이에서 가장 인기 있는 기념품인 누가 크래커를 파는 가게로 55번 누가 크래커라는 이름으로 불린다. 시식 후 구입할 수 있으며 크래커의 짭조름한 맛과 누가의 달콤한 맛이 잘 어울린다.

Google Map 25.108684, 121.845303
Map P.374-B
Add. 新北市瑞芳區基山街55號
Tel. 0931-394-553
Open 09:30~19:30
Access 지산제基山街 입구에서 도보로 5분. Price 누가 크래커 1박스 NT$150, 7박스 NT$1000

시드차 SIIDCHA 五穀食茶館

전통적인 다예관이라기보다는 감각적인 카페에 가까운 모습이어서 젊은 여행자들이 즐겨 찾는다. 잡곡 제품을 만드는 '임원'이라는 식품회사가 운영하는 찻집으로, 건강한 재료로 만든 슬로푸드를 선보인다. 차는 물론 식사 메뉴까지 두루 갖추고 있어 간단히 요기를 하기에도 좋다. 2층으로 올라가면 한쪽 벽면이 통유리로 되어 있어 주변 너머의 풍경을 감상하기 좋다. 1층에서는 선물이나 기념품으로 질 좋은 녹차와 곡물차 등을 판매한다.

Google Map 25.108015, 121.843274
Map P.374-A
Add. 新北市瑞芳區基山街166號
Tel. 02-2496-9976 **Open** 11:30~19:00
Access 수치루豎崎路를 지나서 지산제基山街 끝 쪽에 있다.
Price 곡물차 NT$160~, 식사 메뉴 NT$320
URL www.siidcha.com.tw

스청타오디 是誠陶笛

맑고 고운 오카리나 소리에 취해 자신도 모르게 구매해 버리고 만다는 오카리나 가게로 한국인 여행자들 사이에서도 인기가 높다. 오리, 개구리, 부엉이, 고양이 등 앙증맞은 모양의 오카리나를 판매하는데 상점 안의 오카리나는 모두 직접 만든 것이라고 한다. 주변을 두고두고 기억할 기념품으로 안성맞춤이며, 작은 사이즈는 NT$100 정도면 구입할 수 있다. 오카리나를 사면 악보도 덤으로 끼워 준다.

Google Map 25.109048, 121.845478
Map P.374-B
Add. 新北市瑞芳區基山街38號
Tel. 02-2406-3700
Open 09:00~20:00
Access 지산제基山街 입구에서 도보로 5분.
URL www.ocarina.com.tw

아위안 阿原

천연 재료로 만든 허브 비누 전문점. 타이완에 400개가 넘는 매장이 있으며 일본, 홍콩, 싱가포르, 캐나다 등에도 진출했을 정도로 탄탄한 브랜드다. 피부 알레르기나 민감성 피부에 좋은 허브와 한방 약재 등의 성분으로 만든 비누를 종류별로 판매하고 있다. 비누 가격이 하나에 NT$280 정도로 비싼 편이지만 효과가 좋기로 소문나 마니아층이 두텁다. 아로마 오일도 판매하며 포장도 예쁘게 해 준다.

Google Map 25.108408, 121.844887
Map P.374-B **Add.** 新北市瑞芳區基山街89號
Tel. 02-2406-3131 **Open** 11:00~22:00
Access 지산제基山街 입구에서 도보로 5분. 우디샹창無敵香腸 옆에 있다. **URL** www.yuansoap.com

오래된 기차를 타고 떠나는
핑시셴平溪線 낭만 기차 여행

1921년부터 운행된 핑시셴平溪線은 싼먀오링三貂嶺에서 징퉁菁桐까지 12.9km 거리를 오가는 철도로 한때 잘나가던 탄광 철도였으나 탄광이 폐광되면서 함께 사라질 위기에 처했다. 옛것의 가치를 소중히 여기는 타이완 정부는 오래된 기차를 관광객들이 추억 여행을 떠날 수 있도록 도와주는 관광 열차로 변신시켰다. 하루 동안 자유롭게 타고 내릴 수 있는 '핑시셴 원데이One-day 패스'를 구입하면 당일치기 근교 여행이 가능하다. 요금도 단돈 NT$80(한화로 2,800원) 정도로 놀랄 만큼 저렴해서 더 인기 있다. 기차는 구불구불한 철로를 따라 달리는데 아름다운 자연경관을 볼 수 있다. 핑시셴이 지나가는 마을들은 큰 볼거리는 없지만 옛 모습을 고스란히 간직하고 있어 과거로의 시간 여행을 떠나는 듯한 향수를 느끼게 해 준다.

Access 핑시셴 타러 가기

핑시셴을 타기 위해서는 타이베이처잔台北車站 역에서 기차를 타고 루이팡瑞芳 역까지 가야 한 다. 타이베이처잔 역에서 TRA라는 표지판을 보고 따라가면 루이팡행 기차 타는 곳이 나온다. 루이 팡 역까지의 요금은 NT$49~76(이지 카드 가능) 로 기차의 종류에 따라 40분~1시간 정도 소요된 다. 루이팡 역에 도착하면 매표창구로 가서 핑시 셴 1일권(NT$80)을 구입한 후 다시 기차 탑승하  는 곳으로 돌아와 핑시셴 기 차에 탑승하면 된다. 핑시셴 은 지정석이 아닌 자유석이 므로 빈자리에 앉으면 된다.

Tip 조금 더 한적하게, 바두八堵 역에서 핑시셴 타 보기

주말에는 핑시셴을 타려는 사람들이 많아 루이팡 역이 무척 붐비고 자리를 잡기도 힘들다. 루이팡 역보다 3 정거장 전에 있는 바두八堵 역에서도 핑 시셴을 탈 수 있는데 루이팡 역보다 훨씬 한적하다. 타이베이처잔 역에서 바두八堵역까지 간 후 바 깥으로 나가 매표소에서 핑시셴 원데이One-day 패스를 구입한 후 핑시셴을 타면 된다.

Move 핑시셴 타고 이동하기

기차는 루이팡瑞芳을 출발해 허우둥侯硐~싼댜 오링三貂嶺~다화大華~스펀十分~왕구望古~ 링쟈오嶺脚~핑시平溪~징퉁菁桐의 순서로 정차 하는데 원하는 곳에서 내린 후 다시 기차를 타고 다음 목적지로 자유롭게 이동할 수 있다. 가장 많 이 찾는 지역은 징퉁, 핑시, 스펀, 허우둥 정도로 서너 지역을 돌아보면 하루가 흐른다. 먼저 징퉁 까지 간 다음 핑시, 스펀을 돌아보거나 반대 방향 으로 허우둥을 먼저 본 후 징퉁으로 가서 핑시, 스 펀으로 돌아오는 코스가 일반적이다.

Tip 핑시셴 기차 시간 체크하기

루이팡에서 징퉁 방향으로 출발하는 첫차는 오전 5시 22분, 징퉁에서 루이팡 방 향으로 출발하는 막차는 밤 8시 22분에 있다. 운행 간격 은 1시간 정도로 넓은 편이 다. 기차를 놓치면 1시간 가 까이 기다려야 하므로 주의 하고 시간을 체크하면서 여 행할 것.

Plan 핑시셴 추천 코스

09:00
타이베이에서
루이팡瑞芳행
기차 타기

10:03
루이팡에서
핑시셴 타기

10:20
고양이 마을
허우둥侯硐에서
고양이들과 놀기

11:17
허우둥에서 징퉁菁桐으로
이동, 징퉁에서
대나무에 소원 빌기 &
탄창카페이碳場咖啡에서
쉬어 가기

13:15
징퉁에서 핑시로 이동,
핑시라오제 구경하기

14:23
핑시에서 스펀 이동,
스펀라오제 구경하기
& 천등 날리기

16:40
스펀에서
루이팡으로 이동

17:17
루이팡 도착,
타이베이행 기차
타기

고양이 마을
허우둥 侯硐

Map P.373-D

허우둥은 과거 탄광이 있던 마을이었는데 현재는 고양이들이 많이 살고 있어 고양이 마을로 통한다. 기차역에 내리자마자 고양이 인형과 그림은 물론 곳곳에서 고양이들이 한가롭게 어슬렁거리는 모습을 발견할 수 있다. 탄광촌이었던 허우둥은 도시화로 인해 점차 탄광 산업의 인기가 시들해지면서 사람들이 떠나가고 마을도 쇠락했다. 그 후 마을에 남아 있던 사람들이 집 없는 길고양이들을 돌봐주고 허우둥 역도 고양이 캐릭터로 꾸몄는데 이것이 점점 사람들에게 입소문이 나면서 지금의 고양이 마을로 거듭나게 되었다. 큰 볼거리는 없지만 시간이 멈춘 듯 모든 것이 느리게 흐르는 평화로운 분위기가 매력적이다. 시골스러운 여유가 흐르는 마을 곳곳에는 고양이들이 태평하게 늘어져 있으며 고양이 기념품 가게와 카페들도 있어 구경하기 좋다. 너무 어두운 저녁보다는 낮에 가는 것이 좋다. 허우둥 마을을 먼저 본 후 징퉁 방향으로 갈 것을 추천한다.

허우둥의 추천 카페

애니 캣 컵케이크
Annie Cat Cup Cake 艾妮貓 杯子蛋糕

허우둥 역 앞에 있는 카페로 이름처럼 앙증맞은 컵케이크를 팔고 있다. 고양이 마을의 카페답게 고양이 모양으로 장식한 컵케이크를 선보이며 티라미수 위에도 고양이 그림이 있다. 같은 라인의 오른쪽으로 가면 나오는 애니 베이커리Annie Bakery, 艾妮西點에서는 고양이 모양의 쿠키, 펑리쑤 등을 판매하고 있어 허우둥 기념품으로 제격이다.

Google Map
25.087420, 121.827918
Add. 新北市瑞芳區柴寮路68號
Tel. 02-2497-9388
Open 10:00~20:00
Access 허우둥侯硐 역 오른쪽에 있다. **Price** 컵케이크 NT$55~, 티라미수 NT$75

핑시셴의 종착역
징통 菁桐
Map P.373-D

핑시셴의 종착역인 징통은 대나무 마을로 통한다. 대나무 통에 소원을 적어 매다는 의식으로 유명해서 세계 각국 사람들의 소원이 적힌 대나무들이 주렁주렁 달려 있는 모습을 발견할 수 있다. 잔잔하게 인기를 끌었던 영화 〈그 시절, 우리가 좋아했던 소녀〉에서 남녀 주인공이 수줍게 데이트를 했던 곳으로도 잘 알려져 있다. 덕분에 징통은 대나무에 소원을 적는 데이트가 인기다. 요금은 NT$40으로 소원을 적고 걸어두면 특별한 추억으로 남을 것이다. 징통 역은 1929년에 지어진 목조 역사로, 국가 3급 고적으로 등록되어 있다. 기차역에서 나오면 이어지는 징통 옛 거리에는 핑시셴 여행을 추억할 수 있는 아기자기한 기념품을 파는 상점들이 많으니 함께 구경해 보자.

징통의 추천 카페
탄창카페이 碳場咖啡 Coal Cafe

징통 역에 내리면 건너편 언덕에 세워진 운치 있는 건물이 눈에 들어올 것이다. 옛 석탄 공장을 개조해 만든 카페로, 징통 역과 마을이 한눈에 내려다보이는 풍경에 가슴이 두근거린다. 나이 지긋한 할아버지가 내려 주는 커피를 마시며 바라보는 징통 마을의 정겨운 모습은 세상 근심거리를 잊게 만든다. 타야 할 기차를 보내고 다음 기차를 타고 싶어질 만큼 떠나기 싫은 공간으로, 징통을 방문한다면 반드시 가 봐야 하는 카페다.

Google Map 25.024167, 121.723282
Add. 新北市平溪區菁桐里菁桐街50號
Tel. 02-2495-2513
Open 10:00~17:00
Access 징통菁桐 역에서 내려 기찻길을 건너면 카페로 가는 길이 이어진다. 도보로 7분.
Price 밀크티 NT$140~, 카페 라테 NT$160

소박한 천등 마을
핑시 平溪

Map P.373-D

핑시셴의 하이라이트라 할 수 있는 핑시는 옛 모습을 고스란히 간직하고 있는 정겨운 마을로 종착역인 징퉁 역의 바로 전 정거장에 있다. 영화 〈그 시절, 우리가 좋아했던 소녀〉에서 두 주인공이 첫 데이트를 하며 천등을 날리던 곳이 바로 핑시다. 기찻길 바로 옆으로 나 있는 내리막길을 따라 가면 핑시라오제平溪老街와 연결된다. 곳곳에 기념품 가게와 소소한 먹거리를 파는 식당이 있다. 언덕 위에 지어진 형태라서 여행자들은 아찔한 기찻길 위에서 기념사진을 찍기도 한다. 최근에는 스펀十分에 밀려 천등을 날리는 사람들이 줄었지만 덕분에 더 여유롭게 천등을 날릴 수 있어 핑시를 선호하는 사람도 많다.

핑시의 추천 레스토랑 & 카페

핑시구스샹창 平溪故事香腸

핑시라오제平溪老街를 따라 내려가다 보면 어디선가 맛있는 소시지 냄새가 풍긴다. 바로 구워 주는 특급 소시지를 맛볼 수 있는데 먹거리가 비교적 적은 핑시 마을에서 손님이 가장 많은 집이기도 하다. 잘 구워진 소시지에 칼집을 낸 후 마늘, 오이 등을 넣고 소스를 뿌려 준다.

Google Map 25.025241, 121.738727
Add. 新北市平溪區平溪街23號
Tel. 02-2495-2315
Open 월~금요일 10:00~17:00,
토~일요일 09:00~20:00
Access 핑시平溪 역에서 왼쪽의 내리막길을 따라 마을로 내려가다가 다리를 지나면 사거리에 있다. 도보로 4분.
Price 소시지 NT$35

코너 28 Corner 28

'기찻길 옆 오막살이'라는 노래가 딱 떠오르는, 기찻길 바로 옆에 있는 자그마한 카페다. 동화 속에 나올 법한 아기자기한 분위기에 발걸음을 멈추게 된다. 2층 자리에 앉아 창 너머로 기찻길과 정감 어린 핑시 마을을 바라보고 있으면 아련한 추억에 젖게 될 것이다. 샌드위치, 와플과 커피, 차 메뉴가 있으며 1인당 NT$90 이상 주문해야 한다.

Google Map 25.025396, 121.739275
Add. 新北市平溪區中華街28號
Tel. 02-2495-1951 Open 12:00~20:00
Close 수요일 Access 핑시平溪 역에서 마을로 이어지는 내리막길 코너에 있다. 도보로 5분.
Price 커피 NT$110~

왁자지껄한 기찻길 마을
스펀 十分   `Map P.373-D`

핑시셴 마을 중에 가장 번화한 곳은 단연 스펀으로, 기찻길을 사이에 두고 양옆으로 상점과 식당들이 줄줄이 이어진다. 핑시셴 여행의 꽃이라고 할 수 있는 천등 날리기가 가장 활발한 마을이기도 하다. 기찻길 옆에는 간식으로 먹기 좋은 오징어튀김, 꼬치구이, 버블티 등의 샤오츠를 파는 가게와 기념품을 파는 가게도 많아 소소하게 구경을 하며 둘러보기 좋다.

스펀의 추천 숍
리우꺼딴카오지츠바오판
溜哥炭烤雞翅包飯

'스펀의 닭날개 볶음밥집'으로 통하는 명물 가게. 한국인 여행자들 사이에서도 입소문이 난 곳으로 평범한 닭날개 구이처럼 보이지만 일단 한 입 먹어보면 반전의 맛을 느낄 수 있다. 뼈를 제거한 닭날개 속에 볶음밥이 꽉 차 있는 별미 중의 별미. 맛은 두 가지로 김치와 취두부를 넣은 파오차이처우더우푸泡菜臭豆腐와 햄, 달걀, 채소로 만든 볶음밥을 넣은 훠투이단차오반火腿蛋炒飯이 있다. 한국인 여행자에게는 볶음밥을 넣은 훠투이단차오반이 단연 인기로 잘 구워진 닭날개 맛과 어우러져 맛있다. 한국어로 적힌 메뉴와 설명이 있어 쉽게 주문할 수 있다. 가격은 NT$65.

Google Map 25.041288, 121.775909
Add. 新北市平溪區十分街52號
Open 10:00∼18:00
Access 스펀十分 역에서 도보로 1분.

핑시셴 여행의 하이라이트
천등 날리기

핑시셴 여행의 꽃이라 할 수 있는 천등 날리기는 옛날 주민들이 도적을 막기 위해 마을 간에 주고받았던 메신 저 역할을 하던 것이다. 지금은 건강이나 재운 등의 소원을 담아 날리는 하나의 즐길 거리로 거듭났다. 기찻 길 옆으로 천등에 소원을 적는 행렬이 길게 이어지고 쉴 새 없이 하늘로 천등을 날리는 진풍경을 볼 수 있다. 천등의 4면에 소망하는 바를 붓으로 적고 기념사진 까지 찍은 후 천등에서 손을 떼면 하늘 높이 천등이 두 둥실 날아간다. 저 멀리 날아가는 천등을 바라보면 왠 지 모르게 가슴이 뭉클해짐을 느낄 수 있다. 가격은 단 색 NT$150, 4색 NT$2000이다.

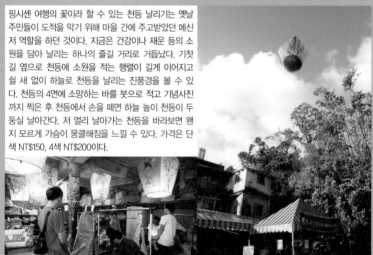

숲과 호수로 둘러싸인 소박한 온천 마을

우라이烏來

Map P.373-C

우라이는 온천 명소로 이름난 근교 여행지로 과거 타이완 원주민 타이야泰雅族 족의 주 사냥 무대였다. 사냥 중 온천을 발견한 타이야 족이 '뜨거운 물에서 김이 난다'는 뜻의 'ulaikirofu'를 외쳤고, 그 후부터 '우라이'라 불리게 되었다고 한다. 울창한 녹음과 웅장한 폭포가 반겨 주며 장난감 기차처럼 작은 기차와 아찔한 케이블카가 있어 색다른 즐거움을 느낄 수 있다. 곳곳에 원주민의 문화도 녹아 있는데 특히 우라이라오제烏來老街에는 우라이 특산품과 맛깔스러운 먹거리가 가득해 미식의 즐거움도 선사한다. 온천 명소인 만큼 공짜로 온천을 즐길 수 있는 노천 온천부터 개별적으로 즐길 수 있는 온천과 고급 리조트가 있어 힐링 여행으로 제격이다.

Access MRT 신뎬新店 역에서 오른쪽으로 나가 웰컴 마트Welcome Mart 앞에 있는 정류장에서 우라이烏來행 849번 버스를 타고 종점에서 내린다. 요금은 NT$15이며, 우라이까지 40분 정도 소요된다.

Plan 우라이 추천 코스

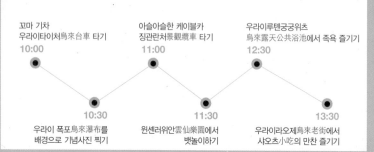

꼬마 기차
우라이타이처烏來台車 타기
10:00

아슬아슬한 케이블카
징관란처景觀纜車 타기
11:00

우라이루톈궁궁위츠
烏來露天公共浴池에서 족욕 즐기기
12:30

10:30
우라이 폭포烏來瀑布를
배경으로 기념사진 찍기

11:30
윈셴러위안雲仙樂園에서
뱃놀이하기

13:30
우라이라오제烏來老街에서
샤오츠小吃의 만찬 즐기기

우라이의 **추천 관광 명소**

우라이라오제 烏來老街

우라이 버스 정류장에서 내려 사람들을 따라 걸어가면 왁자지껄한 거리가 나온다. 라오제老街는 '옛 거리'라는 의미로 좁은 길을 따라 노점들과 식당, 기념품 가게 등이 양쪽으로 옹기종기 모여 있다. 여행자의 눈길을 끄는 것은 단연 먹거리로, 가판대에는 먹음직스러운 샤오츠小吃, 우라이의 특산물과 채소들이 가득 쌓여 있어 호기심을 자극한다. 이 일대에서 꼭 먹어 봐야 하는 음식은 대나무에 밥을 넣고 찐 주퉁판竹筒飯과 숯불에 구운 소시지 산주러우샹창山猪肉香腸, 쫄깃한 떡을 구운 카오마수烤麻糬 등이다. 우라이라오제 중간 지점에는 우라이 원주민에 대한 자료가 전시되어 있는 우라이타이야 민족박물관烏來泰雅民族博物館이 있어 함께 둘러보면 좋다.

Google Map 24.863748, 121.551443
Add. 新北市烏來區
烏來
Access 우라이 버스
정류장에서 내려 다리
를 건너면 패밀리마트
편의점이 보이는데 여
기서부터 우라이라오
제가 시작된다. 도보로
5분.

우라이타이처 烏來台車

일제강점기에 일본 회사가 목재 운반을 위해 만든 기차로 겉모습은 마치 장난감 기차처럼 앙증맞지만 실제로 관광객을 태우고 신나게 달리며 우라이의 마스코트 역할을 톡톡히 하고 있다. 우라이라오제의 끝자락부터 우라이 폭포烏來瀑布까지 1.6km에 달하는 구간을 운행하는데 놀이기구를 탄 듯한 즐거움을 만끽할 수 있다. 작은 기차 너머로 펼쳐지는 풍경도 멋지고 어두운 터널을 지날 때는 꽤나 스릴이 넘친다. 기차를 타지 않을 경우 폭포까지 산책로를 따라 걸어가면 15분 정도 소요된다. 태풍 영향 받은 뒤 현재는 복구공사 중이다.

Open 08:00~17:00(7~8월 09:00~18:00)
Access 우라이라오제를 지나 다리를 건너면 왼쪽에 카페가 있고 카페 옆 계단을 따라 올라가면 우라이타이처를 탈 수 있는 우라이잔烏來站이 나온다. Price 편도 NT$50

우라이 폭포 烏來瀑布

우라이타이처에서 내리면 높은 절벽에서 시원스러운 물줄기를 내뿜는 우라이 폭포와 마주하게 된다. 우라이를 대표하는 관광 명소로, 80m 높이에 달하는 웅장한 폭포다. 여행자들은 폭포를 배경으로 기념사진을 찍기도 하고 폭포를 더 가까이에서 보기 위해 케이블카인 징관란처징觀纜車를 타기도 한다. 382m에 달하는 케이블카는 멀리서 바라보는 것만으로도 현기증이 날 만큼 아슬아슬하게 폭포와 산을 향해 거슬러 올라간다. 케이블카에서 바라보는 폭포와 산의 풍경은 환상적이다. 케이블카는 약 3분간 운행하며 케이블카를 타고 내리면 윈셴러위안雲仙樂園이란 이름의 리조트 단지에 내리게 된다. 시간 여유가 있다면 호수, 하이킹 코스, 생태 공원 등이 조성되어 있는 윈셴러위안까지 둘러보자.

Open 08:30~22:00 Access 우라이라오제를 지나 다리를 건넌 후 왼쪽 길을 따라 15분 정도 걸으면 우라이 폭포가 보인다. 또는 우라이타이처烏來台車를 타고 내리면 바로 연결된다. 케이블카 매표소는 오른쪽 계단 위에 있다. Fee 케이블카 왕복 NT$220

윈셴러위안 雲仙樂園

해발 800m 높이의 산 중턱에 지어진 거대한 규모의 리조트로 놀이기구와 삼림욕을 즐길 수 있는 코스가 있다. 케이블카에서 내려 울창한 녹음을 따라 이어지는 계단을 10분 정도 올라가면 멋진 호수가 나온다. 한 폭의 동양화와 같은 풍경을 보는 순간 '구름 위에 신선이 노닌다.'는 뜻의 윈셴러위안雲仙樂園이라는 이름이 과장이 아니라는 것을 알게 될 것이다. 호수에서는 나룻배를 타면서 신선놀음을 즐길 수도 있다. 가격도 NT$60(2인 기준, 20분)으로 저렴하니 반드시 경험해 보자. 태풍 영향 받은 뒤 현재는 복구공사 중이다.

Google Map 24.848820, 121.551183
Add. 新北市烏來區烏來里瀑布路1之1號
Tel. 02-2661-6383 Open 08:30~17:00
Access 케이블카에서 하차 후 계단을 따라 올라가면 나온다.
Fee 케이블카 왕복 NT$220(입장료 포함)
URL www.yun-hsien.com.tw

우라이루톈궁궁위츠 烏來露天公共浴池

우라이라오제를 지나면 푸른 훙황샤洪荒峽 강에서 사람들이 온천을 즐기는 모습을 볼 수 있다. 우라이 노천 온천 구역은 간편한 복장으로 자유롭게 온천을 즐길 수 있는데 무료 온천이라 더욱 반갑다. 무료 온천이라고 해서 수질이 떨어지는 것은 아니다. 탄산수소나트륨이 풍부한 온천수로, 우라이 풍경관리소에서 수질을 관리하고 있다. 원래 온도는 80℃에 달하지만 처리 과정을 거쳐 35~40℃ 정도로 따뜻한 수준이다. 현지인이 더 즐겨 찾으며 여행자들은 가볍게 발을 담그며 족욕을 즐기는 정도다. 우라이 여행을 마치고 내려오는 길에 들러 따뜻한 온천수에 족욕을 하며 피로를 풀어 보자.

Access 우라이라오제를 지나면 보이는 다리 아래로 흐르는 강이 우라이루톈궁궁위츠다. 내리막길을 따라 강가로 내려가면 된다.

BASIC
INFO

Outro

01

Taipei Travel A to Z

타이베이 여행의 A to Z

타이베이 기초 정보

국명 타이완 Taiwan

수도 타이베이 Taipei

면적 35,980㎢

인구 약 23,359,930명

정치체제 입헌민주공화제

종교 불교, 기독교, 천주교, 도교 등 다양

언어 중국어(만다린), 타이완어

기후
아열대기후에 속하며 연평균 기온은 22℃ 정도. 여름은 5월부터 9월까지로 매우 덥고 습하며 태풍의 영향을 자주 받는 편이라 일기예보에 신경을 쓸 필요가 있다. 10월에서 11월은 여행하기 가장 좋은 시기로 시원하고 화창한 날씨가 계속된다. 12월부터 2월까지 계속되는 겨울은 평균 12~16℃ 정도로 우리나라 가을 날씨 정도로 선선하며 비가 자주 오는 편이다.

통화
뉴 타이완 달러(NT$, TWD) 또는 위안(元, Yuan)이 통용된다. 지폐는 NT$100, NT$200, NT$500, NT$1,000, NT$2,000, 동전은 NT$1, NT$5, NT$10, NT$20, NT$500이 있다.
NT$100=약 3,700원(2017년 2월 기준)

비자
최대 90일까지 무비자 체류가 가능하다. 단, 여권 유효기간이 6개월 미만인 경우 예외 없이 입국을 불허하니 반드시 확인할 것.

인터넷
여행자들이 많이 가는 지역의 레스토랑, 카페, 숙소 등에서는 무선 인터넷을 무료로 사용할 수 있는 곳이 꽤 많다. 타이베이의 주요 호텔이나 카페 등에서는 무료로 무선 인터넷을 이용할 수 있으며 속도도 한국과 비교해 비슷한 수준이다.

전압과 플러그
타이완의 전압은 110V, 60Hz이며 대부분의 콘센트는 2구식이다. 전압과 콘센트가 한국과 다르므로 멀티 어댑터를 챙겨가야 한다. 호텔에 묵을 경우 어댑터를 빌릴 수 있지만 중저가 숙소에 묵는다면 미리 준비해 가는 게 좋다. 인천공항 내 통신사 로밍 서비스 센터에서 무료로 빌릴 수 있으며, 귀국할 때 반납하면 된다.

비행시간
직항편으로 약 2시간 30분 걸린다.

시차
우리나라보다 1시간 느리다. 즉, 한국이 오후 4시일 때 타이베이는 오후 3시다.

여행 최적기
타이베이를 여행하기 가장 좋은 시기는 9~11월의 가을로 날씨가 화창하고 비도 비교적 적게 내린다.

축제
음력 1월 1일인 설 전후 3일을 시작으로 정월 대보름까지 축제가 열린다. 특히 매년 음력 정월 보름에 열리는 타이베이 등불축제Taipei Lantern Festival는 현지인은 물론 외국인 여행자들도 많이 찾는 화려한 축제다.

주의사항
• 타이베이는 다른 나라와 비교해 위험한 지역이 아니라서 크게 걱정할 것은 없다. 다만 여름(6~9월)에는 태풍이 자주 발생하는 편이므로 일기예보에 주의할 필요가 있다.
• 3인 이상의 공용 장소에서 실내 흡연을 금지하고 있으므로 대부분의 건물에서 금연을 해야 한다.
• MRT 역 및 기차 내에서는 껌, 음료수, 음식물 섭취가 엄격히 금지되고 있음에 주의할 것. 섭취 후 발각되면 NT\$1,500~7,500의 벌금을 내야 한다.
• 타이완은 월요일에 문을 닫는 곳이 많다. 마오쿵, 베이터우 온천박물관, 시먼훙러우 등 주요 관광지는 물론 레스토랑, 카페, 상점들도 월요일 휴무인 경우가 많다. 1분 1초가 아까운 여행에서 헛걸음하는 일이 없도록 방문 전 휴무일을 반드시 체크해 보고 길을 나서자.

택시 이용 시 주의사항
최근 택시 투어와 관련된 불미스러운 사고가 일어나 한국인 여행자들이 피해를 입었다. 택시를 이용할 경우 합법적으로 운영하는 택시 회사를 잘 선택할 것. 혼자 택시를 타는 것은 위험하므로 이용하더라도 가급적 여러 명이 함께 택시를 탈 것을 권하며, 택시 기사나 낯선 사람이 건네는 음료나 간식 등은 경계하고 먹지 않도록 주의하자.

알아 두면 유용한 연락처
주타이베이 대한민국 대표부
Add. 台北市基隆路一段333號1506室 駐台北韓國代表部
Tel. 02-2758-8320 Open 09:00~12:00, 13:30~18:00
영사과 민원 접수 시간 09:00~12:00, 14:00~16:00
Close 토~일요일과 공휴일 E-mail taipei@mofa.go.kr
URL taiwan.mofa.go.kr/korean

병원
台北醫院Taipei Hospital, Ministry of Health and Welfare
Add. 新北市新莊區思源路127號 Tel. 02-2276-5566
URL www.tph.mohw.gov.tw

Outro

02

Enterance
타이베이 입국하기

타오위안 국제공항
桃園國際機場
Taoyuan International Airport
타이완에서 가장 큰 공항이며,
인천에서 출발하는 타이베이행
비행기도 타오위안 국제공항에
도착한다. 타오위안 국제공항은
타이베이 시내에서 북서쪽으로
약 40km 떨어져 있어 일반적으
로 시내까지 공항버스를 타고
이동한다. 타이베이까지의 비행
시간은 약 2시간 30분 정도다.
台灣桃園縣大園鄉航站
南路9號   03-398-3728
24시간   www.
taoyuan-airport.com

타이베이 쑹산 공항
臺北松山機場 Taipei-
Sungshan Domestic Airport
김포에서 출발하면 쑹산 공항
에 도착하는데 쑹산 공항은 시
내에서 가까이에 있으며 지하철
을 타고 바로 시내로 들어갈 수
있다.
台灣台北市松山區敦化
北路340之9號
02-8770-3460
24시간   www.tsa.gov.tw

타이베이 들어가기

Step 1 타오위안 국제공항 도착
타오위안 국제공항에 도착하면 여권과 기내에서 미리 작성한 출입국
신고서를 잘 챙겨 들고 'Immigration' 안내 표지판을 따라 이동한다.

Step 2 입국 심사
입국 심사대에서 'Non-Citizen' 표지판 쪽으로 줄을 선다. 차례가 오
면 여권과 출입국 신고서를 제출하고 입국 도장을 받는다. 한국인은
90일까지 무비자 체류가 가능하다.

Step 3 수하물 찾기
모니터에서 자신이 타고 온 항공기 편명과 컨베이어 벨트 번호를 확
인한 후 수하물 수취대로 이동해 짐을 찾는다. 만약 기다려도 짐이
나오지 않는다면 'Baggage Claim'으로 가서 항공사 직원에게 확인
을 요청한다.

Step 4 세관 검사
짐을 찾은 후 'Customs'를 통과해 나가면 되는데 특별히 신고할 물
품이 없다면 녹색 줄인 'Nothing To Declare' 창구를 통해서 나가면
된다. 타이베이의 경우 술은 1ℓ 이하 1병, 담배는 1보루까지 면세이며,
NT$ 60,000 이상의 현금은 허가를 받아야 한다.

각 공항 터미널별 취항 항공사

타오위안 국제공항	
터미널 1	중화항공, 캐세이패시픽항공, 대한항공, 스쿠트항공, 부흥항공, 에어아시아, 이스타항공, 제주항공
터미널 2	에바항공, 에어부산, 아시아나항공
쑹산 공항	
에바항공, 중화항공, 이스타항공, 티웨이항공	

출입국 신고서 작성법

비행기 내에서 나눠 주는 출입국 신고서를 미리 작성해 두면 입국 심사 시에 편리하다.

① 성	④ 생년월일 ⑦ 비행기 편명 ⑩ 타이완 내 호텔 주소
② 이름	⑤ 국적 ⑧ 직업 또는 호텔명
③ 여권번호 ⑥ 성별	⑨ 한국 내 주소 ⑪ 입국 목적 ⑫ 서명

공항에서 데이터 무제한 신청하기

타이베이를 여행할 때 스마트폰으로 정보 검색이나 구글 지도 등을 활용할 예정이라면 유심 카드를 구입하거나 포켓 와이파이를 대여하자. 저렴한 요금에 무제한으로 데이터를 이용할 수 있고 속도도 빠른 편이라 타이베이 여행자 중 상당수가 이용한다. 유심 카드의 경우 기존에 사용하는 한국 휴대폰의 유심 칩을 새로운 타이완의 유심 칩으로 교체해 사용하기 때문에 한국에서 걸려온 전화나 문자 메시지를 받을 수 없다. 포켓 와이파이의 경우 무선 데이터를 공유할 수 있기 때문에 여러 명이 함께 여행할 경우 유리하다. 공항 내 통신사와 포켓 와이파이 대여소가 여행자들이 이용하기 쉬우므로 공항버스를 타러 가기 전에 신청하자.

데이터 무제한 요금과 가입

타오위안 국제공항 입국장을 나서면 오른쪽에 인포메이션 센터가 있고 바로 앞 'Telecommunication Service' 데스크에 통신사들이 모여 있다. 3개의 통신사가 있는데 중화전신中華電信이 가장 대표적이다. 직원에게 여권과 휴대폰을 주면 휴대폰의 유심 칩을 빼고 새로운 유심 카드로 교체해 준다. 요금은 중화전신의 경우 3일 데이터 무제한 NT$300, 5일 데이터 무제한 NT$300~, 10일 데이터 무제한 NT$5000이므로 자신의 여행 일정에 맞는 요금제를 선택하자.

TIP

i-WiFi 포켓 와이파이
휴대용 와이파이로 여러 명이 함께 공유해서 사용할 수 있어 편리하다. 사전 예약이 필요하며 요금은 1일 NT$100. 단, 파손이나 분실하지 않도록 주의해야 한다.

URL kr.i-wifii.com

Outro

03

Transfer
공항에서 시내로
이동하기

공항철도 티켓 발매기

공항철도 탑승장

↓ 🚌 客運巴士 Bus to city	↓ 🚌 高鐵接駁車 Bus to High Speed Rail
↓ 🚌 遊覽車/飯店接駁車 Tour/Hotel bus	↓ 🅿 2號停車場 Car park 2

1. 타오위안 국제공항에서 시내로 이동

공항버스

입국장 밖으로 나와 'Bus to city客運巴士' 표지판을 따라가면 공항 버스 티켓 카운터가 나온다. 버스 회사는 총 7곳이 있는데 타이베이 시내의 타이베이처잔이나 스정푸市政府 버스 터미널 등 주요 지역 에만 정차하기 때문에 목적지와 가장 가까운 곳에서 내려 다시 택시 나 MRT를 타고 이동해야 한다. 창구 직원에게 목적지를 말하면 직원 이 버스 번호와 요금을 알려 준다. 가장 많이 이용하는 버스는 1819번 으로 타이베이처잔台北車站까지 운행한다. 공항버스를 탈 때 직원이 주는 스티커는 하차할 때 짐 확인을 위해 필요하니 잃어버리지 말고 잘 간직하자.

공항철도

2017년 3월 타오위안 공항철도가 개통됐다. 일반 열차(Commuter Train, 파란색 라인)와 직통 열차(Express Train, 보라색 라인)로 구분 되며, 각각 15분마다 한 대씩 출발한다. 타이베이 역台北車站까지 약 35분 걸린다. 공항철도 티켓은 티켓 발매기에서 편도권(1회권)을 구입 하거나 교통카드인 이지카드, 아이패스로 탑승 가능하다. 공항버스보 다 조금 더 빨리 시내로 갈 수 있다. 중화항공, 에바항공, 유니항공 탑 승객은 타이베이 역台北車站에서 얼리 체크인 서비스와 수하물 위 탁 서비스도 이용할 수 있다.

운행 시간 06:00∼23:00 홈페이지 www.tymetro.com.tw

A12 타오위안 국제공항 제1터미널機場第一航廈 → A1 타이베이 역 台北車站
직통 열차 요금 편도 NT$160 소요 시간 35분
일반 열차 요금 편도 NT$160 소요 시간 47분

A13 타오위안 국제공항 제2터미널機場第二航廈 → A1 타이베이 역 台北車站
직통 열차 요금 편도 NT$160 소요 시간 37분
일반 열차 요금 편도 NT$160 소요 시간 50분

택시

공항버스가 운행하지 않는 새벽 시간에 도착하는 경우 또는 목적지 까지 편안하게 이동하고 싶을 때 택시만큼 좋은 수단은 없다. 택시 표지판을 따라가면 택시 승강장이 나온다. 시내까지 30∼40분 정도 소요된다. 요금은 NT$1,000∼1,500 정도로 공항버스에 비해 비싼 편이다. 목적지의 주소와 이름을 한자로 보여 주면 더 쉽게 찾아갈 수 있다. 하차 시 바가지요금이 의심된다면 영수증을 요구하도록 하자.

2. 쑹산 공항에서 시내로 이동

쑹산 공항은 MRT로 연결되므로 타오위안 국제공항보다 시내로 가는 방법이 간단하고 시간도 적게 소요된다. MRT 쑹산지창 역과 연결되는데 승강장은 공항 터미널을 빠져나오면 바로 앞에 있다. MRT 표지판을 따라 지하의 MRT 역으로 이동한 후 자동 발매기에서 1회권 티켓을 끊거나 교통카드인 이지 카드Easy Card를 구입해 MRT를 타고 원하는 목적지로 가면 된다. 시내와 가까운 편이라 택시를 타도 요금 부담이 적으니 일행이 많거나 짐이 많다면 택시를 이용하자.

3. 타이베이 시내에서 타오위안 국제공항으로 이동

공항버스

공항버스를 타고 타오위안 국제공항에 가려면 MRT 타이베이처잔台北車站 역 M1 또는 M3 출구로 나오면 둥3문東三門 버스 정류장과 MRT 스정푸市府轉 역에서 연결되는 스정푸 버스 터미널市府轉運站에서 타는 것이 편리하다.

궈광커윈 타이베이 터미널 國光客運台北車站

MRT 타이베이처잔台北車站 역에서 M1 또는 M2 출구로 나오면 궈광커윈 타이베이 터미널國光客運台北車站이 있다. 여기서 궈광커윈 國光客運 1819번 버스를 타면 타오위안 국제공항으로 갈 수 있다. 운행 시간 24시간 요금 NT$125(이지 카드 사용 가능)

스정푸 버스 터미널市府轉運站

MRT 스정푸市府轉 역 2번 출구로 나오면 스정푸 버스 터미널이 보인다. 11번의 시티에어 버스CitiAir Bus 1960번을 타면 된다. 소요 시간은 약 60~70분이며 20~30분 간격으로 버스를 운행한다. 운행 시간 04:40~23:00 요금 NT$145

타오위안 국제공항에서 타이베이 시내로 가는 주요 공항 버스 노선

1819번 공항버스	버스 회사 궈광커윈國光客運 Kuo-Kuang 요금 편도 NT$125
	주요 정차지 MRT 위안산圓山 역, 포추나 호텔Fortuna Hotel, 앰배서더 호텔Ambassador Hotel
	종착지 타이베이처잔台北車站
	운행 시간 타오위안 국제공항 24시간 / 타이베이처잔 24시간
1960번 공항버스	버스 회사 다유버스大有巴士 CitiAir Bus 요금 편도 NT$145
	주요 정차지 MRT 중샤오푸싱忠孝復興 역, 파 이스턴 플라자 호텔Far Eastern Plaza Hotel, 그랜드 하얏트 호텔Grand Hyatt Hotel
	종착지 스정푸 버스 터미널市府轉運站 City Hall Bus Station
	운행 시간 타오위안 국제공항 05:50~01:05 / 스정푸 버스 터미널 04:40~23:00
1840번 공항버스	버스 회사 궈광커윈國光客運 Kuo-Kuang 요금 편도 NT$125
	주요 정차지 MRT 싱톈궁行天宮 역, MRT 중산궈중中山國中 역 종착지 쑹산 공항松山機場
	운행 시간 타오위안 국제공항 06:25~24:00 / 쑹산 공항 05:20~22:45

Outro

04

Transportation
타이베이 대중교통
노하우

타이베이는 대중교통이 잘 되어 있어 자유 여행자들이 여행하기 무척 편리하다. 특히 MRT는 가장 편리한 교통수단으로, 타이베이의 웬만한 주요 관광 명소는 MRT를 타고 쉽게 갈 수 있다. 우리나라의 충전식 교통 카드와 같은 이지 카드는 탈 때마다 티켓을 살 필요가 없어 편리하고 요금도 할인해 주므로 반드시 구입하도록 하자.

MRT
우리의 지하철과 같은 MRT는 타이베이 여행에서 가장 중요한 교통수단이다. 노선이 색깔별로 잘 구분되어 있으며 시설도 쾌적하다. 타이베이 시내의 주요 관광지는 MRT를 타고 쉽게 이동할 수 있으며, 타고 내리는 법은 우리나라의 지하철과 비슷하다. MRT 요금은 거리에 따라 다르지만 NT$20~60 정도로 한국보다 저렴한 편이다. 일반적으로 오전 6시부터 자정까지 운행하며 우리나라처럼 충전식 교통 카드와 1회권이 있다. MRT 내에서는 음료수나 음식물의 섭취는 일체 금지되어 있다.
URL www.trtc.com.tw

MRT 티켓 구입하기
MRT 편도 티켓을 구입하는 방법은 간단하다.
①자동 발매기에 붙어 있는 노선도를 보고 목적지에 해당하는 금액을 확인한 후 화면에서 요금을 선택한다.
②알맞게 요금을 넣으면 편도 토큰이 나온다.
③MRT를 타러 들어갈 때는 동그란 모양의 편도 토큰을 개찰구 센서에 올린다.
④MRT에서 나올 때는 개찰구 투입구에 넣으면 된다.

TIP
타이베이 2층 관광버스 타고 여행하기

타이베이의 대표적인 관광지를 편리하게 둘러볼 수 있는 타이베이 2층 관광버스 Taipeisightseeing가 2017년 새롭게 신설되었다. 타이베이의 주요 관광지를 아우르는 2층 버스로 레드와 블루, 2가지 노선으로 운행한다. MRT 타이베이처잔台北車站 역 앞 정류장을 비롯해 주요 정류장에서 자유롭게 타고 내릴 수 있다. 버스 내에서 한국어 오디오 가이드 서비스, Wi-Fi가 무료로 제공된다.
출발지 MRT 타이베이처잔台北車站 역 M4 출구 앞
운영 시간 레드 루트 09:10~22:00, 블루 루트 09:00~16:20
배차 간격 40분 요금 4시간권 NT$300, 1일권 NT$700
URL www.taipeisightseeing.com.tw

택시

가장 편안하게 이동할 수 있는 수단은 역시 택시. 기본적으로 미터 택시이므로 흥정할 필요가 없고 기사들도 친절한 편이다. 기본요금은 NT$70이며 시내 안에서 이동할 경우 비싸지 않은 편이다. 목적지의 이름이나 주소를 한자로 보여 주면 더 쉽게 찾아갈 수 있다.

버스

MRT보다 더 많은 곳을 연결하는 버스는 현지인들이 애용하는 교통수단이다. 버스에 따라 요금을 지불하는 방법이 다른데 운전석 위에 '上車'가 보이면 탈 때 지불하면 되고 '下車'가 보이면 내릴 때 지불하면 된다. 장거리 버스일 경우 '上,下'라고 적혀 있는데 이때는 탈 때와 내릴 때 모두 요금을 지불하면 된다. 복잡해 보이지만 일단 버스를 타면 눈치껏 하게 되니 큰 어려움은 없다. 요금은 현금과 이지 카드 모두 가능한데 현금으로 낼 경우 잔돈을 거슬러 주지 않으니 요금을 맞춰서 챙겨 두자.

URL www.taipeibus.taipei.gov.tw

TIP
타이베이의 날개가 되어 주는 타이완하오싱 버스台灣好行
타이완 관광청에서 운영하는 셔틀버스로, 타이완의 유명 관광 명소를 연결하는 교통수단이다. 주로 기차역이나 고속철도역에서 출발해 각 지역의 주요 관광지까지 운행한다. 대중교통으로 가기 힘든 지역도 편하게 갈 수 있고, 요금도 무척 저렴해 여행 경비도 아낄 수 있다. 타이베이 근교에는 핑시, 스펀, 주펀, 진과스, 베이터우 등을 돌아보는 코스가 있다. 노선과 출발지, 시간, 요금 등의 자세한 정보는 홈페이지에서 확인 가능하며 한국어 서비스도 제공한다.

URL www.taiwantrip.com.tw

타이베이 여행의 필수품

이지 카드Easy Card
우리나라의 티머니 교통 카드처럼 타이베이에도 '이지 카드Easy card 悠遊卡(유유카)'가 있다. 매번 티켓을 살 필요 없이 원하는 만큼 자유롭게 충전해서 사용할 수 있는 교통 카드로 요금도 20% 할인되어 자유 여행의 필수품이다. MRT와 버스, 마오쿵 곤돌라, 페리 공용이며 유 바이크You Bike 대여나 주요 편의점과 카페 등에서도 사용 가능하다.

이지 카드 구입하기
이지 카드의 가격은 NT$100으로 구입한 후 원하는 만큼 충전해서 사용할 수 있다. 카드는 MRT 역 안내 창구 또는 편의점에서 구입할 수 있으며 MRT 역 내의 무인 충전기에서 충전해 사용할 수 있다. 충전 후에 남은 금액은 수수료(NT$20)를 제하고 환불 가능하다(타오위안 국제공항 이지 카드 서비스 센터에서 환불 가능. 단, 카드 구입비 NT$100은 환불 불가).

URL www.easycard.com.tw

Outro

05

Step By Step

타이베이 여행 준비

여행자 보험 가입하기

만약의 사고나 도난 등에 대비해 여행자 보험을 들어 둘 것을 추천한다. 대부분의 보험 회사에서 여행자 보험에 가입할 수 있으며 온라인이나 공항에서도 가입이 가능하다. 비용은 여행 기간과 보상 금액, 보험 회사마다 차이가 있는데 일주일 이내 여행의 경우 1만~3만 원 정도면 가입 가능하다. 만약 사고가 발생할 경우 현지 경찰서나 병원에서 사고 유무를 증빙하는 서류나 진료 확인증, 영수증을 받아 두어야 추후 보상을 받을 수 있다.

① 여행 시기와 스타일 정하기

여행에 앞서 먼저 여행 시기와 여행 스타일, 즉 자유 여행을 준비할 것인지 패키지여행으로 떠날 것인지 정해 보자. 타이베이는 대중교통 체계와 여행자들을 위한 편의 시설이 잘되어 있고 치안도 다른 동남아 국가들과 비교해 안전한 편이라 자유 여행을 즐기기에 최적의 환경이다. 준비할 시간이 부족하거나 자유 여행에 자신 없다면 패키지 여행도 나쁘지 않지만 이왕이면 100% 자신의 스타일대로 여행을 할 수 있는 자유 여행을 추천한다.

② 항공권 예약하기

타이베이는 한국과 2시간 30분 거리로 가까운 편이라 항공요금이 비교적 저렴하다. 대부분 직항을 타고 가며 최근에는 저가 항공사들도 많이 운항하고 있어 가격 경쟁력이 더욱 높아졌다. 비수기에 저가 항공으로 미리미리 예약을 서두르면 세금과 유류세까지 포함해서 20~30만 원대에 왕복 항공권을 구입할 수 있다. 성수기에는 두 배 가까이 오르기도 하니 여행 일정이 정해지면 최대한 빨리 항공권을 구입하는 게 예산을 아끼는 방법이다. 인천공항에서 출발하면 타오위안 국제공항으로 도착하고 김포공항에서 출발하면 쑹산 공항에 도착하게 된다.

타이베이 직항 항공사
에바항공 www.evaair.com
중화항공 www.china-airlines.co.kr
아시아나항공 www.flyasiana.com
이스타항공 www.eastarjet.com
티웨이항공 www.twayair.com
제주항공 www.jejuair.net

③ 숙소 예약하기

항공권 예약이 끝났다면 자신의 여행 일정과 예산, 취향 등을 잘 고려해서 숙소를 선택한다. 타이베이의 숙소 요금은 홍콩, 일본 등과 비교하면 합리적인 편이다. 저렴한 호스텔의 도미토리부터 부티크 호텔, 한인 민박, 5성급 호텔까지 선택의 폭이 넓고 가격도 천차만별이다. MRT로 주요 관광 명소를 여행하게 되므로 숙소를 선택할 때는 MRT와의 접근성이 중요하다. 여행 커뮤니티나 책에서 검색하고 호텔 예약 사이트, 홈페이지 등에서 가격을 비교한 후 예약하자.

④ 여행 계획 짜기

항공권과 숙소 예약이 끝나면 그다음은 세부적인 여행 계획을 짤 차례. 여행 기간에 맞게 가 보고 싶은 관광지, 맛집, 쇼핑 스폿 등을 커뮤니티나 책을 통해 공부한 후 세부적인 루트와 일정을 계획해 보자. 직접 다녀온 여행자들의 생생한 후기와 리뷰를 보는 것도 큰 도움이 된다. 타이베이 정보가 많은 대표적인 사이트를 추천한다.

타이완 관광청 www.tourtaiwan.or.kr
타이베이는 물론 타이완 전 지역에 대한 정보가 풍성하다. 서울사무소에 찾아갈 경우 가이드북, 지도 등의 알찬 자료를 받을 수도 있으며 택배로도 신청이 가능하다.
즐거운 대만여행 cafe.naver.com/taiwantour
대표적인 타이완 여행 카페로 여행자들의 생생한 리뷰와 팁을 볼 수 있고 최신 정보를 찾을 때 유용하다.
대만 손들어! cafe.daum.net/taiwan
매니저가 타이완 사람으로, 타이완 여행에 대한 유용한 정보를 얻을 수 있다.

⑤ 여행 예산과 환전
여행 기간 동안 사용할 대략적인 예산을 짜 본 후 환전을 준비하자. 타이베이의 물가는 한국과 비슷한데 교통비나 식비는 한국보다 저렴한 편이다. 숙소 요금도 홍콩, 싱가포르 같은 곳과 비교하면 부담 없는 수준으로 호스텔의 도미토리 같은 경우 2만 원 안팎이면 가능하다. 어디서 먹고 얼마나 많은 관광지를 보는가에 따라 차이는 있겠지만 숙소를 제외한 하루 경비는 1인당 4만~5만 원 정도면 적당하다. 환전은 국내에서 미리 타이완 달러로 환전을 해 가는 것이 일반적이다. 주거래 은행, 인터넷뱅킹을 통한 환전, 환율 우대 쿠폰이 있으면 조금 더 유리하게 환전을 할 수 있다. 인천공항에도 환전소가 있지만 시내보다 환율은 조금 나쁜 편이다. 비상용으로 사용할 국제 현금카드, 해외 사용이 가능한 신용카드 등을 챙기면 더욱 좋다.

⑥ 여행 짐 꾸리기
챙겨야 할 것들을 리스트로 작성해 빠뜨린 것이 없는지 꼼꼼하게 확인하고 짐을 꾸리자. 여권과 항공권, 숙박 바우처, 현금 등이 빠지지 않았는지 다시 한 번 체크한 후 캐리어에 넣지 말고 작은 크로스백 같은 곳에 넣어 두자.
필수 준비물
여권, 항공권, 숙박 바우처, 여행 경비, 계절에 맞는 의류, 선글라스, 선크림, 세면도구, 전자 제품(휴대폰, 카메라, 충전기), 110V 어댑터, 의약품
챙겨 가면 좋을 준비물
수영장이 있는 호텔 또는 온천을 위한 수영복, 변덕스러운 날씨를 대비해 우산 혹은 우비, 불어날 짐을 위해 가볍고 넉넉한 사이즈의 보조 가방, 많이 걸어도 발이 편한 운동화, 관광지 곳곳에 있는 스탬프를 찍을 여행 수첩, 장거리 버스 안에서 들을 MP3 등

⑦ 최종 점검 및 출발
비행시간, 호텔 체크인 날짜, 짐 등을 마지막으로 다시 한 번 체크한 후 공항으로 출발하자.

국제 현금카드 활용하기
씨티은행Citibank의 국제 현금카드는 체류 기간이 길 때나 비상용으로 챙겨 가면 좋다. 한국에서 미리 한국 돈을 넣어 두면 타이베이 현지에서 ATM을 통해 바로 뉴 타이완 달러로 인출해 사용할 수 있다. 한국어 지원이 되어 쉽게 이용할 수 있으며 다시 환전할 필요가 없어 편리하다. 카드 수수료는 US$1 정도로 부담 없다.

씨티은행 ATM 위치
• MRT 스정푸市政府 역 3번 출구 근처(신광싼웨 백화점 A8관 옆)
• MRT 쑹장난징松江南京 역 8번 출구 앞
• MRT 시먼西門 역 4번 출구 근처
• 씨티은행 검색
www.findmyciti.com/tw

Outro

06

Secret Staying

타이베이 숙소 가이드

여행의 만족도에서 큰 부분을 차지하는 것이 바로 숙소다. 타이베이는 숙소 요금이 비교적 합리적인 편이고 5성급 호텔부터 부티크 호텔, 저가 호스텔까지 종류도 다양한 편이라 예산과 취향에 맞게 고를 수 있다. 럭셔리한 숙소들은 중산 역과 신이 역 부근에 많이 모여 있으며 알뜰한 숙소를 찾는 배낭여행자라면 저렴한 호스텔과 한인 민박을 알아보자. 타이베이 여행은 MRT 이동이 상당수를 차지하므로 MRT 역과의 접근성도 반드시 따져 보자.

숙소 어떻게 예약할까?

숙소 예약은 호텔 홈페이지에서 예약하는 방법과 예약 대행 사이트를 통해 예약하는 방법으로 나뉜다. 호텔에 따라 호텔의 홈페이지에서 직접 예약하는 것이 저렴할 수도 있고 예약 대행 사이트가 더 저렴한 경우도 있으니 반드시 비교해 보자. 작은 규모의 게스트하우스나 호스텔은 직접 홈페이지나 메일을 통해 예약하는 경우도 있다. 예약 후에는 예약 확인이 가능한 바우처나 이메일을 프린트해 두자.

TIP

호텔 가격 비교하기
호텔 객실 요금을 한눈에 비교해 볼 수 있는 호텔 요금 가격 비교 사이트를 100% 활용하자. 2백만 개가 넘는 호텔과 호스텔을 다루며 호텔 예약 대행 사이트를 다 모아 두어 어디서 가장 싸게 예약할 수 있는지 쉽게 가격 비교를 할 수 있으니 반드시 체크해 볼 것.
호텔스컴바인
www.hotelscombined.co.kr

호텔 예약 사이트

호텔패스 www.hotelpass.co.kr
익스피디아 www.expedia.co.kr
아고다 www.agoda.co.kr
부킹닷컴 www.booking.com
호텔스닷컴 kr.hotels.com

호스텔 예약 사이트

호스텔월드 www.hostelworld.com
호스텔닷컴 www.hostels.com/ko

최상급 럭셔리 호텔

W 호텔 W Hotel

타이베이에서 현재 가장 핫한 호텔. 이름만으로도 포스가 느껴지는 럭셔리 호텔로 고급스럽고 트렌디한 스타일로 전 세계 여행자들을 매혹하고 있다. 과감한 컬러와 디자인으로 레스토랑, 객실, 수영장 모두 남다른 스타일을 자랑한다. 객실은 독특한 소품과 컬러로 포인트를 주었으며 야외 수영장은 타이베이에서도 최고라 할 수 있을 만큼 근사하다. 타이베이 시내에서 리조트 기분을 만끽할 수 있다는 것이 가장 큰 메리트. MRT 스정푸 역과 버스 터미널에서 호텔로 바로 이어지고 유니한 큐Uni-Hanku 백화점과도 연결되어 있어 식도락과 쇼핑을 즐기기에도 좋다. 타이베이의 아이콘인 타이베이 101과 가까워 객실과 레스토랑에서 멋진 뷰를 감상할 수 있다.

Map P.369-G
Google Map 25.040621, 121.565378
Add. 台北市信義區忠孝東路五段10號
Tel. 02-7703-8888
Access MRT 스정푸政府 역에서 바로.
Price NT$9,540~
URL www.wtaipei.com

리젠트 타이베이 Regent Taipei

중산 지역에 위치한 럭셔리 호텔로 인기 드라마 〈꽃보다 남자〉에 나와 더욱 유명해졌다. 품격 있는 서비스와 고급스러운 시설로 무장하고 있으며 객실은 스위트룸과 일반 객실로 나뉜다. 동급 호텔과 비교해 객실 사이즈가 무척 넓은 편이다. 타이 판Tai Pan 클럽 룸을 이용할 경우 전용 라운지는 물론 애프터눈 티, 칵테일 아워 등 다양한 혜택이 무료로 제공된다. 총 7개의 레스토랑을 갖추고 있으며 맨 위층의 야외 수영장과 피트니스, 스파 등의 부대시설도 풍부하게 갖추고 있다. 주변이 명품 쇼핑가인 데다 호텔 지하 1층과 2층은 불가리, 까르띠에, 샤넬, 에르메스 등의 명품 브랜드가 입점해 있는 리젠트 갤러리아 쇼핑몰과 이어지기 때문에 명품 쇼핑에는 최적화된 호텔이라 할 수 있다.

Map P.371-B
Google Map 25.054240, 121.524190
Add. 台北市中山區中山北路二段41號
Tel. 02-2523-8000
Access MRT 중산中山 역 2번 출구에서 도보로 5분. Price NT$6,900~
URL www.regenthotels.com

더 랜디스 타이베이 The Landis Taipei

랜디스는 한국인 여행자들 사이에서는 잘 알려지지 않았지만 타이완과 중화권에서는 럭셔리 호텔 브랜드로 유명하다. 품격이 느껴지는 객실 컨디션과 최상의 서비스로 다녀온 이들의 호평이 이어진다. 유럽풍으로 꾸며진 객실은 클래식하고 우아한 분위기로 특히 코너 스위트Corner Suite 카테고리는 넓은 공간에 로맨틱한 욕조까지 있어 커플 여행자들에게 제격이다. 호텔 내에는 코즈메틱 브랜드 쥴리크 제품으로 스파를 받을 수 있는 쥴리크 데이 스파Jurlique Day Spa가 있으며 톈샹러우天香樓, 라 브라스리La Brasserie, 파리 1930Paris 1930 등 유명 레스토랑이 있어 미식을 즐기기에도 좋다.

Map P.362-B
Google Map 25.062820, 121.529946
Add. 台北市中山區民權東路二段41號
Tel. 02-2597-1234
Access MRT 중산궈샤오中山國小 역 4번 출구에서 도보로 4분.
Price NT$7,900~
URL taipei.landishotelsresorts.com

험블 하우스 타이베이 Humble House Taipei

신이 상권의 중심에 차지하고 있는 호텔. 바로 옆에는 신광싼웨 백화점이 있고 타이베이 101도 이웃하고 있는 최적의 위치를 자랑한다. 2013년 12월에 오픈한 신생 호텔인 만큼 호텔 시설이 무척 좋으며 곳곳에 예술 작품 등을 전시해 놓았다. 235실의 객실은 모던하면서도 세련된 분위기이며 네스프레소 머신도 구비되어 있다. 고급스러운 시설과 룸 컨디션이 뛰어난 것에 비해 객실 크기는 다소 작은 편이다. 무엇보다 객실에서 바라보는 전망이 탁월한데 그랜드 디럭스 룸GRAND DELUXE ROOM 카테고리는 통유리창 너머로 반짝이는 타이베이 101을 감상할 수 있다. 또한 탁트인 야외 수영장에서도 신이 지역은 물론 위풍당당한 타이베이 101을 바라보인다.

Map P.369-G
Google Map 25.038955, 121.567502
Add. 台北市信義區松高路18號
Tel. 02-6631-8000
Access MRT 스정푸市政府 역 3번 출구에서 도보로 3분. Price NT$8,100~
URL www.humblehousehotels.com

상그릴라 파 이스턴 플라자 호텔
Shangri-La's Far Eastern Plaza Hotel

타이베이의 호텔 중에서 가장 높은 빌딩으로 총 420실의 객실을 갖추고 있다. 오랜 역사만큼 객실은 다소 낡았지만 창이 커서 멋진 전망을 볼 수 있다. 또 루프톱에 위치한 수영장은 탁 트인 구조로 파노라마 뷰를 감상하며 수영을 즐길 수 있다. 레스토랑의 인기도 높은데 특히 마르코 폴로 라운지는 최고의 뷰를 감상하며 애프터눈 티를 즐길 수 있는 곳이다. 달콤한 디저트를 먹으며 타이베이 101의 멋진 모습을 편안하게 바라볼 수 있는 명소로 통한다. 더 몰과 바로 연결되어 있어 쇼핑과 식도락을 즐기기에도 좋다.

Map P.363-K
Google Map 25.026612, 121.549467
Add. 台北市大安區敦化南路二段201號
Tel. 02-2378-8888
Access MRT 류장리六張犁 역에서 도보로 5분.
Price NT$12,500~ URL www.shangri-la.com/taipei/fareastern plazashangrila

산 완트 호텔 San Want Hotel

타이베이의 대표적인 번화가인 중샤오둔화 지역의 한가운데 위치하고 있고 MRT 중샤오둔화 역과도 무척 가깝다. 총 268실의 객실은 클래식한 인테리어로 꾸며져 있는데 젊은 층보다 나이가 있는 중년층이나 비즈니스 여행자에게 인기가 많다. 직원들의 서비스가 탁월하며 무선 인터넷을 무료로 제공한다. 호텔 가까이에 다양한 숍과 맛있는 레스토랑, 카페가 즐비해서 식도락을 즐기기에도 좋다. 중산 지역에 장기 여행자를 위한 산 완트 레지던스San Want Residences Taipei도 운영하고 있다.

Map P.368-E
Google Map 25.041295, 121.550890
Add. 台北市大安區忠孝東路四段172號
Tel. 02-2772-2121
Access MRT 중샤오둔화忠孝敦化 역 4번 출구에서 도보로 1분.
Price NT$5,830~
URL www.sanwant.com

웨스트게이트 호텔 WESTGATE Hotel

타이베이를 대표하는 젊음의 거리 시먼딩 지역에 위치한 호텔로 고급스러운 시설과 친절한 서비스로 좋은 평가를 받고 있다. 객실은 모던하고 쾌적하며 무선 인터넷을 무료로 제공한다. 시먼딩에는 중급 호텔이나 게스트하우스가 많은 편인데 그 중 가장 고급 호텔에 속하며, 셀프 세탁실과 비즈니스센터, 피트니스센터도 갖추고 있는 실속 있는 호텔이다. 또한 번화한 시먼딩 거리에 있는 데다 MRT 역은 물론 버스 정류장도 바로 앞에 위치해 있어 접근성도 탁월하다.

Map P.366-D
Google Map 25.042863, 121.508083
Add. 台北市萬華區中華路一段150號
Tel. 02-2331-3161
Access MRT 시먼西門 역 6번 출구에서 도보로 3분.
Price NT$4,800~
URL www.westgatehotel.com.tw

감각적인 디자인 호텔

호텔 쿼트 타이베이 HOTEL QUOTE Taipei

규모는 작지만 스타일과 고급스러움은 어디에서도 뒤지지 않는다. 가장 낮은 등급의 객실을 제외한 모든 객실에 네스프레소 머신을 비치하고 있으며 무선 인터넷을 무료로 제공한다. 블랙 톤의 객실은 원목 가구를 매치시켜 스타일리시하며, 세심한 조명 설계로 더욱 안락한 분위기가 느껴진다. 2층의 H. Q. 라운지는 투숙객을 위해 24시간 운영하며, 쿠키와 음료, 커피 등이 마련되어 있어 편하게 머물 수 있다.

Map P.363-G
Google Map 25.051983, 121.547362
Add. 台北市松山區南京東路三段333號
Tel. 02-2175-5588
Access MRT 난징푸싱南京復興 역에서 도보로 5분. Price NT$5,100~
URL www.hotel-quote.com

홈 호텔 Home Hotel

트렌디한 감각을 엿볼 수 있는 디자인 호텔로, 번화한 신이 지역의 중심에 자리 잡고 있다. 블랙 컬러를 바탕으로 원목 가구와 패브릭 소품 등으로 포인트를 줬다. 가구와 TV 등 객실 내 대부분의 시설을 타이완의 로컬 브랜드만 고집하는 것도 특징이다. 타이베이 101을 비롯해서 신광싼웨 백화점, Neo19, ATT 4 FUN 등과 이웃하고 있어 쇼핑과 다이닝을 즐기기에 최적의 위치다. 또 주변에 나이트 스폿들이 많아 나이트라이프를 즐기려는 이들에게도 제격이다. 단, 주말 밤에는 약간 소음이 들릴 수 있다.

Map P.369-K
Google Map 25.035137, 121.567745

Add. 台北市信義區松仁路90號
Tel. 02-8789-0111
Access MRT 스청푸市政府 역 3번 출구에서 Neo19 방향으로 도보로 8분.
Price NT$8,000~
URL www.homehotel.com.tw

앰비언스 호텔 Ambience Hotel

한국인 여행자들이 좋아하는 댄디 호텔, 시티인 호텔 플러스와 같은 계열의 중급 호텔로 총 60실의 객실이 있다. 1층 로비부터 객실까지 온통 화이트 컬러로 심플하면서도 감각적인 스타일로 꾸며져 있어 특히 젊은 층과 여성들에게 사랑을 받고 있다. 무선 인터넷을 제공하며 로비에 한국어가 가능한 직원이 있어 여행 정보나 조언을 얻기 편리하다. 위치가 다소 애매하지만 타이베이 기차역과 택시로 기본요금 정도의 가까운 거리이며, 중산 지역까지 도보로 10분 정도면 이동할 수 있다.

Map P.362-F
Google Map 25.047957, 121.529255
Add. 台北市中山區長安東路一段64號
Tel. 02-2541-0077
Access MRT 중샤오신성忠孝新生 역에서 도보로 10분.
Price NT$4,000~
URL www.ambiencehotel.com.tw

암바 호텔 Amba Hotel

앰버서더 호텔에서 젊은 층을 겨냥해 오픈한 부티크 호텔. 시먼딩의 중심에 위치하고 있어 접근성이 좋다. 객실은 심플하게 꾸며져 있으며 아침 식사가 제공되는 카페는 마치 북 카페를 연상시킬 정도로 스타일리시하다. 무선 인터넷을 무료로 제공하며 객실 내에 비치된 귀여운 슬리퍼는 가져가도 된다. 전체적인 시설과 객실 컨디션에 비해 가격이 합리적인 편이라 가격 대비 만족도가 높다. 젊고 활기찬 시먼딩에서 유니크한 감성의 호텔을 찾는다면 추천한다.

Map P.366-A
Google Map 25.045171, 121.505569
Add. 台北市萬華區武昌街二段77號
Tel. 02-2375-5111
Access MRT 시먼西門 역 6번 출구에서 도보로 5분.
Price NT$4,600~
URL www.amba-hotels.com

실용적인 중급 호텔

홈 호텔 다안 Home Hotel Da-An

MRT 중샤오푸싱 역과 가까운 곳에 문을 연 중급 호텔. 타이완의 신진 디자이너와 협업하여 호텔과 객실을 디자인했으며, 어메니티, 차, 소품 등에도 타이완의 색을 담은 감각적인 숙소다. 2015년에 오픈해 침구를 비롯한 객실 내 시설이 최신식이고 쾌적하다. 객실 크기도 넓은 편이라 여유롭게 지낼 수 있다. 주변에 편의점, 식당이 모여 있어 편리하며 MRT 중샤오푸싱 역과 SOGO 백화점과도 도보로 3분 거리로 가깝다.

Map P.370-C
Google Map 25.038863, 121.543970
Add. 台北市大安區復興南路一段219-2號
Tel. 02-773-9000
Access MRT 중샤오푸싱忠孝復興 역 2번 출구에서 도보로 3분.
Price NT$3,700~
URL www.homehotel.com.tw

시티인 호텔 플러스 시먼딩
Cityinn Hotel Plus Ximending

MRT 시먼 역 근처에 있는 중급 호텔. 밝고 경쾌한 분위기와 합리적인 요금, 친절한 서비스로 젊은 층에게 인기를 끌고 있다. 객실은 각기 다른 콘셉트로 꾸며져 있어 취향에 맞게 고를 수 있다. 조식을 제공하지 않는 대신 지하에 간단하게 식사를 하거나 커피를 마실 수 있는 공간이 있다. 전자레인지, 오븐, 커피 머신을 갖추고 있고, 옆에는 셀프세탁기도 있다. 1층에서는 여행 브로슈어와 커피, 차를 무료로 제공한다. 무선 인터넷도 무료로 제공한다. 합리적인 요금에 위치가 좋은 숙소를 찾는 여행자에게 추천한다. 타이베이처잔 부근에도 3개의 지점이 있다.

Map P.366-F
Google Map 25.041888, 121.509330
Add. 台北市中正區寶慶路63號
Tel. 02-7725 2288
Access MRT 시먼西門 역 3번 출구에서 도보로 2분. Price NT$2,900~
URL www.cityinn.com.tw

타이베이 앰배서더 호텔
Taipei Ambassador Hotel

중산 지역에 위치하고 있는 대형 호텔로 야외 수영장, 피트니스센터, 6개의 레스토랑 등 호텔 내 부대시설이 알찬 편이다. 객실은 총 422실이 있는데 룸 컨디션은 다소 평범하다. 클래식 가구들로 꾸며져 있어 깔끔한 비즈니스호텔 분위기를 풍긴다. 최고의 스테이크를 먹을 수 있는 에이 컷 스테이크하우스A CUT STEAKHOUSE, 정통 광둥 요리와 딤섬을 맛볼 수 있는 캔턴 코트Canton Court 등 유명 레스토랑이 있다.

Map P.371-B
Google Map 25.056495, 121.523252
Add. 台北市中山區中山北路二段63號
Tel. 02-2551-1111
Access MRT 솽롄雙連 역 1번 출구에서 오른쪽으로 가다가 큰 사거리가 나오면 오른쪽으로 꺾어 도보로 2분.
Price NT$4,070~
URL www.ambassadorhotel.com.tw

댄디 호텔 톈진 Dandy Hotel Tianjin

다녀온 여행자들 사이에서 호평을 받고 있는 부티크 호텔. 총 30실의 객실이 있으며 규모는 작은 편이다. 객실이 심플하면서도 아기자기하게 꾸며져 있어 특히 여성 여행자들 사이에서 인기다. 무선 인터넷을 무료로 제공하며 세탁을 할 수 있는 세탁기와 건조기도 갖추고 있다. 스린 톈무天母, 다안 공원Daan Park에도 지점이 있다.

Map P.371-D
Google Map 25.051633, 121.523330
Add. 台北市中山區天津街70號
Tel. 02-2541-5788
Access MRT 중산中山 역 3번 출구에서 도보로 5분. Price NT$3,800~
URL www.dandyhotel.com.tw

알뜰 여행자를 위한 호스텔

스타 호스텔 Star Hostel

저가 호스텔이지만 깔끔하고 감각적인 스타일에 청결하게 관리되고 있어 한국인 여행자는 물론 세계 각국 여행자들에게 뜨거운 인기를 끌고 있다. 타이베이처잔과 도보로 6분 거리로 가깝다. 요금은 4인 도미토리 기준 1인당 NT$500으로, 간단한 아침 식사가 포함되어 있고 욕실은 공용으로 사용한다. 워낙 인기가 높아 예약이 쉽지 않다.

Map P.372-C
Google Map 25.050173, 121.515367
Add. 台北市大同區華陰街50號 4樓
Tel. 02-2556-2015 Access MRT 타이베이처잔台北車站 역 M1 출구에서 도보로 6분.
Price 도미토리 1인당 NT$580~, 싱글 NT$1,400
URL www.starhostel.com.tw

나우 타이베이 Now Taipei

2014년 5월 중산 지역에 문을 연 호스텔. 부티크 호스텔이라고 불러도 좋을 만큼 감각적인 인테리어와 친절한 서비스, 좋은 위치로 인기를 끌고 있다. 투숙객 외에는 방으로 들어갈 수 없도록 안전에도 신경을 썼으며 각 침대마다 커튼이 있어 도미토리지만 프라이빗하게 이용할 수 있도록 배려했다. 공용 화장실은 남녀 구분되어 있으며 시설도 무척 깨끗하다. 타오위안 국제공항에서 1819번 버스를 타고 내리면 도보 1분 거리에 위치해 있어 이동이 편리하며 쌍롄 역과 중산 역 사이에 있어 주변 편의 시설도 좋다. 무선 인터넷을 무료로 제공하며 사용 가능한 컴퓨터도 마련되어 있다.

Map P.362-F
Google Map 25.057127, 121.522010
Add. 台北市中山區中山北路二段72巷11號
Tel. 02-2511-9928
Access MRT 쌍롄雙連 역 1번 출구에서 오른쪽으로 가다가 큰 사거리가 나오면 오른쪽으로 꺾어 걷는다. 미스터 브라운 커피Mr. Brown Coffee에서 오른쪽 골목으로 들어가면 오른쪽에 있다. 도보로 3분.
Price 도미토리 NT$ 499~

플립 플롭 호스텔 Flip Flop Hostel

타이베이처잔과 가까운 편이라 공항에서 오고 가기 좋고 기차나 버스를 타고 근교 여행을 가기에도 편리한 위치다. 도미토리는 2인, 4인, 6인으로 나뉘며 도미토리 침대 위에 개인 로커 겸 데스크가 있어 편리하다. 무선 인터넷을 이용할 수 있으며 코인 세탁기도 준비되어 있다.

Map P.372-C
Google Map 25.049830, 121.517230
Add. 台北市大同區華陰街103號
Tel. 02-2558-3553 Access MRT 타이베이처잔台北車站 역 M1 출구에서 도보로 5분.
Price 도미토리 NT$600~
URL www.flipflophostel.com

숫자

1	一 [Yī]	이
2	二 [er]	얼
3	三 [san]	싼
4	四 [si]	쓰
5	五 [wu]	우
6	六 [liu]	류
7	七 [qi]	치
8	八 [ba]	빠
9	九 [jiu]	주
10	十 [shi]	스
50	五十 [wǔshí]	우스
100	一百 [yìbǎi]	이바이
1000	千 [qiān]	첸
10000	万 [wàn]	완
100000	十万 [shíwàn]	스완
1000000	百万 [bǎiwàn]	바이완

일상 회화

안녕하세요. 您好! [Nín hǎo!] 닌 하오

안녕하세요. (아침) 早安 [zǎo'ān] 쟈오안

안녕하세요. (점심) 午安 [wǔān] 우안

안녕히 주무세요. (밤) 晚安. [Wǎn'ān] 완안

어느 나라 사람입니까? 你是哪國人? [Nǐ shì nǎ guórén] 니 스 나 꾸어런

저는 한국 사람입니다. 我是韓國人。 [Wǒ shì hánguórén] 워 스 한꾸어런

처음 뵙겠습니다. 저는 철수라고 해요. 初次見面. 我叫哲秀。

[Chūcìjiàn miàn. Wǒ jiào Chul-su] 추츠젠 미엔, 워 쟈오 철수

안녕하세요. 만나서 반가워요. 您好, 見到您很高興。

[Nín hǎo, jiàndào nín hěn gāoxìng] 닌 하오, 젠따오 닌 헌 까오싱

어떻게 지내세요? 過得怎麼樣? [Guò de zěnmeyàng] 꿔 더 쩐머양

잘 지내고 있어요. 很好. [hěnhǎo] 헌 하오

만나서 반가웠어요. 다음에 또 만나요. 見到您很高興, 再見。

[Jiàndào nín hěn gāoxìng, zàijiàn] 젠따오 닌 헌 까오싱, 짜이젠

네, 그럼 안녕히 가세요. 好的, 再見。 [Hǎo de, zàijiàn] 하오 더, 짜이젠

사진을 좀 찍어 주시겠어요? 可以幫我們照張相嗎?

[kěyǐ bāng wǒmen zhàozhāngxiāngma] 커이 빵 워먼 짜오장샹마?

실례합니다. 不好意思。 [Bùhǎoyisi] 뿌하오이쓰

네, 무엇을 도와 드릴까요? 請問, 您需要什麼幫助?

[Qǐngwèn, nín xūyào shénme bāngzhù] 칭원, 닌 쉬야오 선머 빵주

저를 좀 도와 주세요. 請幫幫我。 [Qǐng bāngbang wǒ] 칭 빵방 워

부탁합니다. 拜託您。 [Bàituō nín] 빠이퉈 닌

미안해요. 對不起。 [Duìbuqǐ] 뚜이부치

예. 是。 [shì] 쓰

아니오. 不是。 [búshi] 부쓰

맞습니다. 對。 [duì] 뚜이

틀립니다. 不對。 [búduì] 부뚜이

좋습니다. 好。 [hǎo] 하오

안 됩니다. 不行。 [bùxíng] 부씽

교통

실례합니다. 여기가 어디예요? 請問一下, 這裡是哪裡? [qǐngwènyíxià, zhèlishiNǎlǐ] 칭원 이샤, 쩌리쓰나리?

여기가 이 지도에서 어디예요? 這裡是地圖上的哪裡? [zhèlishì dìtúshàng de Nǎlǐ] 쩌리쓰띠투상 더 나리?

지하철역은 어디 있습니까? 請問捷運站在哪裡? [qǐngwèn jiéyùnzhàn zài Nǎlǐ] 칭원지예윤짠 자이 나리?

여기에 세워 주세요. 請在這兒停車。 [Qǐng zài zhèrtíng chē] 칭 짜이 저얼팅 처

공항까지 얼마나 걸려요? 到機場多長時間? [Dào jīchǎngduō chángshíjiān] 따오 지창뚜어 창스졘

요금이 어떻게 돼요? 車費是多少錢? [Chēfèishì duōshao qián] 처페이스 뚜어샤오 치엔

카페, 레스토랑

주문하시겠어요? 您要點菜嗎? [Nín yào diǎn càima] 닌 야오 디엔 차이마

네, 주문할게요. 好, 我想要點菜。 [hǎo, wǒ xiǎngyàodiǎncài] 하오, 워 샹야오 띠엔차이.

이 집에서 가장 인기 있는 메뉴는 무엇입니까? 這裡最受歡迎的菜是什麼?

[zhèli zuì shòuhuānyíng de càishishénme]

쩌리 쮀이 써환잉 더 차이 쓰선머?

얼마예요? 多少錢? [duōshǎo qián] 뚜어샤오 치엔

계산하겠습니다. 我想要結帳。 [wǒ xiǎngyào jiézhàng] 워 샹야오 지에짱.

창가 자리로 부탁해요. 請給我靠窗的位子。 [Qǐng gěi wǒ kào chuāng de wèizi] 칭 게이 워 카오 촹 더 웨이쯔

359

향채는 빼 주세요. 不要香菜。 [búyào xiāngcài] 부야오 샹차이

이거 하나 더 주세요. 這個再來一個。 [Zhège zàilái yí gè] 저거 짜이라이 이 꺼

포장해주세요. (음식이 남을 때) 請幫我打包。 [qǐng bāngwǒdǎbāo] 칭빵워 따바오.

(포장할 때) 請幫我外帶。 [qǐng bāngwǒwàidài] 칭 빵워 와이따이.

음식

밥	米飯 [mǐfàn]	미판	국	湯 [tāng]	탕
흰죽	稀飯 [xīfàn]	시판	볶음밥	炒飯 [chǎofàn]	차오판
볶음면	炒麵 [chǎomiàn]	차오미엔	국수	麵 [miàn]	미엔
만두	包子 [bāozi]	바오쯔	빵	麵包 [miànbāo]	미엔빠오
달걀	雞蛋 [jīdàn]	지단	돼지고기	豬肉 [zhūròu]	쭈러우
소고기	牛肉 [niúròu]	니우러우	닭고기	雞肉 [jīròu]	지러우
맥주	啤酒 [píjiǔ]	피지우	커피	咖啡 [kāfēi]	카페이

쇼핑

가장 인기 있는 건 어떤 거예요? 賣得最好的是哪個商品?
[Mài de zuìhǎo de shì nǎge shāngpǐn] 마이 더 쭈이하오 더 스 나거 상핀

이거 입어 봐도 됩니까? 這個可以試穿一下嗎? [Zhège kěyǐ shìchuān yíxiàma] 저거 커이 스촨 이샤마

이건 얼마예요? 這個多少錢? [Zhège duōshao qián] 저거 뚜어샤오 치엔

비싸요. 太貴了。 [Tài guì le] 타이 꾸이 러

좀 깎아주세요. 可以算便宜一點嗎? [kěyǐ suàn piányi yìdiǎnma] 커이 쏸 피엔이 이띠엔마?

신용카드로 계산해도 돼요? 可以用信用卡付款嗎?
[Kěyǐ yòng xìnyòngkǎfù kuǎn ma] 커이 융 신용카푸 콴 마

계산이 잘못된 것 같아요. 錢好像算錯了。 [Qián hǎoxiàng suàncuò le] 치엔 하오샹 쏸춰 러

이 금액은 뭐예요? 這個費用是什麼? [Zhège fèiyòng shì shénme] 저거 페이융 스 선머

이걸 교환하고 싶어요. 我想把這個換一下。 [Wǒ xiǎng bǎ zhège huànyíxià] 워 샹 빠 저거 환이샤

교환 환불 가능 기간은 언제예요? 到哪天為止可以包退?
[Dào nǎtiān wéizhǐ kěyǐ bāotuì] 따오 나티엔 웨이즈 커이 빠오투이

다른 것으로 바꿔 주세요. 請給我換一個別的。 [Qǐng gěi wǒ huànyí gè biéde] 칭 게이 워 환이 꺼 비에더

어제 샀는데 환불할 수 있어요? 我昨天買的, 能退款嗎?
[Wǒ zuótiān mǎi de, néng tuìkuǎnma] 워 쭈어티엔 마이 더, 넝 투이콴마

선물 포장해주세요. 請幫我把禮物包裝一下。
[qǐngbāngwǒbǎ lǐwù bāozhuāngyíxià] 칭빵워 빠 리우 바오쫭이샤.

TRAVEL
MAP

타이베이 중심부

0   500m

스린, 단수이 역 방향

지룽허 基隆河

A

단수이허
淡水河

바오안궁
保安宮

타이베이 공묘
台北市孔廟

마지마지 스퀘어
Maji Maji Square

다차오터우 大橋頭 역

디화제
迪化街

닝샤 야시장
寧夏夜市

쑤렌가오지수이자오뎬
雙連高記水餃店

빙짠
冰讚

쑤렌위안쯔탕
雙連圓仔湯

러블리 타이완
Lovely Taiwan 台灣好, 店

E

타이베이당대예술관
台北當代藝術館

타이베이
버스 터미널

타이베이
기차역

타이베이처잔 台北車站 역

신광싼웨
新光三越

얼얼바 평화기념공원
二二八和平紀念公園

국립 타이완 박물관
國立台灣博物館

시먼훙러우
西門紅樓

까르푸
家樂福

총통부

화시제 야시장
華西街夜市

룽산쓰
龍山寺

보피랴오 역사거리
剝皮寮歷史街區

룽산쓰 龍山寺 역

완화
萬華 역

I

타이베이 식물원
台北植物園

화핑시루 이돤
和平西路一段

和平西路一段

B

타이베이구스관
台北故事館

타이베이 시립미술관
台北市立美術館

상인수이찬
上引水産

쥴리크 데이 스파
Jurlizue Day Spa

톈샹러우 天香樓

더 랜디스 타이베이 호텔
The Landis Taipei Hotel

싱톈궁
行天宮

중산궈샤오 中山國小 역

톈와이톈
天外天

타이베이 아이
Taipei EYE

나우 타이베이 Now Taipei

타이베이 앰배서더 호텔
Taipei Ambassador Hotel

SPOT 타이베이 필름하우스
SPOT Taipei Film House 光點台北

리젠트 타이베이
Regent Taipei

린썬 공원
林森公園

로코 푸드
LOCO FOOD

F

왕더촨
王德傳

중앙 시장
中央市場

쯔허탕
滋和堂

앰비언스 호텔
Ambience Hotel

타이베이
맥주 공장

화산1914원화촹이찬예위안취
華山1914文化創意産業園區

산다오쓰 善導寺 역

쉐라톤 그랜드
타이베이 호텔
Sheraton Grande
Taipei Hotel

푸항더우장
阜杭豆漿

중샤오신성 忠孝新生 역

쑹만러우
松滿樓

러아이루이돤 仁愛路一段

신이루이돤 信義路一段

자유광장
自由廣場

국립중정기념당
國立中正紀念堂

러아이루얼돤
仁愛路二段

항저우샤오룽탕바오
杭州小籠湯包

둥먼 東門 역

다안썬린궁위안 역

딘타이펑
鼎泰豐

스무시
思慕昔

다안썬린 공원
大安森林公園

J

홍예한바오
弘爺漢堡

스다 야시장
師大夜市

국립 타이완
사범대학

화핑둥루 이돤
和平東路一段

중산 고속도로

C

쑹산 공항
松山機場

룽싱 공원
榮星公園

쑹산지창 松山機場 역

민취안둥루쓰돤 民權東路四段

까르푸
Carrefour

D

더 셔우드 타이베이
The Sherwood Taipei

서니 힐스
Sunny Hills

민성 공원
民生公園

만다린 오리엔탈 타이베이
Mandarin Oriental, Taipei

귀바찬촨궈
鍋爸涮涮鍋

웨스틴
Westin

京東路三段

이케아
IKEA

호텔 쿼트 타이베이
HOTEL QUOTE Taipei

健康路

타이베이 아레나 台北小巨蛋역

난징싼민 南京三民 역

라오허제 야시장
饒河街夜市

쑹산 松山 역

쑹산
松山

난징둥루 南京東路

난징둥루 南京東路

G

딩왕마라궈
鼎王麻辣鍋

치아더
ChiaTe

리빙몰
Living Mall

우바오춘
베이커리
吳寶春

까르푸
Carrefour

永吉路

우펀푸
五分埔

키키
KIKI

브리즈 센터
Breeze Center

갈티 마트
RT Mart

청핀 서점
誠品書店 쑹옌점

쑹산 松山

타이핑양 소고 중샤오관
太平洋 SOGO 忠孝館

아이스 몬스터
Ice Monster

쑹산원촹위안취
松山文創園區

중샤오푸싱 忠孝復興 역

중샤오둔화 忠孝敦化 역

궈푸지녠관 國父紀念館 역

스정푸 市政府 역

융춘 永春 역

타이핑양
소고 푸싱관
太平洋 SOGO
復興館

순청 베이커리
順成蛋糕

청핀 서점
誠品書店 본점

청핀 서점
誠品書店
신이점

국부기념관
國父紀念館

스정푸 터미널

벨라비타
BELLAVITA

신광싼웨
(新光三越 信義新天地)
A4관

폴 Paul

런아이루 仁愛路

타이베이 시 정부
臺北市政府

브라운 슈가
Brown Sugar

호텔 에클라
Hotel Eclat

그랜드 하얏트
Grand Hyatt

ATT 4 FUN

네오 19 Neo 19

公園 역

다안
大安

신이안허 信義安和 역

타이베이
세계무역센터

타이베이 101/스마오 台北101/世貿 역

타이베이 101 관징타이
台北101觀景台

상산 象山 역

公園 역

K

린장제 야시장
臨江街夜市

쓰쓰난춘
四四南村

상산
象山

L

이류칭저우샤오차이
一流清粥小菜

상그릴라 파 이스턴 플라자 호텔
Shangri-La Far Eastern Plaza Hotel

마르코 폴로
Marco Polo

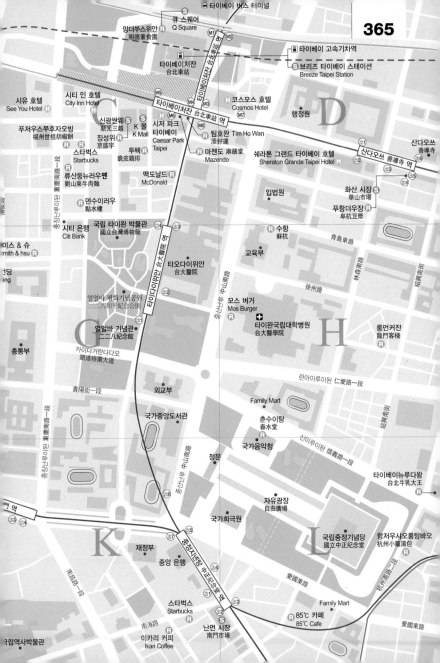

타이베이 버스 터미널
큐 스퀘어 Ⓢ
Q Square
밍더쑤스위안
明德素食園
타이베이처잔
台北車站
타이베이 고속기차역
Ⓢ 브리즈 타이베이 스테이션
Breeze Taipei Station

시유 호텔
See You Hotel Ⓗ
시티 인 호텔
City Inn Hotel
타이베이처잔 台北車站 역
코스모스 호텔
Cosmos Hotel
행정원

D

신광쌘웨
新光三越
K 몰
K Mall
징성위
京盛宇
시저 파크
타이베이
Caesar Park
Taipei
팀호완 Tim Ho Wan
산다오쓰
善導寺
산다오쓰 善導寺 역

푸저우스쭈후자오빙
福州世祖胡椒餅 Ⓡ
스타벅스
Starbucks
투페이
脆皮鷄排
마젠도 麻膳堂
Mazendo
쉐라톤 그랜드 타이베이 호텔
Sheraton Grande Taipei Hotel Ⓗ

류산둥뉴러우몐
劉山東牛肉麵 Ⓡ
맥도날드
McDonald
입법원
화산 시장
華山市場
푸항더우장
阜杭豆漿

C

뎬수이러우
點水樓 Ⓡ

시티 은행
Citi Bank
국립 타이완 박물관
國立台灣博物館
타오다이위안
台大醫院
수항
蘇杭
청도동로 青島東路

교육부

미스 & 슈
mith & hsu
얼얼바 평화기념공원
二二八和平紀念公園
모스 버거
Mos Burger

링
ing
얼얼바 기념관
二二八紀念館
徐州路

G
H

타이완국립대학병원
台大醫學院
룽먼커잔
龍門客棧

카이다거란다다오
凱達格蘭大道

외교부
런아이루이돤 仁愛路一段

귀양가일단
貴陽街一段

총통부

국가중앙도서관

Family Mart

K

춘수이탕
春水堂
국가음악청

정문

타이베이뉴루다왕
台北牛乳大王

자유광장
自由廣場

역
국가희극원

국립중정기념당
國立中正紀念堂
항저우샤오룽탕바오
杭州小籠湯包

재정부

L

중앙 은행

K

중정지녠탕 中正紀念堂 역

스타벅스
Starbucks

Family Mart

난먼 시장
南門市場
85℃ 카페
85℃ Cafe

이카리 커피
Ikari Coffee

국립역사박물관

시먼딩 세부도

N

A

B

開封街二段

한커우제얼얼 漢口街二段

라오파이황찌뚜언러우판
老牌黃燉肉飯

텐와이텐
天外天

산전하이웨이
山珍海味

모스 버거
Mos Burger

스테이 리얼
Stay Real

황자바리
皇家巴里

암바 호텔
Amba Hotel

시먼딩망궈삥
西門町芒菓冰

텐텐리
天天利

미라다
Mirada

우쓰란
50嵐

하오다다지파이
豪大大鷄排

레인보우 호텔
Rainbow Hotel

싼슝메이
三兄妹

왓슨스
Watson's

쇼우신팡
手信坊

피프티 퍼센트
FIFTY PERCENT

젠촨웨이
真川味

왕쯔치스마링수
王子起士馬鈴薯

충성리스탄카오마수
沖繩日式碳烤麻糬

스타벅스
Starbucks

유니클로
UNIQLO

엑파 호텔
ECFA HOTEL

C

더페이스샵
The Face Shop

D

중산동

아쭝몐셴
阿宗麵線

KFC

올림피아
Olympia

청두루 成都路

지광샹샹지
繼光香香鷄

뉴뎬
牛店

뉴궁관뉴러우몐
牛公館牛肉麵

웨스트게이트 호텔
WESTGATE Hotel

유스 아몬드 토푸
Yu's Almond Tofu

코스메드
Cosmed

펑다카페이
蜂大咖啡

네이장제 內江街

시먼훙러우
西門紅樓

시티인 호텔 플러스 시먼
Cityinn Hotel Plus Ximendi

리빙후이쭈티양성관
李炳輝足體養生館

85℃
85度C

Fe 21

타 슌 호텔
Ta Shune Hotel

뉴 월드 호텔
New World Hotel

E

F

長沙街二段

長沙街一段

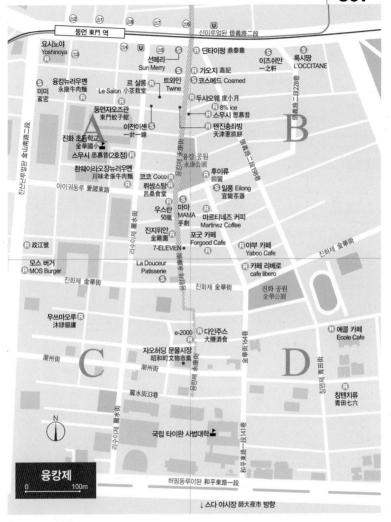

둥먼 東門 역

신이루얼돤 信義路二段 **U**

요시노야
Yoshinoya

U

S 미미
蜜密

S 융캉뉴러우멘
永康牛肉麵

르 살롱
Le Salon 小茶裁堂

R 트와인
Twine

선메리
Sun Merry

S

R 가오지 高記

R 딘타이펑 鼎泰豐

이즈쉬안
一之軒

S 록시땅
L'OCCITANE

S 코스메드 Cosmed

R 두샤오웨 度小月
● 8% ice
R 스무시 思慕昔

둥먼자오즈관
東門餃子館

이전이셴
一針一線 **S**

R 진화 초등학교
金華國小

스무시 思慕昔(2호점) **R**

R 텐진충좌빙
天津蔥抓餅

촨웨이라오장뉴러우멘
川味老張牛肉麵

아이궈둥루 愛國東路

코코 Coco
S

R 후이류
回廬

S 일롱 Eilong
宜龍茶器

뤼쌍스탕
呂桑食堂

S

우스란
50嵐
S 마마
MAMA
手創

R 마르티네즈 커피
Martinez Coffee

진지완안
金雞園

포굿 카페
Forgood Cafe
R

R 야부 카페
Yaboo Cafe

7-ELEVEN ●

R 정장하오
政江號

라 두쇠르
La Douceur
Patisserie
S

R 카페 리베로
cafe libero

진화제 金華街

모스 버거
R MOS Burger

진화제 金華街

진화 공원
金華公園

R 무쓰마오루
沐肆貓廬

R 다인주스
大隱酒食

R 에콜 카페
Ecole Cafe

e-2000

자오허딩 문물시장
昭和町文物市集

潮州街

리수이제 麗水街33巷

R 칭톈치류
青田七六

N

N 국립 타이완 사범대학

허핑둥루이돤 和平東路一段

↓ 스다 야시장 師大夜市 방향

융캉제

0 ━━━ 100m

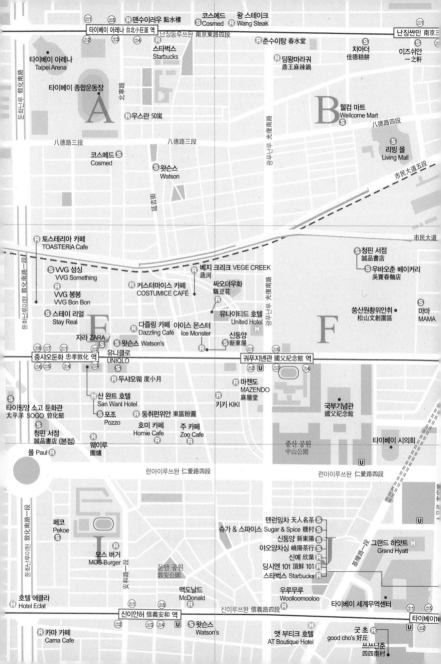

타이베이 아레나 台北小巨蛋 역

ⓡ 멘수이러우 點水樓
코스메드 ⓢ Cosmed　ⓡ 왕 스테이크 Wang Steak

난징싼민 南京三

ⓡ 타이베이 아레나 Taipei Arena

스타벅스 Starbucks

춘수이탕 春水堂
딩왕마라궈 鼎王麻辣鍋
치아더 佳德糕餅
이즈쉬안 一之軒

타이베이 종합운동장

A

ⓡ 우스란 50嵐

ⓢ 웰컴 마트 Wellcome Mart

B

八德路三段
八德路三段

ⓢ 리빙 몰 Living Mall

코스메드 ⓢ Cosmed

市民大道五段

ⓢ 왓슨스 Watson

市民大道

市民大道

ⓡ 토스테리아 카페 TOASTERiA Cafe

ⓢ 청핀 서점 誠品書店
우바오춘 베이커리 吳寶春麵包店

ⓡ VVG 섬싱 VVG Something

베지 크리크 VEGE CREEK 蔬河

ⓡ 커스터마이스 카페 COSTUMICE CAFÉ

싸오더우화 騷豆花

쑹산원창위안취 松山文創園區

ⓢ 마마 MAMA

ⓡ VVG 봉봉 VVG Bon Bon

유나이티드 호텔 United Hotel

ⓡ 스테이 리얼 Stay Real

다즐링 카페 Dazzling Café
아이스 몬스터 Ice Monster

자라 ZARA

신둥양 ⓡ 新東陽

E

F

ⓡ 왓슨스 Watson's

중샤오둔화 忠孝敦化 역

유니클로 UNIQLO

궈푸지녠관 國父紀念館 역

ⓡ 두샤오웨 度小月

ⓡ 마젠도 MAZENDO 麻膳堂

태평양 소고 둔화관 太平洋 SOGO 敦化館

키키 KIKI

산 완트 호텔 San Want Hotel

국부기념관 國父紀念館

청핀 서점 誠品書店 (본점)

ⓢ 포조 Pozzo

ⓡ 둥취펀위안 東區粉圓

ⓡ 타이베이 시의회

호미 카페 Homie Cafe

주 카페 Zoo Cafe

중산 공원 中山公園

폴 Paul ⓡ

웨이루 圍爐

런아이루쓰돤 仁愛路四段

런아이루쓰돤 仁愛路四段

텐런밍차 天人名茶 ⓢ
슈가 & 스파이스 Sugar & Spice 糖村 ⓢ
신둥양 新東陽 ⓢ

ⓢ 페코 Pekoe

야오양차싱 峨陽茶行 ⓢ
신예 欣葉 ⓢ

그랜드 하얏트 Grand Hyatt

ⓡ 모스 버거 MOS Burger

딩시엔 101 頂鮮 101 ⓢ
스타벅스 Starbucks ⓡ

둔안 공원 敦安公園

맥도날드 McDonald

우루무루 Woolloomooloo

타이베이 세계무역센터

호텔 에클라 Hotel Eclat

신이안허 信義安和 역

신이루쓰돤 信義路四段

ⓢ 왓슨스 Watson's

타이베이

ⓡ 카마 카페 Cama Cafe

앳 부티크 호텔 AT Boutique Hotel

굿 초 good cho's 好丘
쓰쓰난춘 四四南村

중샤오푸싱

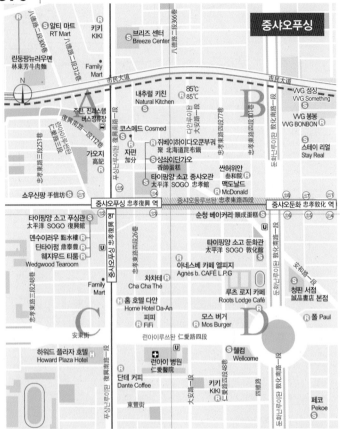

R 알티 마트
RT Mart

키키
KIKI

브리즈 센터
S Breeze Center

린둥팡뉴러우몐
林東芳牛肉麵

Family
Mart

市民大道 시민대로

VVG 섬싱
VVG Something

내추럴 키친
Natural Kitchen

85℃
85℃

주톈 진궈스싱
버스정류장

VVG 봉봉
VVG BONBON R

코스메드 Cosmed

A

B

스테이 리얼
Stay Real

쥐베이하이다오쿤부궈
聚 北海道昆布鍋

가오지
高記

자펀
加分

상솨이단가오
香帥蛋糕

쇼우신팡 手信坊 S

타이핑양 소고 중샤오관
太平洋 SOGO 忠孝館

산허위안
參和院

맥도날드
McDonald

중샤오푸싱 忠孝復興 역

중샤오둥루쓰돤/忠孝東路四段

중샤오둔화 忠孝敦化 역

타이핑양 소고 푸싱관
太平洋 SOGO 復興館

멘수이러우 點水樓
딘타이펑 鼎泰豊
웨지우드 티룸
Wedgwood Tearoom

Family
Mart

순청 베이커리 順成蛋糕

타이핑양 소고 둔화관
太平洋 SOGO 敦化館

아네스베 카페 엘피지
Agnès b. CAFÉ L.P.G

차차테
Cha Cha Thé

C

홈 호텔 다안
H Home Hotel Da-An

피피
R FiFi

安東街

하워드 플라자 호텔
Howard Plaza Hotel

런아이루쓰돤 仁愛路四段

루츠 로지 카페
Roots Lodge Café

모스 버거
R Mos Burger

D

청핀 서점 본점
誠品書店 本店

폴 Paul

웰컴
S Wellcome

단테 커피
R Dante Coffee

런아이 병원
仁愛醫院

키키
KIKI

東豐街

大安路一段

페코
Pekoe

중산
0   50m
N

↑ MRT 솽롄 雙連 역 방향

루스터 카페 & 빈티지
Rooster cafe & vintage

신예
欣葉 日式料理 R

• Family Mart

H 타이베이 앰버서더 호텔
Taipei Ambassador Hotel

티아오우 카페이팅
跳舞咖啡廳

H 암바 타이베이 중산
amba Taipei Zhongshan

中山北路二段59巷

타이완 토지은행
台灣土地銀行

장화 은행
彰化銀行

7-Eleven

러블리 타이완
Lovely Taiwan S

中山北路二段44巷

A

모구
蘑菇 S

장춘루 長春路

R 구찌
GUCCI

킹 핑 티 레스토랑
King Ping Tea Restaurant
金品茶樓

샤웨이양성항관
夏威夷養生行館

징딩라우
京鼎樓

장춘루 長春路

B

7-Eleven

교토 호텔
Kyoto Hotel

컴 바이
Come By

라 파스타
La Pasta R

AN-버거
AN-Burger R

프라다
PRADA

랑방
LANVIN

中山路二段45巷

유니클로
UNIQLO S

우라오궈
無老鍋 R

러리 비스트로
ALERIE Bistro

中山北路二段26巷

루이 비통
Louis Vuitton

R 리젠트 타이베이
Regent Taipei

0416×1024 라이프 숍
0416×1024 Life Shop

호텔 로열 니코 타이베이
Hotel Royal Nikko Taipei

M 웰스프링 스파
Wellspring Spa

SPOT 타이베이
필름하우스
光點台北電影館

린썬 공원
林森公園

타이베이
누루더왕
北牛乳大王

멜란지 카페
Melange Cafe

中山路二段27巷

U 신광싼웨 남서점 3관
新光三越 南西店 三館

디 오쿠라
프레스티지
타이베이
The Okura
Prestige Taipei

사사 Sasa S

파브토리
FAVtory R

스미스 & 슈
Smith & hsu

난징시루 南京西路

U

난징시루이돤 南京路一段

신광싼웨 남서점 1관
新光三越 南西店 一館

댄디 호텔 톈진
Dandy Hotel Tianjin

미타 베이커리
Mita Bakery R

스타벅스
Starbucks R

맥도날드
McDonald R

신광싼웨 남서점 2관
新光三越 南西店 二館

푸다산둥정자오다왕
福大山東蒸餃大王

7-Eleven

리즈빙자
李製餅家 S

산 완트 레지던스
San Want Residences Taipei

애프터눈 티
Afternoon Tea S

가오지
高記

R 페이첸우
肥前屋

H 포르테 오렌지 호텔
Forte Orange Hotel

이베이
대예술관
北當代藝術館

바팡윈지
八方雲集 R

中山北路一段105巷

왕더촨 王德傳 R

이펑당
一風堂 R

中山北路一段

중산 시장
中山市場 S

中山北路一段

저스트 슬립
Just Sleep

디 아일랜드 The Island
二條通, 綠島小夜曲 R

아스타 호텔
Astar Hotel H

中山北路一段83巷

우스란 50嵐

林森北路107巷

長安西路

✈ 타이베이차잔 台北車站 역 방향

C

D

쑹산

쑹산 공항
松山機場

민취안둥루쓰돤 民權東路三段

둔베이 공원
敦化公園

敦化北路244巷

우루무루
Woolloomooloo

스웬센스
SWENSENS

하야스 커피
Haaya's Coffee

루스 크리스
스테이크 하우스
Ruth's Chris
Steak House

단테 커피
Dante Coffee

민성둥루싼돤 民生東路三段

7-ELEVEN

샤오상하이
小上海

우스란
50嵐

다중 은행
大眾銀行

로열 호스트
Royal Host

민취안둥루쓰돤 民權東路四段

민취안안루우돤 民權東路五段

까르푸
Carrefour

오 프티 코숑
Au Petit Coc

민취안 공원
民權公園

푸진 트리 353
Fujin Tree 353

푸진 트리 355
Fujin Tree 355

푸진제 富錦街

디아 카페
de' A Cafe

빔스
BEAMS

저널 스탠더드 퍼니처
Journal Standard Furniture

코스메드
Cosmed

소넨토르 카페
Sonnentor Cafe

Px-mart

파르코
Parco

민성둥루쓰돤 民生東路五段

록초메 카페
六丁目 Café

스타벅스
Starbucks

바팡윈지
八方雲集
延壽街

서니 힐스
Sunny Hills

85℃ 카페
85℃ Cafe

민성 공원
民生公園

올 데이 로스팅 컴퍼니
All Day Roasting Company

光復北路

延壽街

섬타임스 빈스
Sometimes Beans
有時候紅豆餅

타이베이처잔

市民高架道路

타이베이 지하상가

베이먼 北門

重慶北路一段

맥도날드
McDonald

우스란
50嵐

承德路一段

타이베이 당대예술관
台北當代藝術館

長安西路

플립 플롭 호스텔
Flip Flop Hostel

스타 호스텔
Star Hostel

큐 스퀘어
Q Square

팔레드신 호텔
Palais de Chine Hotel

重慶北路一段

타이베이
버스 터미널

율리시스 호텔
Ulysses Hotel

타이베이 고속기차역
브리즈 타이베이 스테이션
Breeze Taipei Station

타이베이 처잔
台北車站

동3문(東三門) 버스 정류장

역전 지하상가

호프 호텔
Hope Hotel

K 구역 지하상가

MRT

코스모스 호텔
Cosmos Hotel

시티 인 호텔
City Inn Hotel

신광싼웨
新光三越

징셩위
京盛宇

K 몰
K Mall

타이베이처잔 台北車站 역

시저 파크 타이베이
Caesar Park Taipei

마젠도
Mazendo
麻膳堂

팀호완 Tim Ho Wan
添好運

N

타이베이처잔

0   200m

스린

0   100m

N

단테 커피
Dante Coffee

고궁박물원행
버스 정류장 中正路

중정루 中正路

차 포 티 Cha for Tea

맥도날드
McDonald

린충좌빙 林蔥抓餅

스린 士林 역

커피 앨리
Coffee Alley

바팡윈지
八方雲集

스린관저
士林官邸

청핀 서점
誠品書店

U

대북루 文林路

小北路 文林路

츠청궁
慈誠宮

패션 방콕 비스트로
Fashion Bangkok Bistro

스린 구
士林 區

스린
야시장 사사 Sasa
士林夜市

스타벅스
Starbucks

싱파팅
幸發亭

하오다다지파이
豪大大鷄排

ABC Mart

왕쯔치스마링수
王子起士馬鈴薯

네트 NET

A

B

미라마 엔테테인먼트 파크
셔틀버스 정류장

젠강 공원
前港公園

뷰티 호텔
Beauty Hotel

위안산 圓山 역 방향

타이베이 주변

0   10km

N

신베이 시
新北市

주밍미술관
朱銘美術館

진산
金山

예류 지질공원
野柳地質公園

타이완 해협

위런마터우
漁人碼頭

단수이
淡水

양밍산국가공원

예류
野柳

바리마터우
八里碼頭

양밍 산
陽明山

타이베이 시
台北市

허핑다오 공원
和平島公園

바리
八里

베이터우 온천
北投溫泉

더 톱 The Top

지룽 시
基隆市

지룽
基隆

주펀
九份

진과스
金瓜石

下福

중례츠
忠烈祠

고궁박물원
故宮博物院

루이팡
瑞芳

타오위안 국제공항
灣桃園國際機場

스린
士林

미라마 엔터테인먼트 파크
Miramar Entertainment Park

허우둥
侯硐

싼댜오링
三貂嶺

大園

푸드 리퍼블릭
Food Republic

쑹산 공항
松山機場

징퉁
菁桐

스펀
十分

푸룽
福隆

타오위안 시
桃園市

징퉁
菁桐

핑시
平溪

푸룽
福隆

선컹
深坑

잉거
鶯歌

쑹산 공항
松山機場

마오쿵
貓空

신뎬
新店

싼샤
三峽

타오위안현
桃園縣

신베이 시
新北市

우라이 온천
烏來溫泉

자오시 온천
礁溪溫泉

우라이
烏來

C

D

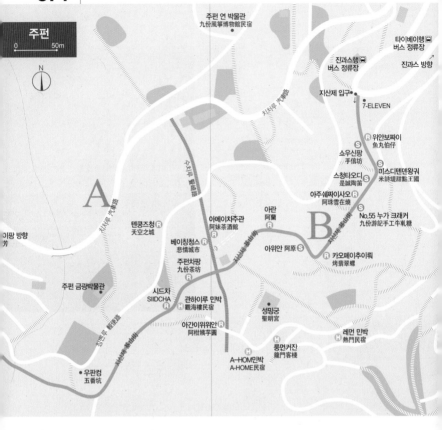

주펀

0   50m

N

주펀 연 박물관
九份風箏博物館民宿

타이베이행 🚌
버스 정류장

진과스행 🚌
버스 정류장

진과스 방향 →

지산제 입구 ↓
🅂 7-ELEVEN

치치루 汽車路

A

수치루 豎崎路

치치루 汽車路

위안보짜이 Ⓡ
魚丸伯仔

쇼우신팡 🅂
手信坊

스청타오디
是誠陶笛

미스디텐덴왕궈 Ⓡ
米詩堤甜點王國

아주쉐짜이사오 Ⓡ
阿珠雪在燒

이팡 방향
芳

텐쿵즈청 Ⓡ
天空之城

아메이차주관
阿妹茶酒館

아란
阿蘭

B

No.55 누가 크래커
九份游記手工牛軋糖

베이칭청스
悲情城市

아위안 阿原 🅂

카오페이추이뤄 Ⓡ
烤翡翠螺

주펀차팡
九份茶坊

시드차
SIIDCHA

주펀 금광박물관

관하이루 민박
觀海樓民宿

성밍궁
聖明宮

레먼 민박 Ⓗ
熱門民宿

아간이위위안 Ⓡ
阿柑姨芋圓

A-HOM민박
A-HOME民宿

룽먼커잔 Ⓗ
龍門客棧

우판컹
五番坑

스시 익스프레스
Sushi Express

신베이터우 역
新北投 駅

카이다거란원화관
凱達格蘭文化館

베이터우 온천박물관
北投溫泉博物館

베이터우 시립도서관
北投市立圖書館

맥도날드
McDonald

웰컴 슈퍼마켓
Wellcome

수이메이원취안후이관
水美溫泉會館

골든 핫 스프링 온천
金都精緻溫泉飯店

래디엄 카가야
Radium Kagaya

베이터우친수이루텐위취안
北投親水露天溫泉

빌라 32
Villa 32

베이터우 공원
北投公園

디라구
地熱谷

샤오솨이찬위안
少帥禪園

베이터우원우관
北投文館

춘톈주뎬
春天酒店

스파 스프링 리조트
Spa Spring Resort 水都溫泉會館

만커우라멘
滿客屋拉麵

그랜드 뷰 리조트
Grand View Resort

베이터우취
北投區

신베이터우

0   100m

단수이

0   200m

단장 대학
淡江大學

전리 대학
眞理大學

담강 고등학교
淡江高級中學

전리제 眞理街

홍마오청
紅毛城

빅톰
Bigtom

샤오바이궁
小白宮

바이예원저우다훈툰
百葉溫州大餛飩

단수이훙러우
淡水紅樓

센카오단가오
現烤蛋糕

단수이라오제
淡水老街

시티 플라자
City Plaza

호텔 솔라
Hotel Solar

단수이 역
淡水 駅

중정둥루 中正東路

홍26번 버스 정류장

스타벅스
Starbucks

맥도날드
McDonald

P 카페

라테아
Lattea

푸유궁
福佑宮

아포테단
阿婆鐵蛋

수이완
水灣

스타벅스
Starbucks

단수이창디
淡水長堤

런마터우 방향
人碼頭

충정루 中正路

원화루 文化路

중산루 中山路

단수이 선착장
淡水渡船頭

정풍아게이
正莊阿給

아마더쏸메이탕
阿媽的酸梅湯

위런마터우행

단수이허
淡水河

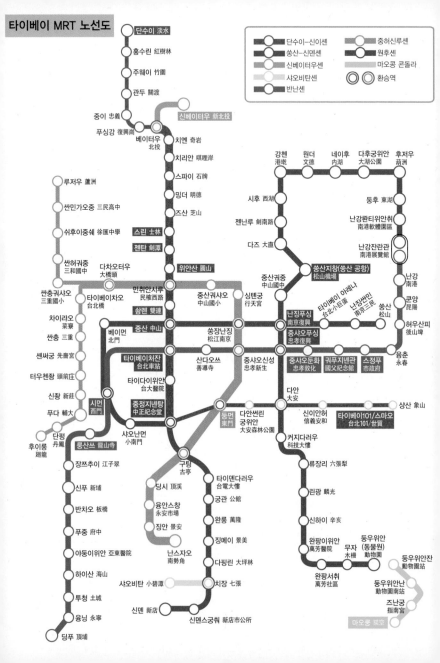

타이베이 MRT 노선도

범례:
- 단수이–신이센
- 쑹산–신뎬센
- 신베이터우센
- 샤오비탄센
- 반난센
- 중허신루센
- 원후센
- 마오쿵 콘돌라
- ◎ 환승역

단수이 淡水
홍수린 紅樹林
주웨이 竹圍
관두 關渡
중이 忠義
푸싱강 復興崗
베이터우 北投
신베이터우 新北投
치엔 奇岩
치리안 唭哩岸
스파이 石牌
밍더 明德
즈산 芝山
스린 士林
젠탄 劍潭
위안산 圓山
민취안시루 民權西路
중산 中山
베이먼 北門
시먼 西門
룽산쓰 龍山寺
샤오난먼 小南門
중산궈샤오 中山國小
솽롄 雙連
다차오터우 大橋頭
타이베이차오 台北橋
차이랴오 菜寮
싼충 三重
셴써궁 先嗇宮
터우첸좡 頭前庄
신좡 新莊
푸다 輔大
단펑 丹鳳
후이룽 迴龍

루저우 蘆洲
싼민가오중 三民高中
쉬후이중쉐 徐匯中學
싼허궈중 三和國中
싼충궈샤오 三重國小

장쯔추이 江子翠
신푸 新埔
반차오 板橋
푸중 府中
야둥이위안 亞東醫院
하이산 海山
투청 土城
융닝 永寧
딩푸 頂埔

타이베이처잔 台北車站
중산 中山
타이베이다위안 台大醫院
중정지녠탕 中正紀念堂

딩시 頂溪
융안스창 永安市場
징안 景安
난스자오 南勢角
샤오비탄 小碧潭
신뎬 新店

구팅 古亭
타이뎬다러우 台電大樓
궁관 公館
완룽 萬隆
징메이 景美
다핑린 大坪林
치장 七張
신뎬스궁쒀 新店市公所

동먼 東門
다안 大安
다안썬린궁위안 大安森林公園
신이안허 信義安和

중산궈중 中山國中
싱톈궁 行天宮
쑹장난징 松江南京
산다오쓰 善導寺
중샤오신성 忠孝新生

강첸 港墘
시후 西湖
젠난루 劍南路
다즈 大直

원더 文德
네이후 內湖

다후궁위안 大湖公園
후저우 葫洲
동후 東湖
난강롼티위안취 南港軟體園區
난강잔란관 南港展覽館

쑹산지창(쑹산 공항) 松山機場
난징푸싱 南京復興
중샤오푸싱 忠孝復興
중샤오둔화 忠孝敦化
궈푸지녠관 國父紀念館
스정푸 市政府

타이베이 아레나 台北小巨蛋
난징싼민 南京三民
쑹산 松山
난강 南港
쿤양 昆陽
허우산비 後山埤
융춘 永春

커지다러우 科技大樓
류장리 六張犁
린광 麟光
신하이 辛亥
완팡이위안 萬芳醫院
완팡서취 萬芳社區

타이베이101/스마오 台北101/世貿
상산 象山

동우위안 (동물원) 動物園
동우위안잔 動物園站
동우위안난 動物園南站
즈난궁 指南宮

마오쿵 貓空

©사진 제공

P.116 스무시 思慕昔 Smoothie House 3, 4번

P.123 르 살롱 小茶栽堂 Le Salon

P.136 타이베이 아이 Taipei EYE

P.147 스미스 & 슈 Smith & hsu 3, 4번

P.158 모구 蘑菇 4번

P.159 왕더촨 王德傳

P.183 차차테 Cha Cha Thé Daan Concept Store 2, 3번

P.184 아이스 몬스터 Ice Monster 2, 4번

P.187 커스터마이스 카페 COSTUMICE CAFÉ

P.189 우바오춘 베이커리 吳寶春 4번

P.209 딩시엔 101 頂鮮 101, 신예 欣葉

P.250 소넨토르 카페 Sonnentor Cafe 3번

P.275 더 톱 The Top 屋頂上

P.290 베이터우원우관 北投文物館

P.303 단수이홍러우 淡水紅樓

P.306 수이완 水灣 Waterfront 1, 4번

P.315 예류하이양스제 野柳海洋世界

타이완 관광청 제공

P.26 상단 / P.28 상단 / P.207 타이베이 101 광징타이 台北101觀景台 /

P.267 고궁박물원 故宮博物院 / P.321 수치루 豎崎路 / P.332 상단

index

🐟 관광 명소

🍴 레스토랑

🍴 카페

🌙 나이트라이프

💆 마사지

🛒 쇼핑

시그링
TAIPEI

2017년 2월 15일 개정판 1쇄 발행
2017년 9월 25일 개정판 2쇄 발행

지은이 | 박진주
발행인 | 이원주
책임편집 | 손모아
책임마케팅 | 이재성 조아라

발행처 | (주)시공사
출판등록 | 1989년 5월 10일(제3-248호)

주소 | 서울시 서초구 사임당로 82(우편번호 06641)
전화 | 편집 (02)2046-2863 · 영업 (02)2046-2877
팩스 | 편집 (02)585-1755 · 영업 (02)588-0835
홈페이지 | www.sigongsa.com

ISBN 978-89-527-7792-8 14980